工程机械系列教材

U0508235

工程装备内燃机

姬慧勇　高　立
史长根　陆　明　编著

国防工业出版社
·北京·

内 容 简 介

本书以康明斯 MTA11、NTA855、6CTA8.3、6BTA5.9 和斯太尔 WD615 系列柴油机为主要对象,分 11 章介绍了内燃机的组成、结构和工作原理。其中,第一章介绍了内燃机的分类、基本组成和常用术语;第二章介绍了内燃机工作原理、内燃机性能指标;第三、四、六、七、八、九章分别介绍了内燃机的机体和曲轴连杆机构,配气机构,柴油机燃料系、润滑系、冷却系和启动系。考虑到仍有少量装备采用汽油机作为动力,故本书第五章"汽油机燃料系"、第十章"汽油机点火系"仍然保留,但内容大为减少,使用者可根据培养对象的要求来选择。为了更好地理解内燃机工作特性,更为合理地使用内燃机,保留了第十一章"内燃机特性"内容,各专业可视情采用。

本书的内容主要是面向康明斯系列柴油机的使用、维护人员,因此有关内燃机在设计、材料、制造方面的内容较少。

本书可供高等院校工程机械、装备管理、道路桥梁、渡河、地雷爆破、土木等专业,部队合训与非合训、任职培训等类型的学员使用。建议 30 学时理论讲解,20 学时实践验证。

图书在版编目(CIP)数据

工程装备内燃机/姬慧勇等编著.—北京:国防工业出版社,2016.1
工程机械系列教材
ISBN 978-7-118-10577-3

Ⅰ.①工... Ⅱ.①姬... Ⅲ.①工程机械—内燃机—教材 Ⅳ.①TK4

中国版本图书馆 CIP 数据核字(2015)第 298127 号

※

国防工业出版社出版发行

(北京市海淀区紫竹院南路 23 号 邮政编码 100048)
天利华印刷装订有限公司印刷
新华书店经售

*

开本 787×1092 1/16 印张 14½ 字数 333 千字
2016 年 1 月第 1 版第 1 次印刷 印数 1—3000 册 定价 46.00 元

(本书如有印装错误,我社负责调换)

国防书店:(010)88540777　　　　发行邮购:(010)88540776
发行传真:(010)88540755　　　　发行业务:(010)88540717

前　言

　　本教材根据人才培养目标的要求,在继承以往同类教材基本架构的基础上,以使用较多的活塞式内燃机:NTA855、MTA11、6CTA8.3、6BTA5.9、WD615 型系列柴油机等为主导,编写了内燃机各机构、系统的组成和工作原理等内容。对结构复杂、教学实物难以展示的内燃机的部分总成和零部件,以及工作原理等方面内容,编制了相应的多媒体动画,以帮助学员理解和掌握。

　　本教材可作为我院相关专业的本科生、任职培训学员的学习教材,也可作为工程装备专业人员的参考书。

　　全书共十一章,由解放军理工大学野战工程学院姬慧勇、高立、史长根、陆明编写。经三年试用,在吸取所提意见的基础上,对该教材进行了修改。减少了汽油机的部分内容,大幅度增加了康明斯 PT 泵、STC 型喷油器的学习内容。

　　在教材的编写中,解放军理工大学王占录同志对教材提出了一些修改意见,在此表示感谢!

　　教材中不妥之处,请批评指正。

编　者

2015 年 10 月于南京

目　　录

第一章　概　　述

第一节　内燃机发展简史

内燃机以其结构简单、比质量轻（单位输出功率的质量）、移动方便等优点,被广泛应用于交通运输、农业机械、工程机械和发电等领域。

内燃机出现于 19 世纪。1860 年莱诺依尔(J. J. E. Lenoir,1822—1900 年)发明了一种大气压力式内燃机。煤气和空气在活塞下行的上半个行程被吸入汽缸,然后被火花点燃;后半个行程为膨胀行程,燃烧的煤气推动活塞下行做功,活塞上行时开始排气行程。

1867 年奥托(Nicolaus A. Otto,1832—1891 年)和浪琴(Eugen Langen,1833—1895 年)发明了一种更为成功的大气压力式内燃机。它在膨胀行程时加速一个自由活塞和齿条机构,齿条通过滚轮离合器与输出轴相啮合,输出功率。

为了克服这种大气压力式内燃机热效率低、质量大的缺点,奥托提出了一种四冲程内燃机,即进气、压缩、做功、排气。他的四冲程原型机于 1876 年投入运行,这种内燃机的热效率提高了 14% ,而质量则减小了近 70% ,从而有效地投入工业应用而形成了内燃机工业。

1890 年英国的克拉克(Dugald Clerk,1854—1913 年)和罗伯逊(James Robson,1833—1913 年)、德国的卡尔·本茨(Karl Benz,1844—1929 年)成功地发明了二冲程内燃机,即在膨胀行程末期和压缩行程初期进行进气和排气行程。

1892 年德国工程师鲁道夫·狄塞尔(Rudolf Diesel,1858—1913 年)提出了一种新型内燃机专利,即在压缩终了时将液体燃料喷入缸内,利用压缩终了时气体的高温将燃料点燃。它可以采用大的压缩比和膨胀比,没有爆燃,热效率比当时其他内燃机高一倍。这种构想在 5 年之后变成现实,即压燃式内燃机——柴油机(以 Diesel 命名柴油机)。之后,学者们曾提出了各种各样回转式内燃机的结构方案,但一直到 1957 年才由汪克尔(F. Wankel)成功地试验了他发明的转子内燃机。这种内燃机通过多年的发展,在解决密封与缸体震纹之后,也在一定领域(如赛车和军用小型发电机组等)获得了较好的应用。

第一次世界大战以后,对爆燃问题有了进一步的理解,通用汽车公司发现了四乙铅的抗爆燃作用,1923 年美国开始将它用来作为汽油的添加剂。尤金·荷德莱(Eugene Houdry)发明了催化裂化法,既提高了汽油的产量,同时使汽油获得越来越高的抗爆性,从而使内燃机的压缩比不断增加,提高了内燃机的动力性与经济性。

1902 年法国的路易斯·雷诺(Louis Renault)提出了增加缸内压力的发明专利,也就是后来被广泛接受的机械增压。1907 年美国宾夕法尼亚州的一家工厂试制成功了世界上第一台离心式压气机的机械增压内燃机。1915 年,瑞士工程师阿尔弗雷德·波希(Alfred Buchi)将这种增压器的机械驱动改造成为内燃机的废气涡轮驱动,这是第一台用于内燃机的涡轮增压器的雏形。第二次世界大战后,增压技术开始在压燃式内燃机上得到广泛的应用,并逐步扩展到汽油机中。

近30年来,影响内燃机设计和运行的主要因素是控制内燃机对环境的污染。20世纪40年代在洛杉矶发生了由于汽车排放物形成的空气污染事件后,1952年哈琴·史密特(A. J. Haagen Smit)阐明了光化学烟雾来自日照下的氮氧化合物和碳氢化合物所产生的化学反应。而氮氧化合物、碳氢化合物以及一氧化碳主要来自汽车排气,柴油机则是烟气微粒和氮氧化合物的主要来源。美国加州首先建立了汽车排放标准。

20世纪60年代在美国、欧洲、日本相应确立了汽车排放标准,从而导致了汽油喷射、三效催化剂、无铅汽油的应用,以控制汽油机的排放。内燃机也是一个重要的噪声来源,噪声来自空气动力效应、燃烧过程中气体的压力、零部件的机械激励等。20世纪70年代末,国际上开始制定车辆噪声法规,以降低噪声对环境的污染。随着全世界汽车保有量的迅速增加,各国的排放和噪声法规越来越严格。

20世纪70年代初,由于石油危机导致原油价格成倍上涨,引起对内燃机燃油经济性的重视,但由于要控制排气污染,从而增加了改进燃油经济性的困难。为了减少内燃机对日益短缺的石油的依赖,各国正在进行内燃机代用燃料的研究工作,以逐步取代汽油和柴油,如天然气、液化石油气、甲醇、乙醇、合成汽油、合成柴油、生物柴油以及二甲基醚(CH_3 OCH_3)等。

内燃机给世界带来了现代物质文明,在经过了一个多世纪的发展之后,它的发展远远还没有达到其顶点,在动力性、经济性以及排污控制方面还在不断改进。新材料的出现导致内燃机可以进一步减轻质量、降低成本和热损失。缸内直喷式汽油机、均质混合气压缩燃烧内燃机、各种代用清洁燃料内燃机等,都将会有很好的应用前景。

第二节　工程装备内燃机的发展趋势

随着大型工程项目的增多和规模的扩大,工程机械有向大型化发展的趋势,与其配套的内燃机(主要指柴油机)也在向系列化、提高单机功率、降低燃油消耗率、减少排放及噪声和污染的方面发展。

一、专用系列化

动力机械专用系列化、通用化、标准化等程度越高,就越便于大量生产,提高产品质量和降低成本,并且便于使用和维护。同时,还可以用较少的品种,满足工程机械的多种机型、多挡功率的要求。在工程机械发展较早的国家,如美国、德国、日本和英国等,都已有了工程机械专用的柴油机系列,如美国康明斯公司的NT、KT和M柴油机系列,卡特皮勒公司的3000、3200、3300、3400及新3500柴油机系列。

二、提高转速

提高转速是提高内燃机功率的一种有效途径,但受到机件磨损、混合气形成、燃烧过程恶化及热载荷的限制。工程机械的载荷沉重且带有冲击性,又受到底盘传动系统齿轮强度的限制,因此转速不宜过高。随着现代设计方法、新结构、新材料、新工艺的不断出现和使用,使机件的强度和寿命不断提高,使内燃机的转速有不断提高的趋势。

三、采用废气涡轮增压

采用废气涡轮增压是提高内燃机功率最有效的方法之一。目前,国外工程机械用柴油机,其功率在 150kW 以上的基本采用废气涡轮增压。根据工程机械的工作特点,柴油机增压多为中等程度的增压,功率可提高 30% 以上,有的甚至达 60%。加装中冷器后,其功率还可提高 15% ~ 30%。

四、降低燃油消耗率和采用代用燃料

目前,世界能源供给紧张,节约和采用代用燃料也是内燃机发展的趋势之一。此外,还采取改进燃烧方式、燃烧室及燃油喷射系统等方法。例如采用电子控制式燃油喷射系统要比机械控制式燃油喷射系统节约燃油约 7%;汽油机采用缸内喷射分层燃烧技术可使燃油消耗率下降 30%。

五、废气净化和降低噪声

随着社会的发展,对环境的保护和对生态平衡的要求也越来越高。内燃机工作时,对环境的危害主要是废气和噪声污染,对于隧道或井下作业的工程机械尤为突出。为此,我国已颁布了载重汽车的噪声及废气污染量限制标准、中小功率内燃机噪声限制标准、工程机械噪声国家标准等。

六、计算机辅助设计

计算机辅助设计已广泛应用于现代汽车、工程装备内燃机的研制和新产品的开发中。其优点是可以充分利用现有已成熟的内燃机新技术和新成果,并将内燃机模型的预测与优化融入设计中,实现内燃机设计和选型的计算机化。它不仅能解除设计工作者的繁重劳动,还能大幅度缩短研发周期和节约开发经费。计算机辅助设计已成为现代内燃机设计的主要手段。

第三节　内燃机分类

将燃料燃烧产生的热能转变为机械能的机器称为热力机。燃料在机器内部燃烧的热力机称为内燃机,如活塞式内燃机。燃料在机器外部燃烧的热力机称为外燃机,如蒸气机、汽轮机等。

内燃机的分类主要有以下几种方式:

按所用的燃料不同,可分为汽油机、柴油机、天然气机等;

按工作循环行程不同,可分为二行程内燃机和四行程内燃机;

按燃料着火方式不同,可分为点燃式内燃机和压燃式内燃机;

按冷却方式不同,可分为水冷式内燃机和风冷式内燃机;

按活塞的运动方式不同,可分为往复式内燃机和转子式内燃机;

按汽缸排列形式不同,可分为单列直立形式、双列 V 形、星形排列式等形式内燃机;

按曲轴转速 n 不同,可分为低速($n \leqslant 300 \mathrm{r/min}$)、中速($300 < n \leqslant 1000 \mathrm{r/min}$)、高速

$(n > 1000\,\mathrm{r/min})$ 内燃机。

第四节　内燃机名称与型号编制规则

为了便于识别内燃机的机型、规格和结构特点,我国制订了国家标准 GB/T 725—2008"内燃机产品名称和型号编制规则"。主要内容如下:

(1) 内燃机名称按其所采用的燃料名称命名。如:柴油机、汽油机、天然气机等。

(2) 内燃机编号应能反映内燃机的主要结构特征及性能。

(3) 内燃机型号由四部分组成,每一部分都由代表一定意义的符号来表示,其型号排列顺序及各部分符号所代表的意义见图 1-1。

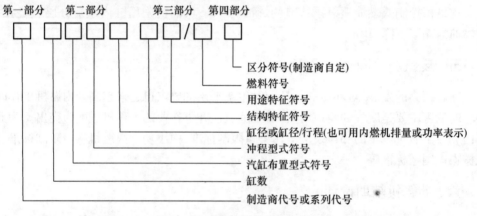

图 1-1　内燃机型号编制规则

第一部分:由制造商代号或系列符号组成。本部分代号由制造商根据需要选择相应 1~3 位字母表示。

第二部分:由汽缸数、汽缸布置型式符号、冲程型式符号、缸径符号组成。

① 汽缸数用 1~2 位数字表示;

② 汽缸布置型式符号按表 1-1 规定;

③ 冲程型式为四冲程时符号省略,二冲程用 E 表示;

④ 缸径符号一般用缸径或缸径/行程数字表示,也可用内燃机排量或功率表示。其单位由制造商自定。

第三部分:由结构特征符号、用途特征符号组成。其符号按表 1-1 的规定。

第四部分:区分符号。同系列产品需要区分时,允许制造商选用适当符号表示。第三部分与第四部分之间可用"—"分隔。

型号编号示例如下。

1E56F 汽油机:单缸、二行程、缸径 56mm、风冷。

6100Q-1 汽油机:六缸、四行程、缸径 100mm、水冷、汽车用、第一代变形产品。

12V135ZG 柴油机:12 缸、V 形、四行程、缸径 135mm、水冷、增压、工程机械用。

除上述统一规定外,我国一些内燃机的型号编号前还标以内燃机的生产厂家代号。如:第一汽车制造厂生产的解放牌 CA1091 汽车内燃机用 CA6102Q 汽油机表示;第二汽

4

车制造厂生产的东风牌 EQ1090 汽车内燃机用 EQ6100Q - 1 汽油机表示等。

表 1 - 1　内燃机特征符号含义

符号	含义	符号	结构特征	符号	用途	符号	燃料名称
无符号	直列及单缸卧式	无符号	水冷	无符号	通用型及固定动力	无符号	柴油
V	V 形	F	风冷	T	拖拉机	P	汽油
P	平卧形	N	凝气冷却	M	摩托车	T	天然气
H	H 形	S	十字头式	G	工程机械	CNG	压缩天然气
X	X 形	Z	增压	Q	汽车	LNG	液化天然气
		ZL	增压中冷	J	铁路机车	LPG	液化石油气
		DZ	可倒转(直接换向)	D	发电机组		
		A	中冷	C	船用主机,右机基本型		
				CZ	船用主机,左机基本型		
				Y	农用三轮车		

由国外引进的内燃机,若保持原结构性能不变,允许保留原产品型号。如:

NTA855 - C360:N—康明斯 N 系列内燃机,T—涡轮增压,A—中冷,855—总排量为 14L(855in^3),C—工程机械用,360—最大额定功率为 360hp(269kW)。

MTA11 - C225:M—康明斯 M 系列内燃机,T—涡轮增压,A—中冷,C—工程机械用,225—最大额定功率为 225hp(168kW)。

康明斯柴油机用途符号含义:M—船机,A—农业,C—工程机械,D—发电机驱动机,F—消防,G—发电机组,L—内燃机车,P—动力单元。

6BTA5.9:6 —缸数为 6 缸,B— B 系列内燃机,T—废气涡轮增压,A—中冷,5.9—内燃机排量(L)。

BF6L912C/BF6L913:B—增压(无此标号者表示自然进气),F—汽车和设备,6—汽缸数,L—风冷,9—结构系列,13—活塞行程厘米数(行程为 12.5cm,化整为 13cm),C—中冷,机型末尾 W 表示为涡流室式低污染柴油机,机型末尾无此标号则为直接喷射式柴油机。

WD615.67:W—水冷,D—柴油机,6—缸数为 6,15—系列编号(单缸排量 1.5L),67—机型变型编号。

第五节　内燃机的基本组成和常用术语

一、基本组成

内燃机是由许多机构和系统组成的复杂机器,其基本组成如下:

(1)机体曲轴连杆机构——作用是将燃料燃烧的热能转换为机械能,并将活塞的往复直线运动转换成曲轴的旋转运动,以实现能量转换和动力输出。机体曲轴连杆机构包括固定件(机体)和运动件(活塞连杆、曲轴)两大部分。

(2)配气机构——作用是按时开闭气门,以保证新鲜混合气(汽油机)或空气(柴油机)充入汽缸,并将废气排出汽缸外,使内燃机能连续正常地运转。

(3)燃料系——作用是将燃料(汽油机为可燃混合气,柴油机则分别为空气和柴油)送入汽缸,以供燃烧,并将燃烧后的废气排到大气中。

(4)润滑系——作用是向内燃机中需要润滑的部位供给润滑油,以减少摩擦阻力和减轻磨损,并对零件表面进行清洗和冷却,保证内燃机正常运转。

(5)冷却系——作用是冷却受热机件,并将热量散发到大气中,以保证内燃机在最佳温度状态下工作。

(6)启动系——作用是将内燃机由静止状态启动到自行运转状态。

(7)点火系——作用是按时点燃汽油机汽缸中的可燃混合气(汽油机);柴油机采用压燃,因此无点火系。

二、常用术语

如图1-2所示,内燃机的常用术语主要有:

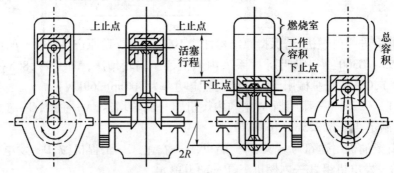

图1-2 内燃机的常用术语

(1)上止点(TDC)——活塞顶部在汽缸中的最高位置。

(2)下止点(BDC)——活塞顶部在汽缸中的最低位置。

(3)活塞行程——活塞上、下止点间的距离,通常用S来表示。对应于一个活塞行程,曲轴旋转180°。

(4)曲柄半径——曲轴旋转中心到曲柄销中心的距离,通常用R来表示。显然,活塞行程与曲柄半径之间的关系为

$$S = 2R(\text{mm}) \tag{1-1}$$

(5)汽缸工作容积——活塞从上止点到下止点所扫过的容积,又称汽缸排量,用V_s表示。

$$V_s = \frac{\pi D^2 S}{4 \times 10^6} \quad (\text{L}) \tag{1-2}$$

式中:D为汽缸直径(mm)。

(6)燃烧室容积——活塞位于上止点时,活塞顶的上部空间称为燃烧室,其容积称为燃烧室容积,用V_c表示。

(7)汽缸总容积——活塞位于下止点时,活塞顶的上部空间称为汽缸总容积,用V_a表示。

$$V_a = V_s + V_c \quad (L) \tag{1-3}$$

（8）内燃机排量——单个汽缸工作容积与内燃机汽缸数 i 的乘积，用 V_L 表示。

$$V_L = V_s \times i = \frac{\pi D^2 S \cdot i}{4 \times 10^6} \quad (L) \tag{1-4}$$

（9）压缩比——汽缸总容积与燃烧室容积之比，用 ε 表示。

$$\varepsilon = \frac{V_a}{V_c} = \frac{V_c + V_s}{V_c} = 1 + \frac{V_s}{V_c}. \tag{1-5}$$

目前，汽油机的压缩比一般为 7~14，柴油机的压缩比一般为 16~23。

（10）工作循环——内燃机完成一次能量转换所经历的进气、压缩、做功、排气四个连续过程称为内燃机的工作循环。

作 业 题

1. 内燃机通常是按哪些方面进行分类的？

2. 内燃机有哪些常用术语，含义各是什么？

3. 简述 12V150L、NTA855 - C280、MTA11 - C225 柴油机型号的含义。

4. 柴油机通常由哪几部分组成，各部分作用是什么？

第二章　内燃机工作原理

第一节　四行程内燃机的工作原理

四行程内燃机活塞的每一行程完成一个工作过程,各个工作过程可用相应的活塞行程来描述。因此,可以分为进气、压缩、做功和排气四个行程。

一、单缸四行程柴油机工作原理

图2-1所示为单缸四行程柴油机的工作过程示意图。

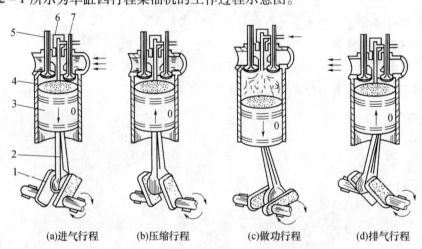

(a)进气行程　　(b)压缩行程　　(c)做功行程　　(d)排气行程

图2-1　四行程柴油机工作过程示意图

1—曲轴;2—连杆;3—活塞;4—汽缸套;5—排气门;6—喷油器;7—进气门。

(一)进气行程

在飞轮的惯性作用下,曲轴带动活塞自上止点向下止点移动,此过程中配气机构控制进气门打开,排气门关闭。由于活塞下行,汽缸容积不断增大,空气在汽缸内外压力差的作用下被吸入汽缸。当活塞行至下止点时,进气门关闭,进气行程结束。在这一过程中,活塞行走一个行程,曲轴旋转180°。

进气行程中,由于空气滤清器、进气管道及进气门对空气的流动产生阻力,使得进气终了时缸内的气体压力低于大气压力。另外,进入缸内的空气因受到上一循环残留在汽缸中的废气和高温机件(如汽缸壁、活塞顶等)的加热,使进气终了时汽缸内的空气温度高于外界大气温度。

(二)压缩行程

进气行程终了后,活塞在曲轴的带动下由下止点向上止点移动。此时,进气门和排气

8

门都关闭,由于活塞上行时缸内空气受到压缩,其压力和温度随之升高。当活塞到达上止点时,空气完全被压缩至燃烧室内,气体压力高达3000~5000kPa,温度高达530~730℃,这就为柴油喷入汽缸后的着火燃烧创造了必要条件(柴油的自燃温度为300~380℃)。空气压缩终了时的状态参数主要取决于内燃机的压缩比,压缩比越大,压缩终了时的压力和温度就越高。

（三）做功行程

在压缩行程接近终了时,柴油从喷油器内以高压喷入燃烧室中,并在高温高压空气中迅速蒸发而形成可燃混合气。随后便自行燃烧,放出大量热量,使汽缸中的气体温度和压力急剧升高,最高温度可达1530~1930℃,最高压力可达6000~10000kPa。高温高压气体作用在活塞顶部,推动活塞下行,并通过连杆使曲轴旋转而对外输出动力。随着活塞下行,缸内气体压力和温度也随之降低,当活塞到达下止点做功行程结束时,缸内压力降到200~400kPa,温度降到730~930℃。

（四）排气行程

做功行程终了时,活塞在曲轴和飞轮惯性的带动下,由下止点向上止点移动。这时排气门开启,进气门仍关闭。在缸内废气压力与外界大气压力差以及活塞上行的排挤作用下,废气迅速从排气门排出。由于排气系统阻力的影响以及燃烧室容积的存在,排气终了时缸内的废气不能充分排尽,其压力仍高于大气压力。

四行程柴油机经过进气、压缩、做功和排气四个行程,活塞在汽缸内上下往复四次,曲轴旋转两周(720°)后,便完成了一个工作循环。以上四个行程继续下去,柴油机便连续不断地对外做功。

二、单缸四行程汽油机工作原理

四行程汽油机与四行程柴油机一样,每一个工作循环也是由进气、压缩、做功和排气四个行程组成。但由于汽油机使用的汽油与柴油相比,具有黏度小、易挥发、自燃温度高的特点,使得汽油机与柴油机在工作中存在一定的差异,具体差别有以下几点。

（一）可燃混合气的形成方式不同

汽油机是借助于进气道上的化油器(或通过电控汽油喷射装置将汽油喷入进气管中)把汽油与吸入的空气进行混合,吸入缸内的是可燃混合气(缸内直接喷射例外)。而柴油机吸入缸内的是纯空气,柴油是在压缩行程接近终了时被喷油器喷入到压缩的空气中,与空气形成可燃混合气。因此,与汽油机相比,柴油机的可燃混合气形成时间很短(对于转速为2000r/min的内燃机,做功行程约为0.015s),混合的空间小(只在燃烧室内进行),混合气的混合质量也较差。

（二）可燃混合气的着火方式不同

汽油机在压缩行程接近终了时,用火花塞来点燃可燃混合气,又称点燃式内燃机(汽油机压缩终了时缸内温度约为330~430℃,而汽油的自燃点约为420~530℃)。柴油机则是在压缩行程接近终了时,将柴油喷入压缩的高温高压空气中自行燃烧,又称压燃式内燃机。

第二节　内燃机示功图与性能指标

一、示功图

内燃机工作循环中,汽缸内压力随工作容积或曲轴转角变化的坐标图称为示功图。示功图有两种基本形式:以曲轴转角为变量的称为 P—φ 示功图;以汽缸工作容积为变量的称为 P—V 示功图。示功图是借助于专门仪器从汽缸内部测得的,它是了解汽缸内部工作过程、探索各种因素对工作过程影响的重要信息。了解内燃机性能经常是从分析示功图入手,并结合工作循环的各个阶段来分析各种因素的影响,以便从中找出规律,为改善性能指明方向和提出措施。

图 2-2 所示为四行程柴油机的 P—φ 示功图。理论上讲,进气过程由上止点开始至下止点结束,而实际上在上止点以前进气门就开启了,在下止点后才关闭。实际的压缩过程是在下止点后进气门关闭时才开始,当压缩过程接近终点时,燃油喷入缸内,再经过一段时间的物理和化学准备之后开始燃烧,使汽缸内的压力急速上升。燃烧过程是在膨胀线上结束的,具体时间视内燃机的负荷和转速而定。上止点以后开始的膨胀过程称为做功行程。排气过程在下止点前就已经开始,直至上止点后才结束。

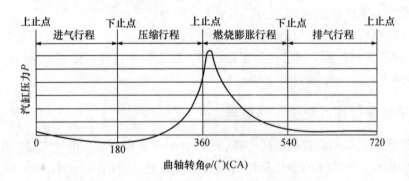

图 2-2　四行程内燃机的 P—φ 示功图

利用活塞位移与曲轴转角之间的关系,可容易地将 P—φ 示功图转换成 P—V 示功图;反之,P—V 图也可转换成 P—φ 图。图 2-3、图 2-4 所示分别为四行程柴油机和汽油机的 P—V 示功图。

不论是 P—φ 示功图还是 P—V 示功图,示功图上的曲线与横坐标之间所包围的面积就是这个过程所做的功。在膨胀曲线上,汽缸中的气体膨胀推动活塞做功,这是正功;而在压缩曲线上,活塞推动气体压缩消耗的功,这是负功。进、排气过程也要消耗功,但这部分消耗属于机械损失,不计算在实际循环的消耗中。因此,内燃机实际循环中所获得的功就是膨胀正功与压缩负功的差值,也就是示功图上膨胀过程曲线与压缩过程曲线所包围的那部分面积。这部分面积越大,实际循环中所获得的有用功也就越多。

指示功是指汽缸内完成一个工作循环所得到的有用功 W_i。指示功的大小可以由 P—V 图中闭合曲线所占有的面积求得。图 2-5 所示为四行程非增压内燃机、增压内燃机以及二行程内燃机的示功图。

10

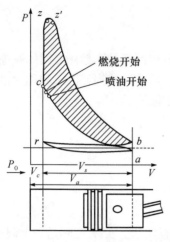

图2-3 四行程柴油机的P—V图

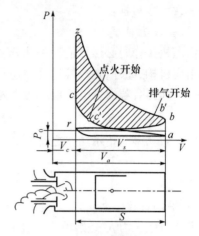

图2-4 四行程汽油机的P—V图

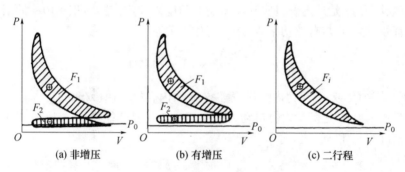

图2-5 四行程内燃机的P—V示功图

图2-5(a)所示为四行程非增压内燃机的指示功面积 F_i，它是由相当于压缩、燃烧、膨胀行程中所得到的有用功面积 F_1 和相当于进气、排气行程中消耗的功的面积 F_2 相减而成，即 $F_i = F_1 - F_2$。在四冲程增压内燃机中(图2-5(b))，由于进气压力高于排气压力，在换气过程中，工质是对外做功的，因此，换气功的面积 F_2 应与面积 F_1 叠加起来，即 $F_i = F_1 + F_2$。在二行程内燃机中(图2-5(c))，只有一块示功图面积 F_i，它表示了指示功的大小。

二、内燃机的性能指标

内燃机的工作指标较多，在评定内燃机动力性能和经济性能时，通常分为指示指标和有效指标两大类。以下介绍常用的几种内燃机指标。

1. 指示指标

指示指标是以汽缸内气体对活塞做功为基础的性能指标。指示指标不考虑内燃机本身的消耗，它主要用于衡量内燃机工作循环的完善程度。指示指标通常有指示功、平均指示压力、指示功率和指示耗油率等。

2. 有效指标

有效指标是以内燃机曲轴输出功为基础的性能指标。有效指标考虑了内燃机内部的各种消耗(驱动风扇、发电机、水泵、机油泵、燃油泵等功率消耗)，用来衡量内燃机的整机性能。它主要包括：

1) 有效功率 N_e

内燃机工作时必然要消耗一部分功率用于克服其内部各种摩擦副之间的摩擦阻力和驱动附属机构,此外,在换气过程中还有泵气损失等。所有这些损耗的总和称为机械损失功率 N_m。因此,若内燃机的指示功率为 N_i,则有效功率 N_e 为

$$N_e = N_i - N_m \qquad (2-1)$$

而有效功率与指示功率之比定义为内燃机的机械效率 η_m,即

$$\eta_m = \frac{N_e}{N_i} = 1 - \frac{N_m}{N_i} \qquad (2-2)$$

2) 平均有效压力 p_e

平均有效压力 p_e 是指单位汽缸工作容积所做的有效功。实际上 p_e 是一个假想的力,在此力的作用下活塞在一个行程中所做的功,等于一个工作循环曲轴输出的有效功。因此,平均有效压力 p_e 是从内燃机实际输出功的角度来评定汽缸容积利用率的指标。

平均有效压力 p_e 与有效功率 N_e 之间有如下关系：

$$p_e = \frac{30\tau N_e}{i V_h n} \times 10^3 \quad （\text{kPa}） \qquad (2-3)$$

式中：τ 为行程数(2 或 4)；i 为内燃机汽缸数；n 为内燃机转速(r/min)。

平均有效压力 p_e 是衡量内燃机动力性能的一个重要性能指标。表 2-1 列出了不同类型的内燃机的 p_e 和 η_m 值。

表 2-1　在标定工况下,内燃机 p_e 和 η_m 值的一般范围

内燃机类型	p_e/MPa	η_m
四行程汽油机	0.65 ~ 1.20	0.70 ~ 0.85
非增压柴油机	0.55 ~ 0.85	0.75 ~ 0.80
增压柴油机	0.80 ~ 3.00	可达 0.92

3) 有效扭矩 M_e

有效扭矩 M_e 是指曲轴输出的扭矩。它与有效功率 N_e 之间有如下关系：

$$N_e = \frac{2\pi n M_e}{60} \times 10^{-3} = \frac{M_e n}{9550} \quad （\text{kW}） \qquad (2-4)$$

式中：M_e 的单位为 N·m。

由式(2-3)和式(2-4)可得

$$M_e = k \times P_e \quad （\text{N·m}） \qquad (2-5)$$

式中：$k = 318.3 V_h i / \tau$ 为常数。

式(2-5)说明内燃机的扭矩与平均有效压力成正比。

4) 有效耗油率 g_e

有效耗油率 g_e 是指单位有效功的耗油量,通常以单位有效千瓦小时的耗油量表示：

$$g_e = \frac{G_f}{N_e} \times 10^3 \quad （\text{g/kW·h}） \qquad (2-6)$$

式中：G_f 为每小时消耗的燃油量（kg/h）。

有效耗油率 g_e 因直接表明了内燃机发出单位功率所消耗的燃油，因此具有很大的实际经济意义。表 2-2 列出了增压和非增压柴油机、汽油机额定工况下 g_e 和 η_e 值的范围。

表 2-2　额定工况下 g_e 和 η_e 的范围

内燃机类型	$g_e/(\text{g/kW} \cdot \text{h})$	η_e
非增压柴油机	224 ~ 299	0.27 ~ 0.38
增压柴油机	190 ~ 217	0.40 ~ 0.45
汽油机	265 ~ 340	0.21 ~ 0.28

5）有效热效率 η_e

有效热效率 η_e 是指加入内燃机中的热量转变为有效功的程度，可表示为

$$\eta_e = \frac{3.6 \times 10^6}{H_\mu \times g_e} \qquad (2-7)$$

式中：H_μ 为燃料低热值（kJ/kg）。

式（2-7）说明 η_e 与 g_e 成反比，即有效热效率越高，有效耗油率就越低。表 2-2 为标定工况下不同类型内燃机的 η_e 与 g_e 值。

3. 紧凑性指标

在评价内燃机时，除了上述动力性和经济性指标外，还可以从工作容积的利用率、重量与体积的利用率等方面进行比较。

1）比重量 G_w

比重量 G_w 是指内燃机重量 G 与标定功率 N_e 的比值：

$$G_w = \frac{G}{N_e} \quad (\text{kg/kW}) \qquad (2-8)$$

式中：G 为内燃机不加燃料、冷却水、机油及其他附属装备（散热器、排气管、仪表等）的净重量（kg）。

G_w 通常用来表征内燃机制造技术和材料利用率程度等综合参数的指标。

2）升功率 N_l

升功率 N_l 是指内燃机单位升汽缸工作容积所能发出的有效功率 N_e，即

$$N_l = \frac{N_e}{V_H} = \frac{p_e n}{30\tau} \times 10^{-3} \quad (\text{kW/L}) \qquad (2-9)$$

升功率表示了内燃机汽缸工作容积的有效利用程度，它综合反映了平均有效压力、转速及行程数的影响，因此是表征内燃机强化程度的重要性能指标。

3）功率密度 N_v

功率密度 N_v 是指内燃机的标定功率 N_e 与其外廓体积 V 的比值：

$$N_v = \frac{N_e}{V} = \frac{V_H}{V} \frac{N_e}{V_H} = kN_l \quad (\text{kW/m}^3) \qquad (2-10)$$

式中：k 为内燃机总布置紧凑性系数（L/m³）。

显然,要提高内燃机的单位体积功率,不仅应提高升功率,还应提高总体布置的紧凑性。因此在设计内燃机时,既要追求机体尺寸的紧凑性,也要考虑附件布置的合理性。

4. 标定指标

标定指标主要包含标定功率和相应的标定转速。标定功率和标定转速一般指内燃机铭牌上所标出的功率和转速,即额定功率和额定转速。一台内燃机的使用功率及其相应转速究竟应该标定多大,是根据内燃机的特性、使用特点、寿命和可靠性等不同要求而确定的。世界各国对标定方法的规定有所不同。根据内燃机的使用特点,我国国家标准GB/T 725—2008规定了内燃机的功率按以下四种工作情况来进行标定。

(1) 15 分钟功率——内燃机允许连续运转 15min 的最大有效功率。它适用于经常以中小负荷工作而又需要有较大的功率储备或需在瞬时发出最大功率的内燃机,如中小型载货汽车、轿车、摩托车等用途的内燃机。

(2) 1 小时功率——内燃机允许连续运转 1h 的最大有效功率。它适用于经常以大负荷工作而又需在短期内满负荷工作的内燃机,如大型载货汽车、轮式土方机械、机械传动的单斗挖掘机、液压传动采用定量泵的挖掘机、振动压路机等用的内燃机。

(3) 12 小时功率——内燃机允许连续运转 12h 的最大有效功率。它适用于在一个工作日内以基本不变负荷工作的内燃机,如履带推土机、装载机、挖沟机以及农业排灌、电站和拖拉机用内燃机。

(4) 持续功率——内燃机允许长期连续运转的最大有效功率。它适用于长期维持运转的内燃机,如发电用、排灌、轮船用内燃机等。

除了持续功率外,其他三种功率均具有间歇性工作的特点,又称为间歇功率。对于间歇功率来说,可以标定得高一些,以充分发挥内燃机的工作潜力。如某型柴油机在额定转速 1500r/min 时,1 小时标定功率为 97.1kW,12 小时标定功率为 88.3kW,持续运转标定功率为 79.4kW。

内燃机在实际按标定功率运转时,较正常工作状态,也可能导致突发性故障发生,超出上述限定的时间并不意味着内燃机将被损坏,但内燃机的寿命与可靠性受到影响。目前,随着用户对内燃机的可靠性和耐久性要求越来越高,标定功率的区分逐渐淡化。车用内燃机也要求能全负荷连续运转数百甚至数千小时,与原来的 15 分钟和 1 小时功率定义相差很远。

根据内燃机的使用特点,在内燃机的铭牌上一般标明上述四种功率中的一种或两种功率及其相应的标定转速。

以上标定功率均指在大气压力为 760mmHg、大气温度为 20℃、相对湿度为 60% 的情况下标定的,若外界环境情况与上述不同,则应作相应修正。

5. 充气系数

表示进气行程终了时汽缸中气体充填的程度,用 η_v 表示:

$$\eta_v = \frac{每循环中实际进入汽缸的新鲜空气量}{在进气状态下理论进气量}$$

可见,η_v 越大,实际进入汽缸中的气体量越多,汽缸工作容积利用得越充分。因此,充气系数又称为容积效率。车用非增压内燃机充气系数,柴油机一般为 0.8 ~ 0.9,汽油机一般为 0.75 ~ 0.85。

作 业 题

1. 简述指示指标、有效指标、标定指标含义及相互关系。
2. 简述内燃机扭矩、功率含义及相互关系。
3. 简述标定指标与内燃机工作可靠性及寿命关系。
4. 可以通过哪些技术手段来提高内燃机的充气系数？

第三章　机体和曲轴连杆机构

机体和曲轴连杆机构是内燃机产生动力的主要部分,它将燃料燃烧所释放的热能转变为机械能,也就是把作用在活塞顶部上的燃气压力传给曲轴,将活塞的往复直线运动转变成曲轴的旋转运动,并向传动装置输出动力。

机体和曲轴连杆机构包含的零件较多,根据其功用可分为三个组成部分,即机体组、活塞连杆组、曲轴飞轮组。

第一节　机 体 组

机体组主要包括汽缸盖、汽缸垫、汽缸体、上下曲轴箱、汽缸套、飞轮壳及各连接件。

一、汽缸体

(一) 汽缸体的功用

汽缸体往往与上曲轴箱铸成一体,通称汽缸体,是内燃机的主体骨架。风冷式内燃机的汽缸大多采用单体汽缸,故一般将汽缸体与曲轴箱分开铸造,再通过螺栓与上曲轴箱连接。

汽缸体的主要功用是:支撑曲轴连杆机构运动件并保持其相互位置的正确性;形成水道、油道;安装内燃机附件;承受内燃机工作时所产生的各种作用力。

(二) 汽缸体的结构形式

汽缸体的结构形式通常有三种:一般式、龙门式与隧道式。

一般式:上、下曲轴箱的分界面与曲轴中心线在同一个平面上(图 3 - 1(b))。这种汽缸体高度小、结构紧凑,但刚度稍差,一般多用于功率较小的内燃机上,如 WD615.67 型柴油机采用此种结构。

龙门式:将上、下曲轴箱的分界面移至曲轴中心线以下(图 3 - 1(a))。这种结构可以使纵向平面中的弯曲刚度和绕曲轴轴线的扭转刚度显著提高,同时下表面与油底壳完整相配,密封性较好,常被中型以及重型载重汽车所采用,如 MTA11、NTA855、F6L912、6BTA5.9 柴油机。

隧道式:将主轴承做成整体式的结构(图 3 - 1(c))。这种形式的汽缸体刚度较好,但其重量与尺寸较大,它适用于采用组合式曲轴与滚动主轴承的内燃机上。

(三) 汽缸体的冷却形式

水冷式汽缸体,在汽缸的周围有充水的空腔,称为水套。水的进口可在汽缸体的前端或侧面,出水口多在汽缸盖的上端或侧面。在汽缸盖与汽缸体的装配面上有许多对应并相通的水道口。

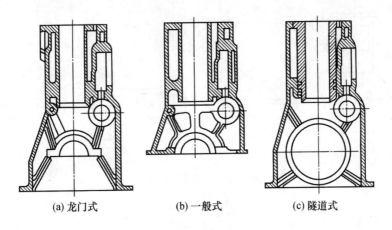

(a) 龙门式　　　　　(b) 一般式　　　　　(c) 隧道式

图 3-1　汽缸体结构示意图

　　风冷式内燃机的汽缸体与上曲轴箱除常采用分体式外,在汽缸体和汽缸盖的外表面还有许多散热片,以增加散热面积,提高散热能力(图 3-2)。因铸铁耐磨性好,铝合金导热性好,目前多采用在铸铁汽缸套的外缘浇锡铝合金工艺,将两种材料铸成整体,称为双金属汽缸体,见图 3-2(b)。

　　风冷式内燃机汽缸体常采用龙门式或隧道式结构,以保证其强度和刚度。

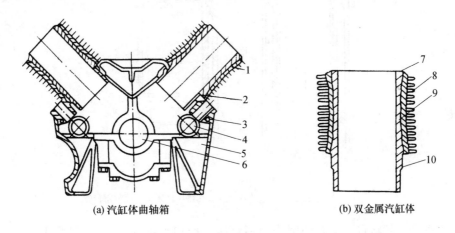

(a) 汽缸体曲轴箱　　　　　　　　(b) 双金属汽缸体

图 3-2　V 形风冷分体式汽缸体

1—汽缸体;2—支撑平面;3—上曲轴箱;4—凸轮轴轴承座孔;5—隔板;
6—主轴承座孔;7—上止口;8—散热片;9—汽缸套;10—下止口。

(四) 汽缸排列形式

　　多缸内燃机的汽缸排列形式有三种:直列式、双列式和卧式,如图 3-3 所示。直列式汽缸结构简单,常为四缸和六缸(NTA855 型、WD615.67 型、F6L912/913 型柴油机)内燃机采用;双列式汽缸又称 V 型,结构比较复杂,但可以缩短内燃机的长度,常为八缸和十二缸(如 12V150L 系列柴油机)内燃机采用;卧式汽缸多用在大型公共汽车和摩托车上。

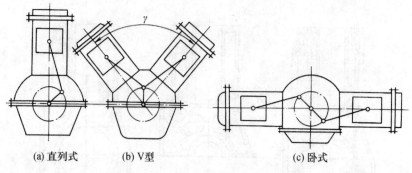

(a) 直列式　　　(b) V型　　　　　　　(c) 卧式

图 3 - 3　汽缸的排列形式

二、汽缸套

汽缸体中活塞往复运动的内腔称为汽缸。汽缸可以在汽缸体上直接加工制成,但目前广泛采用的是用耐磨材料(合金铸铁或合金钢)制成汽缸套,镶入汽缸体内,形成汽缸工作面。当采用铝合金汽缸体时,由于铝合金耐磨性较差,必须镶入缸套,这样有利于降低成本,且修理更换汽缸套也比较方便。

汽缸套有干式和湿式两种,如图 3 - 4 所示。

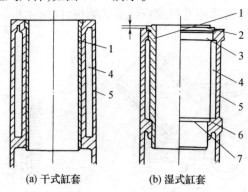

(a) 干式缸套　　　(b) 湿式缸套

图 3 - 4　汽缸套

1—汽缸套;2—凸缘;3,7—定位环;4—水套;5—缸体;6—橡胶密封圈。

干式汽缸套的特点是缸套外圆表面不直接与冷却水接触,壁厚一般为 1 ~ 3mm。其优点是不漏水、不漏气,汽缸体的刚性好、强度高。缺点是散热效果差,为保证汽缸体与缸套的配合精度,加工精度要求高、难度大,拆装修理不便。一般以上端或下端定位,用合金铸铁制成。WD615 型柴油机采用干式缸套并以上端定位;有的内燃机是在汽缸体大修后镶套时才采用干式缸套;有的内燃机为了延长其大修时间,直接在新缸体上以过渡配合镶入干式缸套。

湿式汽缸套的特点是其外表面与冷却水直接接触,汽缸壁较厚(5 ~ 9mm)。缸套的径向定位靠上、下两处凸起的定位环保证(图 3 - 4(b));缸套上部突缘的下端面与缸体的凹肩配合,起轴向定位作用并保证上部密封,胶圈保证下部密封;缸套装入汽缸体后,上端面应高于汽缸体上平面 0.05 ~ 0.15mm,装配时使汽缸盖能够压紧汽缸垫和缸套,防止漏水和漏气。湿式汽缸套的优点是汽缸体的铸造较容易,散热效果好,拆装简便。缺点是

18

汽缸体的刚度较差,缸套上端面不能被缸盖压紧时,易漏水、漏气。MTA11、NTA855 柴油机、12V150L 系列等大部分柴油机采用湿式汽缸套。

三、汽缸盖与汽缸垫

(一)汽缸盖

1. 汽缸盖的功用和材料

汽缸盖的主要作用是封闭汽缸,并与活塞顶共同组成燃烧室。此外,它还为许多零部件提供安装位置。汽缸盖与高温燃气直接接触,同时承受极高的气体压力和缸盖螺栓预紧力,故其所受热应力和机械应力均较严重,因此,汽缸盖应具有足够的刚度和强度(见图 3 - 5)。

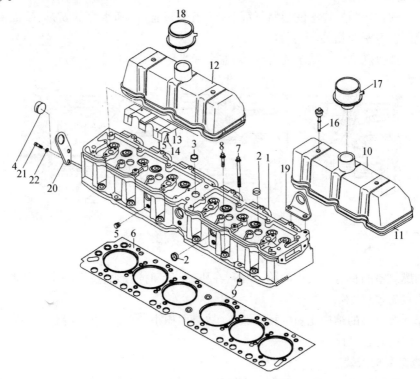

图 3 - 5　典型汽油机汽缸盖和汽缸垫

1—汽缸盖;2,3,4—碗形塞片;5—螺塞;6—汽缸垫总成;7,8—汽缸盖螺栓;9—定位销;10—汽缸盖前罩盖;
11—密封条;12—汽缸盖后罩盖;13—挡油板;14—螺钉;15—垫圈;16—螺栓总成;
17,18—小空气滤清器总成;19—内燃机前吊耳;20—内燃机后吊耳;21—螺栓;22—弹簧垫片。

目前使用的汽缸盖材料有两类:一类是灰铸铁或合金铸铁,因其高温强度高、铸造性能好、价格低等优点,应用很广泛,如 NTA855 型柴油机、WD615 型柴油机、6BTA 系列柴油机;另一类是铝合金,主要优点是导热性好,降低了汽缸盖的温度,提高了充气系数,减小爆燃倾向,如 F6L912/913 柴油机。缺点是高温时强度降低,热膨胀系数大,易变形。

2. 汽缸盖的结构形式

汽缸盖可分为整体式和分体式两种。

整体式汽缸盖的所有汽缸共用一个汽缸盖。其优点是结构简单,汽缸的中心距离小,可以减小内燃机的质量和长度。其缺点是铸造工艺和加工精度要求较高,易弯曲变形,装配质量要求高。多用在汽缸数不超过6个的内燃机中。

分体式就是每个汽缸(或每2～3个汽缸)单独用一个汽缸盖,如WD615.67型柴油机,其优点是刚度大,通用性强,加工简单,但在缩短汽缸中心距离方面受到一定限制,风冷式内燃机大部分采用该结构。

NTA855柴油机采用两缸一盖。其优点是铸造容易,加工精度要求较低,刚度较高,通用性好,有利于产品系列化,但汽缸的中心距较大,使内燃机质量和长度增加,目前多应用于缸径较大的柴油机中。

3. 汽油机燃烧室

汽缸盖的构造与燃烧室的形状、气门和气道的布置、冷却水套的安排、喷油器或火花塞的放置位置等密切相关。

国产汽油机燃烧室形状主要有楔形、盆形和半球形三种(图3-6)。

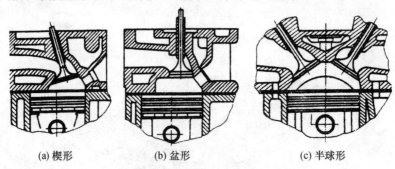

(a) 楔形   (b) 盆形   (c) 半球形

图3-6 汽油机燃烧室

楔形燃烧室的特点是结构简单、紧凑,在压缩终了时能形成挤气涡流。盆形燃烧室的结构也比较简单、紧凑。

半球形燃烧室的结构比前两种更紧凑,散热面积小,有利于可燃混合气的完全燃烧和减少排气中的有害气体。

4. 汽缸盖的安装

汽缸盖用螺栓固定在汽缸体上。汽缸盖螺栓的紧定原则是:必须按一定的顺序以规定的扭矩进行,一般由中间对称地向四周分多次均匀拧紧,以保证汽缸垫均匀平整地夹在汽缸体和汽缸盖之间,避免缸盖翘曲变形造成漏气(图3-7)。

因材料的膨胀系数不同,在安装不同材料的汽缸盖时应用不同的方法。铸铁膨胀系数比钢小,为了防止受热后钢螺栓的伸长大于铸铁缸盖的伸长,致使缸盖与缸体的结合不足,不能保证密封,螺母不但要在冷车时拧紧,而且待内燃机温度升高后还应进行第二次拧紧。铝合金的膨胀系数比钢约大一倍,因此,铝合金缸盖在内燃机热启动后与汽缸体结合得会

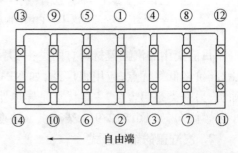

图3-7 MTA11柴油机缸盖螺栓拧紧顺序

20

更紧,故只需冷车一次拧紧即可。常见内燃机汽缸盖拧紧扭矩见表3-1。

表3-1 常见内燃机的汽缸盖螺栓规格和拧紧扭矩

内燃机型号	螺栓规格	拧紧扭矩/(N·m)
F6L912	M12	预紧力矩30,再分3次共计135°(3×45°)
4120F	M14	90~110
MTA11	汽缸盖螺栓	240
	随动件螺栓	140
NTA855	12个11/12英寸螺栓	第一次拧至27~34,第二次拧至108~136,第三次拧至359~414
WD615	主螺栓M16	240~340
	副螺栓M12	120~160
6CTA8.3	14个长螺栓	第一次拧至70,第二次拧至145,第三次拧过90°
6BTA5.9	M12	126

(二)汽缸垫

1. 汽缸垫的功用

汽缸垫安装于汽缸盖与汽缸体结合面之间,它的作用是保证结合面间的密封,防止漏气、漏油和漏水。

2. 汽缸垫的材料

汽缸垫受到缸盖螺栓预紧力和高温燃气压力的作用,同时还受到油、水的腐蚀,因此汽缸垫必须具有一定的强度和良好的弹性,同时还要有一定的耐蚀性和耐热性。

车用内燃机的汽缸垫有三类:一类是金属与石棉组成的金属—石棉衬垫,它是在夹有金属丝或金属屑的石棉外包以钢皮或铜皮,在与燃气接触的缸垫孔周边用镍片镶边,以防高温燃气烧损(图3-8(a))。还有的用编织钢丝、扎孔钢板与石棉组成(图3-8(b)、(c)),这一类汽缸垫被车用内燃机广泛采用。

另一类是用塑性金属制成的金属衬垫,这种衬垫常用硬铝板、冲压钢片或一叠薄钢片制成(图3-8(d)),主要用于强化程度较高的柴油机上。

还有一类金属—复合材料衬垫是在钢板的两面粘覆耐热、耐腐蚀的新型复合材料制成(图3-8(e)),并在汽缸孔、机油孔和冷却水孔周围用不锈钢包边。

近年来,一些国外的内燃机上已经用耐热密封胶完全取代了传统的汽缸垫。

3. 汽缸垫的安装

汽缸垫有正反面,有"TOP"字样的为正面,安装时应朝上。对无"TOP"标识的汽缸垫,安装时按照以下原则进行:对铸铁材料的缸盖,应将缸垫光滑面朝向汽

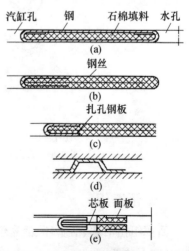

图3-8 汽缸垫的断面结构

缸体,卷边面朝向汽缸盖;对铝合金材料的缸盖,光滑面朝向汽缸盖,卷边面朝向汽缸体。

四、油底壳

下曲轴箱根据是否贮存机油,可分为湿式曲轴箱与干式曲轴箱,其主要作用是封闭曲轴箱。在大部分内燃机上,下曲轴箱还是贮存机油的场所,由于不受任何作用力,只是一个薄薄的壳体,又称为油底壳。采用湿式曲轴箱的内燃机不另设机油箱,机油即贮存于油底壳中,大多数中、小功率内燃机采用这种形式。

在使用环境较差的工程车或大型载重车的内燃机上,往往采用干式曲轴箱,用专门的机油箱来贮存机油,如 12V150 系列柴油机。采用专用机油箱的目的是使车辆在任何倾斜角度下都能保证机油的连续供应。

油底壳底部有放油螺塞,供清理、更换机油用。有的放油螺塞具有磁性,能吸附机油中的金属屑。油底壳内还设有挡油板,防止振动时油面波动过大而导致润滑不良。

第二节　活塞连杆组

活塞连杆组由活塞组与连杆组两部分组成,如图 3-9 所示。

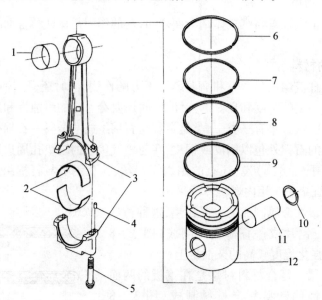

图 3-9　活塞连杆组

1—连杆衬套;2—连杆轴瓦;3—连杆总成;4—定位销;5—连杆螺栓;
6,7,8—气环;9—油环;10—卡环;11—活塞销;12—活塞总成。

一、活塞组

活塞组由活塞、活塞环、活塞销及活塞销卡环等组成。

（一）活塞

活塞多用铝合金铸成。铝合金具有重量轻、导热性好、运动惯性小等优点,可以降低

22

活塞工作温度,提高汽缸充气量。缺点是膨胀系数较大,温度升高时强度和硬度下降较快,因此在结构上必须采取补强措施。

1. 活塞结构

活塞由顶部、头部和裙部组成,如图3-10所示。

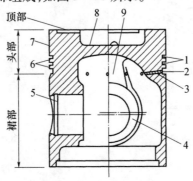

图3-10 活塞结构

1—气环槽;2—油环槽;3—回油孔;4—活塞销座;5—挡圈槽;6—活塞环岸;7—活塞顶岸;8—燃烧室;9—加强筋。

1）活塞顶部

活塞顶部是组成燃烧室的主要部分,其结构形状与所选用的燃烧室形式及压缩比有关,一般分为平顶、凸顶、凹顶三种。

汽油机活塞顶一般为平顶(图3-11(a)),具有受热面积小、加工简单等优点,但也有少数汽油机采用凹顶活塞。柴油机通常采用凹顶活塞(图3-11(c)),其凹坑的形状取决于燃烧室的形式以及混合气的形成方式,因而深浅不一,形状各异。二冲程内燃机多采用凸顶活塞;F6L912型、NTA855型、MTAMTA1111型、WD615.67型等柴油机活塞顶为ω形,并加工有进、排气门避让坑,以防止活塞顶和气门相碰撞。

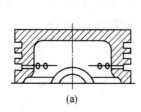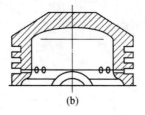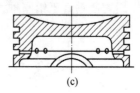

(a)　　　　　　　　(b)　　　　　　　　(c)

图3-11 活塞顶部形状

2）头部

从活塞顶部到油环下端面之间部分称为活塞头部。其上加工有气环槽和油环槽,用以安装气环和油环。上面的2~3道环槽安装气环,下面的1~2道环槽安装油环,油环槽内还钻有许多小孔,以便使油环从汽缸壁上刮下的润滑油经小孔流回曲轴箱。

在活塞顶面至第一道环槽之间,有的还加工出很多细小的环形槽。这种细小的环形槽可因积炭而吸附润滑油,在瞬间失油工作时可防止活塞与汽缸壁的咬合。如MTA11系列、NTA855系列、F6L912系列等绝大多数柴油机均采用这种结构(图3-12)。

为了改变传热路线,限制传给第一道气环的热量,通常在第一道气环的上方开有较窄的隔热槽(图3-13)。

6BTA5.9、6CTA8.3型柴油机活塞头部第一道环槽还镶有镍合金铸铁的环槽护圈(镶圈),提高了第一道环槽的耐磨性,延长了活塞的使用寿命,参见图3-16。

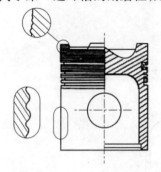

图3-12 活塞顶环形槽

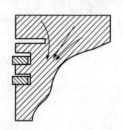

图3-13 活塞隔热槽

3)裙部

活塞头部以下部分称为裙部。它引导活塞在汽缸内运动,直接与汽缸壁相接触,并承受连杆摆动产生的侧压力。活塞裙部有活塞销座孔用以安装活塞销,座孔两端开有安装锁环的环槽。

活塞裙部最大直径与汽缸配合应留有适当的间隙,间隙过小,会使活塞受热膨胀后卡死在汽缸内;间隙过大,会使活塞受强烈振动后出现对汽缸的敲击声。

在工作中,由于受力及受热等原因,裙部容易变形,裙部产生变形的原因如下:

(1)金属受热膨胀不均匀。由于在活塞横截面上金属分布不均匀,沿销座轴线方向金属堆积很厚,而垂直于销座轴线方向上金属很薄,因此受热后沿销座轴线方向膨胀量比垂直销座轴线方向要大得多(图3-14(a))。

(2)活塞顶部燃气的作用力,使裙部沿销座轴线方向向外扩张变形(图3-14(b))。

(3)裙部受侧作用力挤压。由于侧作用力是垂直于销座轴线方向的,汽缸对活塞裙部的反作用力使垂直于销座轴线方向的裙部受挤压,直径变小,而沿销座轴线方向,直径伸长(图3-14(c))。

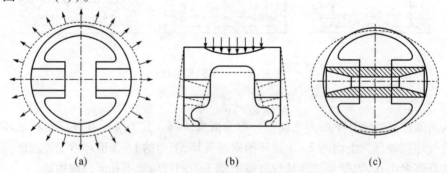

(a)　　　　　　　　　(b)　　　　　　　　　(c)

图3-14 活塞裙部的椭圆变形

上述三种作用力方向是相同的,即活塞在工作时呈椭圆形,其长轴沿销座轴线方向,短轴垂直于销座轴线方向。

活塞裙部的椭圆变形,使裙部与缸壁之间的间隙不均匀,沿销座轴线方向间隙最小,垂直销座轴线方向间隙最大。在冷态下若按椭圆短轴尺寸与汽缸配合,则工作时因长轴的加大将导致活塞在汽缸中卡死;相反,若按椭圆长轴尺寸与汽缸配合,则冷启动时因间隙过大而引起裙部对缸壁的敲击。

为了保持活塞与汽缸有比较恒定的最佳间隙,在结构上采取了以下几种措施:

(1)椭圆裙。椭圆长轴与活塞销轴线垂直,活塞工作时由于沿销座轴线方向变形较大而变成圆形。对各型内燃机的椭圆度均有具体规定,6BTA 柴油机为 0.35 ± 0.03mm,NTA855、WD615 柴油机为 $0.20 \sim 0.40$mm。少数内燃机采用正圆形裙部,在销孔处附近铸有深 $0.5 \sim 1$mm 的凹陷作为补救措施。

(2)在裙部开 Ⅱ 形或 T 形弹性槽。横向槽开在最下面的活塞环槽内,可以部分切断由活塞上部流向裙部的热量,使裙部热膨胀减小;纵向槽开在活塞裙部,使裙部具有弹性,以保证在冷态下裙部与汽缸之间保持最小值而在工作时又不致卡死。开槽降低了活塞的刚度,在装配时要将有弹性槽的面安置在不承受最大侧作用力的一边。汽油机铝合金活塞裙部开弹性槽。柴油机汽缸内的压力较大,其活塞裙部一般不开膨胀槽,故活塞间隙比汽油机大。

(3)在活塞销座中镶入膨胀系数小的钢片。在销座两侧镶入膨胀系数小的钢片,以限制活塞裙部的膨胀,减少其热膨胀量,从而可使活塞在汽缸中的装配间隙尽可能小而又不致卡死。

(4)在活塞高度方向上,由于顶部温度最高,沿着高度往下,温度逐渐降低,为了在工作时沿高度方向间隙均匀,活塞不是制成一个正圆柱体,而是上小下大。目前最好的活塞形状是中凸形(桶形),它可保持活塞在任何状态下都能得到良好的润滑。

2. 活塞的冷却

在某些强化的柴油机上,由于燃气压力大、温度高,为保证柴油机能正常工作,必须对活塞加强冷却,活塞的冷却一般有以下几种方式:

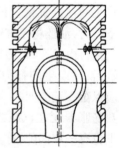

图 3 - 15　活塞顶的喷油冷却

(1)自由喷射冷却。由连杆小头向活塞顶的内壁喷机油,或是在曲轴箱体上安装固定喷嘴向活塞喷机油(图 3 - 15)。如 MTA11 柴油机在曲轴箱体上安装了 6 个冷却喷嘴。

(2)具有内冷却油腔的强制冷却。活塞顶及密封部的内部作成空腔,将机油引入内腔进行循环冷却(图 3 - 16)。

上述冷却方式,特别是第二种方式结构复杂,一般只用于高强化的柴油机上。

3. 活塞装配注意事项

(1)活塞与汽缸、活塞销与销孔分组后,应同组装配,不能错装,以提高装配质量。

(2)铝合金活塞装配活塞销时,先将活塞放在 $70 \sim 90$℃ 的水或油中加热,然后将销子推入座孔内。

(3)活塞装入汽缸时,应留有适当的缸壁间隙。

(4)注意活塞装配方向,对于顶部具有燃烧室凹坑的活塞,应与喷油器的喷油方向相配合。通常在活塞顶上有箭头,箭头指向喷油器或内燃机前端方向。如 6BTA5.9、6CTA8.3 柴油机在活塞顶部铸有向前指示标记,安装时应将记号指向内燃机前方。

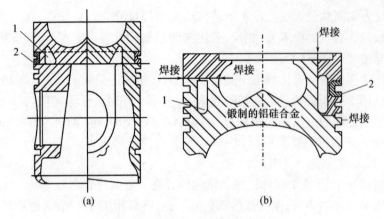

图 3 – 16　具有内冷却油腔的活塞
1—冷却油腔；2—活塞环镶圈。

（二）活塞环

活塞环是开口并具有弹性的圆环，通常由优质灰铸铁或合金铸铁制成。活塞环有气环和油环两种。

气环装在活塞身上端，用来密封气体，阻止汽缸中高温、高压燃气漏入曲轴箱（图 3 –17），并将活塞顶部的大部分热量传给汽缸壁。油环装在活塞身下端，用来布油和刮油。当活塞上行时，油环将飞溅在汽缸壁上的油滴均匀分布于汽缸壁上；当活塞下行时，油环将汽缸壁上的机油刮下，流回油底壳。

在自由状态时，活塞环的外圆略大于汽缸直径，装入汽缸后，环产生的弹力使之压紧在汽缸壁上。环的开口处应保留一定的间隙，称为开口间隙或端隙，以防活塞环受热膨胀卡死在汽缸内。活塞环装入环槽后，在高度方向上也有一定间隙，称为边隙或侧隙，以防活塞环受热膨胀卡死在环槽内而失去弹力。活塞组装入汽缸后，环的内圆表面与槽底之间也有一定的间隙，称为背隙，以防活塞环受热径向膨胀而刮伤汽缸壁（图 3 –18）。

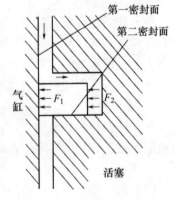

图 3 – 17　气环的密封作用

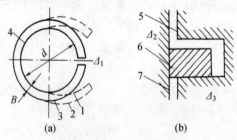

图 3 – 18　活塞环装配间隙
1—活塞环的工作状态；2—活塞环自由状态；3—工作面；4—内表面；5—活塞；6—活塞环；7—汽缸。
Δ_1—开口间隙；Δ_2—侧隙；Δ_3—背隙；d—内径；B—宽度。

活塞环的数目取决于内燃机的压缩比和转速。当环数多时,密封和刮油作用较好,但环与缸壁间摩擦阻力较大,转速高时则更大,约占总摩擦阻力的60%。因此,在保证工作可靠的前提下,环数应尽量少。汽油机一般装有 1～3 道气环、1 道油环。柴油机压缩比大、转速低、容易漏气,一般装有 2～3 道气环、1～2 道油环。油环多于 2 道时,有的柴油机将一道油环装于活塞裙部。

1. 气环

第一道气环直接与高温气体接触,其工作温度可达350℃,受压力最大,润滑条件极差,因而磨损最严重。所以,大多数内燃机第一道环在其表面镀上多孔性铬层,以保存机油,增加耐磨性。第二、第三道环镀锡,以加速磨合。

气环按其断面形状的不同可分成矩形环、扭曲环、梯形环与桶面环等(图 3－19)。

(1)矩形环:断面形状为矩形。其磨合性较差,工作时由于活塞的热膨胀和晃动等原因,易使环在运动中失去与汽缸壁的正常接触,从而使性能变差。因此,随着内燃机性能的不断提高,矩形环已不能满足内燃机强化要求,基本上采用了其他断面形式的气环。

(2)梯形环:由于它与环槽的配合间隙经常变化而有自动清除积炭的作用,一般用于强化柴油机的第一道环。如 F6L912G 型柴油机第一道气环采用梯形环(图 3－19(a))。

(3)扭曲环:分为内切槽环(又称正扭曲环)和外切槽环(又称反扭曲环)两种,如图 3－19 所示。这种断面内外不对称环装入汽缸受到压缩后,在不对称内应力的作用下扭曲,产生明显的断面倾斜,使环的外表面形成上小下大的锥面,这就减小了环与缸壁的接触面积,使其易于磨合,并具有向下刮油的作用。而且环的上下端面与环槽的上下端面相接触,既增加密封性,又可防止活塞环在槽内上下窜动而造成的泵油和磨损。安装原则:内圆切槽朝上,外圆切槽朝下(图 3－19(d)、(e))。

(4)锥形环:这种环与缸壁是线接触,有利于磨合及密封。随着磨损的增加,接触面逐渐增大,最后变成普通的矩形环。这种环在活塞上行时有布油作用,在活塞下行时有刮油作用。为避免装反,上侧面标有记号("向上"或"TOP"等)(图 3－19(b))。

(5)桶面环:普遍地用于强化柴油机的第一道环。其特点是活塞环的外圆面为凸圆弧形,易于磨合,润滑性能好,密封性强,故对汽缸表面的适应性较好。

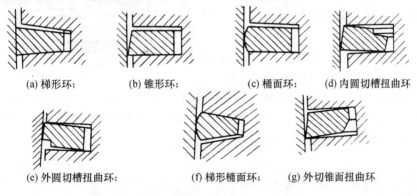

(a) 梯形环;　　(b) 锥形环;　　(c) 桶面环;　　(d) 内圆切槽扭曲环

(e) 外圆切槽扭曲环;　　(f) 梯形桶面环;　　(g) 外切锥面扭曲环

图 3－19　气环的断面形状图

(6)梯形桶面环:其特点是外圆工作面制成凸圆弧形,它的上、下方向与汽缸壁形成楔形,使润滑油容易进入摩擦面,减少摩擦。桶面环是圆弧接触,对活塞摆动的适应性好,减少了拉缸的可能性,密封性好,易于磨合,采用了梯形结构,大大提高了活塞环的抗结胶能力(图3-19(f))。

(7) 锥面扭曲环:如图3-19(g)所示,是扭曲环的一种,NTA855型柴油机第二、三道环是球墨铸铁锥面扭曲环。

2. 油环

油环结构形式有普通油环、撑簧式油环和组合式油环三种。

(1) 普通油环(图3-20(a))。也叫开槽油环,它的刮油能力主要靠自身弹力。该油环的外圆面上开有集油槽,形成上、下两道刮油唇,而其刮下来的润滑油经集油槽底部的回油孔流回油底壳。普通油环结构简单,加工容易,制造成本低。

(2) 撑簧式油环(图3-20(b)、(c))。是在普通油环的内圆面上加装撑簧。油环撑簧主要有板形撑簧和螺旋撑簧两种。这种形式的油环增大了环与汽缸壁的接触压力,使环与汽缸壁能均匀紧密贴合,并能补偿环磨损后的弹性减弱,因而提高了环的刮油能力和使用寿命。

(a) 普通油环   (b) 板形撑簧式油环   (c) 螺旋撑簧式油环

图3-20　普通油环和撑簧式油环

(3) 组合式油环(图3-21)。由两个刮片和一个撑簧组成。撑簧使刮片与汽缸壁及环槽侧面紧密接触,刮下来的润滑油经撑簧的小孔流回油底壳。这种油环与汽缸壁的接触压力大,刮油能力强,回油通道大,不易积炭,对汽缸的不均匀磨损适应性强,工作平稳。

3. 活塞环的装配

活塞环的工作效能,与活塞环的装配密切相关。安装时,一般应注意以下几点:

(1) 区别第一道环与第二、第三道环。一般来说,第一道环是镀铬环(发亮),第二、三道是普通环。第一道环与第二、第三道环不能互换。

(2) 区别环的上端面与下端面。上端面朝上,下端面朝下;锥形的小端面向上;扭曲环的内缺口朝上,外缺口朝下;油环的刀口面朝下,一般的倒角面朝上。

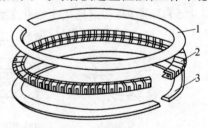

图3-21　组合式油环
1—上刮片;2—撑簧;3—下刮片。

(3) 应留合适的端隙、侧隙、背隙。

(4) 检查与缸壁的贴合情况(可作透光试验,切口两侧各 $\pi/6$ 弧度范围内不许透光,其他圆周上透光不许超过 $\pi/6$ 弧度多于2处)。

(5) 环的切口应相互错开90°~120°。

（三）活塞销

活塞销的功用是连接活塞和连杆小头,并将活塞承受的力传递给连杆小头。活塞销多是空心的圆柱体。

活塞销与活塞销座孔和连杆小头衬套孔的配合一般为"全浮式",即活塞销与连杆小头衬套孔的配合为动配合,而与活塞销座孔的配合为过渡配合,这样可使活塞销在全长上都有相对运动,保证磨损比较均匀。

为防止活塞销在工作中产生轴向窜动而磨坏汽缸,在销的两端装有卡环,如图 3-22 所示。

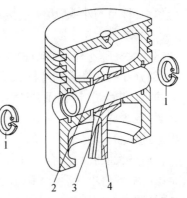

图 3-22　活塞销连接方式
1—卡环;2—轴套;3—活塞销;4—连杆。

二、连杆组

（一）连杆组的功用及结构组成

连杆组的功用是连接活塞和曲轴,将活塞的往复直线运动转变为曲轴的旋转运动,并将活塞承受的力传给曲轴。

连杆组由连杆体、连杆盖、连杆衬套、连杆轴瓦和连杆螺栓等组成(图 3-23)。

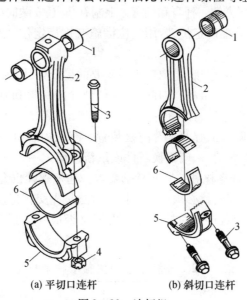

(a) 平切口连杆　　　　(b) 斜切口连杆

图 3-23　连杆组
1—连杆衬套;2—连杆体;3—连杆螺栓;4—螺母;5—连杆盖;6—连杆轴瓦。

连杆体由三部分构成,与活塞销连接的部分称为连杆小头,与曲轴连接的部分称为连杆大头,连接小头与大头之间的杆部称为连杆身。

（二）连杆小头及杆身

连杆小头用来安装活塞销,以连接活塞。其为圆环形结构,在小头孔内压入青铜衬套或铁基粉末冶金衬套,用以减小磨损和提高使用寿命。为润滑衬套与活塞销的配合表面,在小头和衬套上均开有集油孔和集油槽,用来收集和积存飞溅的机油。

连杆身在工作中受力较大,为防止其弯曲变形,杆身必须具有足够的刚度。为此,连杆杆身都采用工字形断面,工字形断面可以在刚度与强度都足够的情况下使质量最小。在有些采用连杆小头喷射机油冷却活塞的内燃机上,在连杆身上还钻有油道。为了避免应力集中,杆身与小头、大头连接处都采用了大圆弧过渡。

（三）连杆大头

连杆大头是连杆与曲轴轴颈相连接的部分。连杆大头由于装配的需要都是剖分式的,被剖分开的连杆盖和连杆大头之间用螺栓紧固,大头的剖分面有平切口(如 NTA855 型柴油机)和斜切口(如 WD615、F6L912 等柴油机)两种。当曲轴的连杆轴颈(又称曲柄销)尺寸较大时,连杆大头的横向尺寸过大,为了在拆装连杆时连杆能随同活塞一起从汽缸中通过,此时就必须采用斜切口。

在连杆大头孔内装有分开式的连杆轴瓦,轴瓦外层为钢质,内层浇铸有耐磨合金层,合金层的材料有巴氏合金、铜铅合金和锡铝合金等,较小功率的汽油机一般采用巴氏合金、中等功率的内燃机采用锡铝合金,强化柴油机一般采用铜铅合金。

有的轴瓦内表面有浅槽,用于贮油以利润滑。轴瓦上的凸部应嵌入轴承座和盖的凹槽中,以防止轴瓦在工作时移位或转动。

（四）连杆的安装、定位

连杆大头上下两半的侧面往往打有数字,标明该连杆装在第几汽缸中。安装时应将上、下两半侧面上的数字朝同一侧。杆身和轴承盖上制有凸点,安装时应朝向内燃机的前方。

为保证连杆大头孔的准确定位,常用定位措施有锯齿定位、圆销定位、套筒定位及止口定位。

连杆大头与连杆轴颈的连接,是内燃机最重要的接合处,因为连杆螺栓承受的冲击载荷很大,一旦断裂会造成重大事故。因此,对连杆螺栓的材料和制作方法要求都特别高。螺栓或螺帽的紧定应交替进行,拧紧的扭矩应符合规定(表 3－2)。拧紧后,为防止松动,常采用开口销、铁丝、保险片或弹簧垫等防松装置。有些内燃机,在螺纹外表面镀铜以防松动。多次拆装后,若镀铜消失,应更换新件或重新镀铜。

WD615 柴油机对连杆螺栓和拧紧有特别要求。连杆螺栓仅允许使用一次,即只要拆卸一次连杆轴承盖,连杆螺栓就必须更换。拧紧方法是先交替将连杆螺栓拧至120N·m,然后再拧 90°±5°,拧的过程中同时检查拧紧力矩是否最终达到 120～160N·m,若达不到,则更换连杆螺栓。

表 3－2　连杆轴承和主轴承拧紧扭矩　　　　　　　　（单位:N·m）

| 内燃机 | 连杆螺栓 | | 主轴承盖螺栓 | |
型　号	螺栓规格	拧紧扭矩	螺栓规格	拧紧扭矩
F6L912	M12	预紧力矩30,再分别旋拧 60°和30°	BM14	先拧至30,再分别拧 60°和45°
WD615	M14	先拧至120,再拧 90°±5°后,检查是否达到 120～160,若达不到,则更换螺栓	M18	先拧至30,再拧至80,最后以 250±25 拧紧
6BTA		预紧力矩55,再旋拧 60°	—	预紧力矩 80±6,再旋拧 60°±5°
6CTA8.3		分三次拧至120	—	分三次拧至176
MTA11		分三次拧至 210 后,完全松开,再分三次拧至210		分三次拧至 210 后,完全松开,再分三次拧至210

内燃机型号	连杆螺栓		主轴承盖螺栓	
	螺栓规格	拧紧扭矩	螺栓规格	拧紧扭矩
NTA855		第一次拧至 95～102,第二次拧至 190～203,第三次全松开,第四次拧至 34～41,第五次拧至 95～102,第六次拧至 190～203	1 英寸	分三次拧至 407～420,然后全松开,再分三次拧至 407～420
			3/4 英寸	分三次拧至 339～352,然后全松开,再分三次拧至 339～352

（五）V 型内燃机连杆

在 V 型内燃机上,其左、右两列的相应汽缸共用一个连杆轴颈,其连杆有三种形式:并列连杆、叉形连杆及主副连杆(图 3－24)。

(a) 并列连杆　　　　(b) 叉形连杆　　　　(c) 主副连杆

图 3－24　V 型内燃机连杆

并列连杆就是左右两个汽缸中的连杆结构完全相同,并排安装于同一个连杆轴颈上。这种形式的优点是通用性好,可以互换,左右缸的活塞运动规律完全相同。缺点是左右两个汽缸中心线要错开一定距离,使曲轴与机体的长度增加。

叉形连杆是其中一个连杆的大头制成叉形,另一个连杆大头作成平连杆,平连杆插在叉连杆的开叉处。这种形式的主要优点是左、右排汽缸中心线在同一平面内,机体比较紧凑;连杆长度相等,左右汽缸活塞运动规律一致。主要缺点是强度与刚度较差,且拆装修理不方便。

主副连杆又称关节式连杆。主连杆大头与连杆轴颈直接装配在一起,副连杆下端装在主连杆大头上的一个凸耳上,用铰链相连,12V150 柴油机就采用了这种形式。这种形式的主要优点是左、右排的汽缸中心线在同一平面内,可采用较短的连杆轴颈,连杆大头的强度与刚度好。缺点是左、右两缸活塞运动规律不同,主缸活塞与连杆还受到副连杆施加的侧作用力和弯矩。

并列连杆由于在生产与使用上的显著优点,在 V 型内燃机上获得广泛应用。叉形连杆与主副连杆只在某些大功率内燃机上才被采用。

第三节　曲轴飞轮组

一、曲轴

曲轴飞轮组主要由曲轴、飞轮及其他不同功用的零件和附件组成。曲轴前端(自由端)装有正时齿轮、皮带轮和扭转减振器;曲轴后端装有飞轮,其上有启动用的齿圈。

（一）曲轴的功用

曲轴是内燃机中最重要的零件之一,其功用是将活塞连杆组传递来的力转变成转矩,作为动力而输出做功,驱动其他工作机构,并带动内燃机辅助装置工作。

曲轴工作时,除受气体压力和往复惯性力的共同作用外,还受旋转时的离心力。在交变载荷的作用下,会使曲轴产生振动和轴向窜动,因此曲轴除了要有足够的刚度、强度、韧性外,还应具有很好的平衡性,轴颈表面应具有较好的耐磨性且润滑可靠。

在一般高速内燃机中,曲轴多采用优质中碳钢或合金钢模锻而成。为提高曲轴的疲劳强度和轴颈的耐磨性,需对曲轴进行调质处理,对轴颈进行高频淬火或氮化处理。

在现代中、小型内燃机中,曲轴多采用高强度球墨铸铁铸造。球墨铸铁曲轴通常需进行正火、等温淬火或高频感应淬火等处理。

（二）曲轴的分类

按曲轴的结构形式不同可分为整体式和组合式两种。

整体式曲轴的所有组成部分为一个不可分割的整体(图3-25)。其特点是结构简单,加工容易,质量小、成本低,工作可靠。目前在中小型内燃机中应用广泛(如 WD615 系列、NTA855 型等柴油机)。

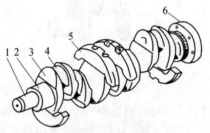

图 3-25　整体式曲轴构造图

1—曲轴前端;2—主轴颈;3—曲柄;4—连杆轴颈;5—平衡块;6—曲轴后端。

组合式曲轴的各组成部分单独制造,然后组装成整体(图3-26)。其优点是主轴轴颈可以采用滚动轴承,摩擦阻力小,且某一组成部分损坏后可以进行单独更换,不至于报废整根曲轴。但其结构复杂,加工精度要求高,成本高。

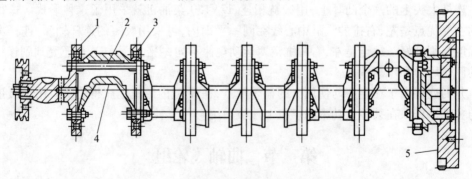

图 3-26　组合式曲轴构造图

1—带轮;2—滚动轴承;3—连接螺栓;4—单元曲拐;5—飞轮。

曲轴通过主轴颈支撑在曲轴箱上,按其支撑形式不同可分为全支撑式和非全支撑式。相邻曲拐之间均设有主轴颈的曲轴,称为全支撑曲轴,否则称为非全支撑曲轴。

全支撑式曲轴的特点是曲轴的主轴颈数比汽缸数多1个,刚性好,但曲轴总尺寸较长(图3-27(a)),如NTA855型、WD615系列柴油机。

非全支撑式曲轴的特点是主轴颈数比汽缸数少,结构简单,曲轴总长度短,但刚性较差(图3-27(b))。

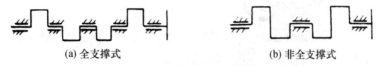

(a) 全支撑式　　　　　　　　　(b) 非全支撑式

图3-27　曲轴的支撑形式示意图

(三)曲轴的结构

(1)前端轴:在曲轴的前部(图3-28),轴上有键槽,前端内孔有螺纹,用于安装正时齿轮、皮带轮和启动爪、扭转减振器等。

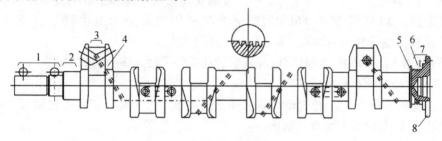

图3-28　典型曲轴构造图

1—前端轴;2—主轴颈;3—连杆轴颈;4—曲柄;5—挡油凸缘;6—回油螺纹;7—后端;8—后端凸缘。

(2)主轴颈:用于支撑和作为曲轴的旋转中心。为了使各主轴颈的磨损相对均匀,受力较大的主轴颈(如六缸全支撑曲轴的第一、四、七道主轴颈)都做得宽些。

(3)连杆轴颈:又称为曲柄销,用于连接和装配连杆大头。通常是一个连杆轴颈装一个连杆,对应一个汽缸。在V型内燃机上,每个连杆轴颈可装两个连杆,对应两个汽缸。

(4)曲柄:又称曲轴臂,用于连接主轴颈与连杆轴颈。连杆轴颈连同其两端的曲柄称为一个曲拐,在它的中心部位有一斜孔(油路),使润滑油经此孔润滑连杆轴颈。

(5)平衡块:用于平衡连杆大头、连杆轴颈和曲柄等部件所产生的离心力和力矩,使曲轴旋转平稳。

(6)后端轴:是最后一道主轴颈以后的部分,其上有挡油盘和回油螺纹,还用于安装曲轴后油封和连接凸缘盘等。

(7)凸缘盘:用于安装飞轮,中心的孔是变速箱第一轴的前支撑用的轴承孔。

(四)曲轴的轴向限位

内燃机工作时,为防止曲轴发生过大的轴向窜动而影响活塞连杆组的正常工作,必须对曲轴的轴向移动加以限制,通常采用安装止推轴承的方法。

曲轴止推轴承有翻边轴瓦、半圆环止推片和止推轴承(图3-29)。

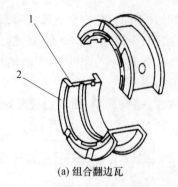
(a) 组合翻边瓦

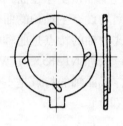
(b) 片式止推轴承

图 3 – 29　曲轴止推轴承
1—主轴承;2—止推轴承。

(1) 翻边轴瓦是将轴瓦两侧翻边作为止推面,并在其上浇铸减磨轴承合金。同时,在曲轴止推面与轴瓦之间还留有间隙,以限制曲轴的轴向窜动。

(2) 半圆环止推片一般分上、下两片,分别安装在汽缸体和主轴承盖上的凹槽中,用定位销定位。NTA855 型和 F6L912 型柴油机利用曲轴第七道主轴承止推片定位。WD615 系列柴油机利用曲轴第二道主轴承止推片定位。

(3) 止推轴承为两片止推圆环,分别安装在第一主轴承座的两侧。

（五）滑动轴承和曲轴的装配

内燃机轴承有主轴承、连杆轴承和曲轴止推轴承。其中除了组合式曲轴的主轴承采用滚动轴承外,其他均采用滑动轴承。

主轴承和连杆轴承都是由上、下两片轴瓦对合而成,如图 3 – 30 所示。

轴瓦装配应正确就位,并紧密地与瓦座贴合。轴瓦在自由状态下并非呈真正的半圆形,弹开的尺寸比直径稍大些,超出量称为自由弹势（一般为 0.38 ~ 0.63mm,最大为 1.2 ~ 1.5mm）,自由弹势是检查轴瓦机械强度的重要指标。

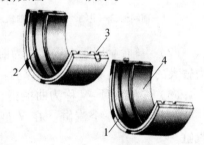

图 3 – 30　轴瓦
1—钢背;2—油槽;
3—定位凸键;4—轴承合金层。

轴瓦工作一段时间后,自由弹势会减小,若自由弹势小于上述最小值,就不能再用。此外,轴瓦必须以适当过盈装入瓦座才能保证两者均匀可靠地贴合,使轴瓦在瓦座中不松动、不振颤。过盈量也不能太大,以免固紧螺栓时瓦背材料发生屈服,以及轴瓦对口面附近材料的内胀而使内孔失圆。

为了保证轴瓦、瓦座、轴颈三者配合的精确性,轴瓦不可互换,上下轴瓦的位置也不能装错。为此,在轴瓦、瓦座和瓦座盖上都刻有对应的汽缸序号和装配记号,装配时必须按序号和记号对正安装。

在紧固主轴承盖螺母时,应按规定的拧紧力矩（表 3 – 2）和规定的紧固顺序进行拧紧,如图 3 – 31、图 3 – 32 所示。

（六）曲拐的布置形式及其做功顺序

曲轴的形状由汽缸排列形式（直列或 V 型）、工作顺序和汽缸数等因素决定,具体在考虑曲拐布置形式时应遵循如下原则：

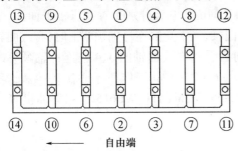

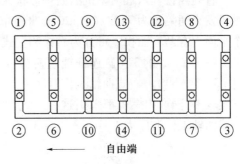

图 3-31　MTA11 主轴承盖紧固顺序　　　　图 3-32　NTA855 内燃机主轴承盖紧固顺序

（1）工作顺序应满足内燃机惯性力的平衡，以使内燃机工作平稳、振动减小。

（2）在安排内燃机的工作顺序时，应使各缸的做功间隔尽量均匀，即内燃机每完成一个工作循环，各缸均应做功一次。

（3）避免相邻两个汽缸连续做功，以减少主轴承磨损和避免相邻两缸进气门同时开启出现的"抢气"现象。

（4）V 型内燃机左右两排汽缸应尽量交替做功。

直列式四行程四缸内燃机的曲拐布置形式如图 3-33 所示。四行程内燃机完成一个工作循环，曲轴转角是 720°（曲轴转两周），内燃机的每个缸发火做功一次，且发火间隔时间是均匀的。所以四行程内燃机的发火做功间隔角为 720°/4 = 180°。曲拐布置在同一平面内。

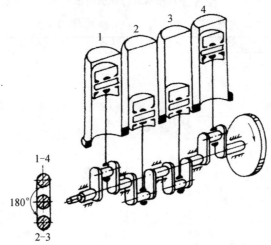

图 3-33　直列四缸内燃机的曲拐布置形式

其发火顺序有两种，即 1-3-4-2 或 1-2-4-3。其工作循环见表 3-3。

表 3-3　四缸内燃机工作循环表（工作次序：1-3-4-2）

曲轴转角/(°)	第一缸	第二缸	第三缸	第四缸
0 ~180	做功	排气	压缩	进气
180 ~360	排气	进气	做功	压缩
360 ~540	进气	压缩	排气	做功
540 ~720	压缩	做功	进气	排气

直列四行程六缸内燃机的曲轴形状如图 3-34 所示。为使内燃机工作均匀、平稳，内燃机发火间隔角为 720°/6 = 120°，曲拐布置相互间隔 120°，分别布置在三个平面内，每个平面内有两套曲拐。可分为右式和左式两种曲轴，当 1、6 缸连杆轴颈朝上时，右式曲轴（图 3-34(a)）的 3、4 缸连杆轴颈朝右（由前向后看），左式曲轴的 3、4 缸连杆轴颈朝左（图 3-34(b)）。右式曲轴工作顺序为 1-5-3-6-2-4，其工作循环见表 3-4。这种方案较多，国产内燃机都采用这种形式（如 NTA855 型、MTA11、WD615 系列柴油机等）。左式曲轴工作顺序为 1-4-2-6-3-5。

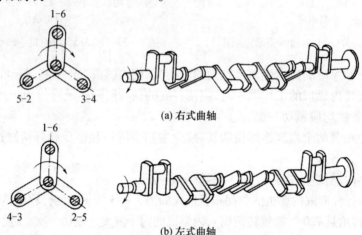

(a) 右式曲轴

(b) 左式曲轴

图 3-34　直列六缸内燃机曲轴的形式

表 3-4　六缸内燃机工作循环表（工作次序:1-5-3-6-2-4）

曲轴转角/(°)		第一缸	第二缸	第三缸	第四缸	第五缸	第六缸
0~180	0~60			进气	做功		
	60~120	做功	排气			压缩	进气
	120~180			压缩	排气		
180~360	180~240		进气			做功	
	240~300	排气					压缩
	300~360			做功	进气		
360~540	360~420		压缩			排气	
	420~480	进气					做功
	480~540			排气	压缩		
540~720	540~600		做功			进气	
	600~660	压缩					排气
	660~720		排气	进气	做功	压缩	

V 型内燃机，由于汽缸排成两排，两排汽缸间的夹角对内燃机的工作平稳性亦有影响。内燃机的发火间隔角应为 720°/12 = 60°（12 缸）。在考虑曲轴形状时，按汽缸数目一半考虑，曲轴形状与直列六缸内燃机相同，曲拐布置在互成 120°的三个平面内。只有当两排缸的夹角为 60°时，才能实现各缸发火间隔角为 60°。如 12V150、康明斯 K38 柴油机，其发火顺序为 1-12-5-8-3-10-6-7-2-11-4-9，见图 3-35。

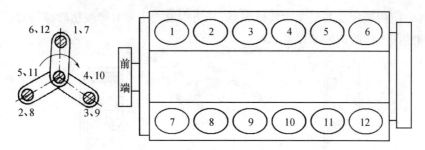

图 3-35 V 型 12 缸内燃机曲拐布置与汽缸排列

二、飞轮

(一) 飞轮的作用

飞轮的主要作用是储存能量,带动曲轴连杆机构越过上、下止点,保证内燃机运转平稳,提高内燃机短时抗超载能力。另外,还作为启动装置的传动件和传动系中摩擦离合器的驱动件。

(二) 飞轮的结构

飞轮是一个转动惯量很大的圆盘,多采用灰铸铁制造,当圆周速度超过 50m/s 时要用强度较高的球墨铸铁或铸钢制造。为提高飞轮转动惯量,飞轮大部分质量集中在轮缘。飞轮的外缘上压有齿圈(图 3-36),可与启动机(电动机)的驱动齿轮啮合,带动曲轴旋转,启动内燃机。

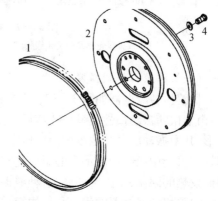

图 3-36 飞轮与飞轮齿圈总成
1—飞轮齿圈;2—飞轮;3—平垫圈;4—飞轮螺栓。

飞轮外缘端面上通常刻有第一缸活塞上止点的标记。有的还刻有点火提前角(汽油机)或供油提前角(柴油机)记号,以便于调整。

因为曲轴和飞轮组装后经过了动平衡,为避免修理装配时错位,一般将曲轴与飞轮的连接螺孔按不对称的方式布置,或采用不同直径的螺栓、定位销等措施,以确保装配飞轮时准确无误。

三、曲轴扭转减振器

内燃机工作时,曲轴在周期性变化的转矩作用下,各曲柄之间产生周期性相对扭转的现象称为扭转振动,简称扭振。而曲轴本身又具有一定的自振频率,故当内燃机转矩变化频率与曲轴自振频率相等或成整数倍时,就会发生很大振幅的共振。共振不但可以破坏正常的传动,还可以加剧传动零件的磨损,从而导致内燃机功率下降,噪声增大,甚至曲轴断损。因此,为了避免共振和消除曲轴扭振,大多数内燃机在其曲轴前端安装有扭转减振器。

减振器的原理是给振动系统施加阻尼,消耗振动能量,减小振幅。从这个角度来说,采用内摩擦阻尼比较大的球墨铸铁材料代替锻钢,是可以提高抗振能力的。在变工况高速内燃机中应用最广泛的是摩擦式减振器,其结构形式主要有橡胶扭转减振器、硅油扭转减振器和硅油—橡胶扭转减振器三种(图3-37)。

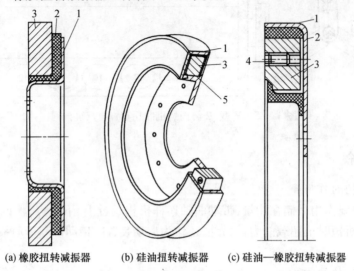

(a) 橡胶扭转减振器　　(b) 硅油扭转减振器　　(c) 硅油—橡胶扭转减振器

图3-37　扭转减振器的结构形式

1—减振器壳体;2—硫化橡胶层;3—扭转振动惯性质量块;4—注油螺塞;5—衬套。

(一) 橡胶扭转减振器

橡胶扭转减振器如图3-37(a)所示。当内燃机工作时,减振器壳体1与曲轴一起振动,由于扭转振动惯性质量块3滞后于减振器壳体,故两者之间产生相对运动,使橡胶层变形,其中振动能量被橡胶的内摩擦阻尼吸收,从而使曲轴的扭振得以消减。但是,橡胶扭转减振器中橡胶所能承受的温度是有一定限制的,因而其工作能力要受橡胶由于内摩擦而发热的限制,正因为如此,这种减振器要求具有良好冷却的工作条件。

橡胶扭转减振器的优点是结构简单,制造容易,工作可靠。但其阻尼系数小,吸收能量有限,减振作用不强,且橡胶层易老化,性能不够稳定,因而多用在小功率的内燃机上,如6BTA5.9柴油机。

(二) 硅油扭转减振器

硅油是一种黏度很大且洁白透明的物质,受热黏度性能稳定,不易变质,也不需维护。但其渗透性很强,容易渗漏,造成减振失败。

硅油扭转减振器如图3-37(b)所示。其工作原理与橡胶扭转减振器基本相同,只不过用硅油代替了橡胶,如NTA855内燃机。当内燃机工作时,减振器壳体1与曲轴一起振动,而扭转振动惯性质量块3被硅油的黏性摩擦力和衬套5的摩擦力所带动,因而在扭转振动惯性质量与减振壳体间产生相对运动。其中曲轴的振动能量被硅油的内摩擦阻尼吸收,从而使扭振得以消减。

硅油扭转减振器的优点是吸收能量较多,减振效果好,性能稳定,工作可靠,加工和维护方便。但惯性盘的质量较大,导致减振器的质量和体积均较大。

(三) 硅油—橡胶扭转减振器

这种减振器(图3-37(c))利用橡胶作为主要弹性体,用来密封和支撑扭转减振惯性质量块3,而在减振壳体1与扭转减振惯性质量块3间的密封腔内充满高黏度的硅油。

当内燃机工作时,硅油和橡胶共同产生内摩擦,使扭振得以消减。

硅油—橡胶扭转减振器集中了橡胶减振器和硅油扭转减振器的优点,质量小,减振性能稳定。

活塞连杆组、曲轴飞轮组是内燃机的主要运动部件,是能量的转换机构。其所处的工作环境涉及"水""火""气""油"(燃油、机油)"力"(燃气爆发力、飞轮扭力及各种摩擦力等),工作条件最为恶劣,是内燃机故障的主要发生处。工作中若发生故障,对内燃机造成的后果往往是灾难性的,内燃机的寿命或大修时间也往往取决于此。随着设计技术、材料技术、加工工艺的进步,内燃机的寿命得到了较大的提高,但随之带来的是对内燃机的维护、使用提出了更高的要求。所以,当新装备配发部队时,从磨合期开始,严格执行装备的维护保养制度、正确的操作使用尤为重要。康明斯6CTA8.3柴油机可以说是一个典型机种。只要平时按规则使用和保养,柴油机发生故障的几率很低。从装备的全寿命来看,为提高柴油机的寿命,传统的故障件修理已被加强维护、合理使用所代替。

作 业 题

1. 简述机体曲轴连杆机构一般包含哪些主要部件,其作用各是什么?

2. 紧固汽缸盖、主轴承盖、连杆螺栓等部件的基本原则是什么?

3. 做功顺序为 $1-5-3-6-2-4$ 的四行程6缸内燃机,当第1缸活塞处于压缩上止点时,其余各缸处于什么状态?

4. 何为活塞销与活塞、连杆"全浮式"配合? 有何优点?

5. 活塞环有几种? 各起什么作用? 活塞环泵油现象是如何产生的?

6. 何为活塞环的端隙、侧隙、背隙? 怎样测量活塞环的三个间隙?

7. 装配活塞环时应注意哪些事项?

8. 汽缸磨损有什么特点? 为减少汽缸的磨损可以采取哪些措施?

第四章 配气机构

第一节 配气机构的功用和形式

一、配气机构的功用

配气机构的功用是按内燃机的工作循环、工作顺序和配气相位的要求,定时开启和关闭各汽缸的进、排气门,使新鲜可燃混和气(汽油机)或空气(柴油机)及时进入汽缸,废气及时排出,实现内燃机工作循环。对配气机构的要求是:使内燃机有较高的充气系数,振动和噪声小,有良好的可靠性和耐久性。

二、配气机构的形式

配气机构按照气门和汽缸的位置关系,可分为侧置式气门机构和顶置式气门机构;顶置式气门机构按照凸轮轴的位置,又可分为下置凸轮轴式和顶置凸轮轴式。

过去曾大量采用侧置式,这种形式的配气机构由于进、排气阻力大,不利于组织燃烧过程而被淘汰。

下置凸轮轴式的配气机构如图4-1(a)、(b)、(c)所示。凸轮轴置于汽缸侧面,它通过挺柱、推杆和摇臂来控制气门的开启和关闭。这种配气机构的特点是凸轮轴的传动简单;缺点是凸轮至气门的距离较远,气门传动零件多,结构复杂,内燃机高度有所增加。常用内燃机如 F6L912、WD615、CA6110、NT855 系列等柴油机和现代大部分汽油机均采用这种结构形式。

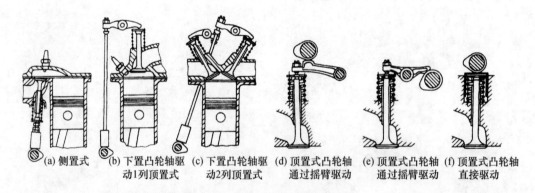

(a) 侧置式　(b) 下置凸轮轴驱动1列顶置式　(c) 下置凸轮轴驱动2列顶置式　(d) 顶置式凸轮轴通过摇臂驱动　(e) 顶置式凸轮轴通过摇臂驱动　(f) 顶置式凸轮轴直接驱动

图4-1　典型的凸轮式配气机构

顶置凸轮轴式配气机构如图4-1(d)、(e)、(f)所示,凸轮轴置于汽缸盖上,它直接控制气门或通过中间部件来控制气门。这种配气机构由于取消了中间传动件而使整个系统的刚度大大加强。但由于凸轮轴与曲轴距离较远,驱动比较复杂,往往要采用锥形齿轮传动、齿带传动或链传动。国产12V150L柴油机采用顶置凸轮轴式配气机构,用锥形齿轮传动来驱动凸轮轴。

三、每缸气门数的选择

为了在有限的汽缸工作容积下提高内燃机的功率,配气机构应保证尽可能多地给汽缸充入新鲜气体,为此要求配气机构的气门在燃烧室允许的条件下尽量做得大些。一般情况下,进气是在外界压力和汽缸真空度的压差下被吸入汽缸的,而排气则是在活塞推动下将废气排出汽缸的,为了改善汽缸的换气条件,进气门直径一般要比排气门直径做得大一些。

当汽缸直径较小而转速不太高时一般采用两气门(一个进气门、一个排气门,如F6L912、WD615等柴油机),在缸径较大的内燃机上往往采用四气门式(两个进气门、两个排气门,如NTA855柴油机)。但如果内燃机转速较高,即使缸径较小,为了保证进排气充分,也有采用四气门的。

四、配气机构的工作过程

配气机构的工作过程是(图4-2,以NTA855柴油机顶置式配气机构为例):当曲轴旋转时,曲轴前端的正时齿轮带动凸轮轴正时齿轮旋转,凸轮轴上的凸轮推动随动臂上的滚轮向上运动,并借推杆顶起摇臂的后端,摇臂前端则压下气门丁字压板,并使气门(进气门或排气门)向下运动,气门开启,这时气门弹簧受到压缩;当凸轮的凸起部分离开随动臂滚轮时,滚轮向下运动,进气门或排气门在气门弹簧的张力作用下关闭。

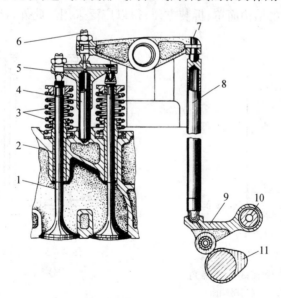

图4-2　NTA855型柴油机配气机构

1—气门;2—气门导管;3—气门弹簧;4—导柱;5—丁字压板;6—调整螺钉;

7—摇臂;8—推杆;9—随动臂;10—随动摇臂;11—凸轮轴。

第二节 配气机构的主要零部件

配气机构主要由气门组、气门传动组和气门驱动组组成。

一、气门组

气门组包括气门、气门导管、气门弹簧座、气门弹簧及气门锁片等零件,如图4-3所示。

(一) 气门

气门由气门头部及杆部组成(图4-4),气门头部一般有平顶、凸顶和凹顶三种形状(图4-5)。

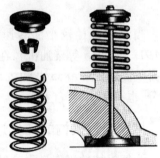

图4-3 气门组

平顶头部由于结构简单、制造方便,得到广泛的应用;凸顶的头部刚度好、排气阻力小,一般用作排气门;凹顶的头部与杆部的过渡部分呈流线形,可以减小进气阻力,一般用作进气门。

气门头部加工有锥形面,又称工作面,它与气门座相配合对汽缸进行密封,此锥形面的锥角一般为30°或45°。

气门杆部在气门导管内做高速往复运动,其尾端的形状取决于弹簧座的固定方式。多数内燃机采用气门锁夹来固定弹簧座,即在气门尾端设置气门锁夹槽,在其内嵌入两个对分开的半锥形锁夹,同时将锥形锁夹装入弹簧座的内锥面中。这种固定方式的结构简单,拆装方便,得以广泛采用。此外,还有些内燃机采用圆柱销来固定弹簧座。

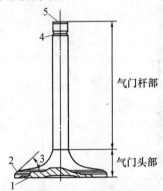

图4-4 气门结构

1—气门顶面;2—气门锥面;3—气门锥角;
4—气门锁夹槽;5—气门尾端面。

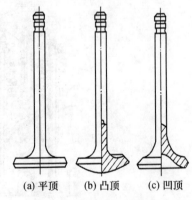

(a) 平顶 (b) 凸顶 (c) 凹顶

图4-5 气门头部结构形式

(二) 气门座及座圈

气门座是与气门头部锥面相配合的环形座。为实现与气门锥面的严密配合,气门座口一般都制成几个圆锥面,即一个与气门相吻合的45°或30°锥面及两个75°和15°的离角锥面,以保证气门座与气门的吻合锥面不致过宽,达到严密配合的目的。

为防止气门直接坐落在汽缸盖上而引起缸盖的过度磨损,在气门座上一般都镶有气门座圈,它以较大的过盈量压在汽缸盖的气门座槽内。

（三）气门导管

气门导管的功用是保证气门做往复直线运动和落座准确,使气门与气门座或气门座圈能正确配合。它安装在汽缸盖或汽缸体的导管座孔中。

（四）气门弹簧

气门弹簧一般采用圆柱螺旋弹簧。气门弹簧的功用是利用其弹簧力来关闭气门,并保证气门关闭时与气门座或气门座圈能够紧密贴合;同时,气门弹簧还可以防止传动件因惯性力而相互脱离产生冲击和噪声。

气门弹簧承受交变载荷的作用,故应具有足够的刚度和抗疲劳强度。弹簧安装后,必须有一定的预紧力,以防止气门跳动。

当气门开闭频率与弹簧本身固有频率相同或成倍数时,就出现了共振现象。共振使弹簧振幅增大,破坏了气门的正常开闭时间,并使气门与气门座在强烈冲击下加速磨损,弹簧在强烈振动下易折断。根据共振产生的原因,只要将气门开闭频率与弹簧本身固有振动频率错开,就可以避免共振。目前采用如下措施避免共振发生:

（1）每个气门采用双弹簧。这两个弹簧同心地安装在气门导管的外面,内外弹簧的螺旋方向相反。采用两个弹簧缩短了弹簧的总长度,降低了内燃机的高度尺寸,又可提高弹簧工作可靠性,抑制共振的产生。为保证两个弹簧在工作时不互相卡住及当一个弹簧折断时,另一个弹簧还可以保持气门不会落入汽缸,故顶置式配气机构多采用这种措施,如 WD615.67 型柴油机等。

（2）采用不等距的变刚度圆柱螺旋弹簧。弹簧压缩时,螺距较小的一端逐渐叠合,以致弹簧的实际工作圈数减少,从而逐渐提高了弹簧的刚度和振动频率,避免了共振的发生。在安装不等距弹簧时,必须将螺距较小的一端朝向气门座,否则容易折断,如 F6L912 等柴油机。部分柴油机为避免气门弹簧折断而使气门落入汽缸,在气门杆尾端切有环槽,并装入一个挡圈。

（五）气门旋转机构

在许多内燃机上（如 WD615 柴油机）,为改善气门密封面的工作条件,采用了气门旋转机构（图 4-6）。其旋转机构壳体 4 上有 6 个变深度的凹槽,槽内装有钢球 5 和复位弹簧 8。当气门关闭时,钢球在弹簧的作用下位于凹槽最浅处,当气门开启时,逐渐增加的气门弹簧力使碟形弹簧变形,并迫使钢球沿凹槽的斜面滚动,从而带动气门锁夹 6 和气门旋转一定的角度。气门逐渐关闭时,弹簧力不断放松,碟形弹簧不断复原,当复原到一定程度时,滚珠在回位弹簧作用下返回原处。这样,气门每开闭一次,就向一个方向转过一定的角度。

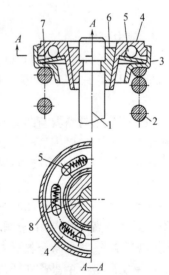

图 4-6　气门旋转机构

1—气门;2—气门弹簧;3—气门弹簧座;
4—旋转机构壳体;5—钢球;6—气门锁夹;
7—碟形弹簧;8—复位弹簧。

二、气门传动组

气门传动组主要包括挺柱、推杆、摇臂、摇臂轴及摇臂支座等。

(一)挺柱

挺柱的功用是将凸轮的作用力传给推杆或直接传给气门。目前,挺柱可分为机械挺柱和液力挺柱两大类,而每类又可分为平面挺柱和滚子挺柱等多种结构。

1. 机械挺柱

图4-7所示为平面机械挺柱,其结构形式有菌形和筒形。侧置气门内燃机多采用菌形,顶置气门内燃机多采用筒形。为改善挺柱与凸轮、导管间的工作条件,除加强润滑外,一般常将凸轮宽的中心偏移挺柱中心一定距离,并将挺柱的底面做成半径较大的球面,凸轮制有一定锥度。这样就使挺柱在上下运动的同时产生旋转,达到磨损均匀、提高寿命、降低工作噪声的目的。

图4-8所示为滚子机械挺柱。与平面机械挺柱相比,滚子挺柱的摩擦和磨损均较小,但其结构复杂,质量较大,所以在汽缸直径较大或有特殊要求的内燃机上广泛采用。

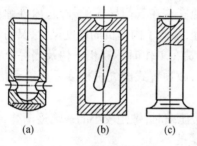

(a)　　　　(b)　　　　(c)

图4-7　平面机械挺柱

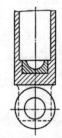

图4-8　滚子机械挺柱

2. 液力挺柱

为消除配气机构中预留气门间隙所造成的碰撞与噪声,在许多现代内燃机上采用了液力挺柱,以实现零气门间隙。同时,液力挺柱还能对气门及其传动件起到自行调整和补偿作用。

液力挺柱的材料要与凸轮轴材料相适应,以减少摩擦系数。液力挺柱的结构复杂,加工精度高,成本高,磨损后必须更换。

图4-9所示为平面液力挺柱。其工作过程是:当气门关闭时,在柱塞弹簧8的作用下,柱塞3与支撑座5共同向上移动,使气门及其传动件能够紧密贴合,整个配气机构中将不存在间隙。当挺柱被凸轮顶起时,高压腔内的润滑油压力骤升,使单向阀7关闭,将润滑油封闭在高压腔内,由于润滑油不可压缩,故液力挺柱上移而开启气门。

(二)摇臂、摇臂轴和摇臂支座

摇臂实际是一个双臂杠杆,如图4-10所示。其功用是将推杆传来的作用力改变方向和大小后作用在气门上,使气门开启。摇臂中部圆孔套装在摇臂轴上,并绕轴摆转。摇臂后端的螺纹孔用来安装气门间隙的调整螺钉,前端与气门杆接触。在摇臂的前后两端都钻有润滑用油孔。

44

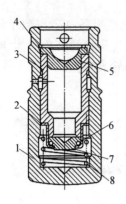

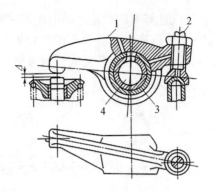

图4-9 平面液力挺柱
1—挺柱体;2—单向阀架;3—柱塞;4—卡环;
5—支撑座;6—单向阀弹簧;7—单向阀;8—柱塞弹簧。

图4-10 摇臂及摇臂轴
1—摇臂;2—气门间隙调整螺钉;
3—摇臂衬套;4—摇臂轴。

摇臂轴是一根空心轴,靠摇臂支座固定在汽缸盖上。润滑油从凸轮轴的轴颈经汽缸体和汽缸盖的油道进入摇臂支座,再由支座流入摇臂轴中,以便润滑各摇臂。

（三）推杆

推杆应用于气门顶置式且凸轮轴下置式的配气机构中,其功用是将挺柱传来的作用力传给摇臂。推杆是一个细长杆件,传递力较大,易弯曲,因此要求有足够的刚度和较好的纵向稳定性。

（四）丁字压板(气门桥)

丁字压板(气门桥)用来使一个摇臂驱动两个气门(如 MTA11、NTA855 等柴油机)。在汽缸盖上每一对进、排气门之间有一圆柱,圆柱上套有一个十字形的架,称为丁字压板。丁字压板装在导杆上,摇臂前端压在丁字压板中央,丁字压板的横臂同时压在两个气门上,丁字压板横臂的一端装有调整螺丝和锁紧螺母,用来调整丁字压板横臂的两端,使之能和两个气门杆端同时贴合,从而保证两个气门同时开启和关闭。

三、气门驱动组

气门驱动组的功用是将曲轴的一部分动力传递给配气机构及其他附件,保证配气机构和各附件能与曲轴连杆机构的运动部件相配合。

气门驱动组主要包括凸轮轴、正时齿轮等。

（一）凸轮轴

1. 凸轮轴的功用和结构

凸轮轴的功用是根据内燃机各汽缸工作循环顺序、配气相位和升程,及时地驱动气门的开启和关闭,并驱动机油泵、汽油泵和分电器等部件工作。

凸轮轴由若干个进、排气凸轮、凸轮轴轴颈、偏心轮和螺旋齿轮等制成一体,如图4-11所示。

凸轮轴安装在汽缸体的一侧(凸轮轴下置式)或汽缸盖上(凸轮轴上置式)的座孔中,在座孔中镶有巴氏合金或青铜薄壁衬套作为轴承。由于凸轮轴细而长的结构特点,一般是每隔两个汽缸有一个凸轮轴轴承,以减少凸轮轴弯曲变形。为便于拆装,凸轮轴轴颈的直径一般都大于凸轮的轮廓,并从前向后逐个缩小。

各缸进、排气门凸轮之间的位置排列和夹角是根据内燃机各缸工作顺序和配气相位决定的。任何两个相继发火的汽缸进气门（或排气门），其凸轮的夹角均为 360°/缸数。如四行程四缸内燃机凸轮的夹角为 90°，六缸内燃机的凸轮夹角为 60°。

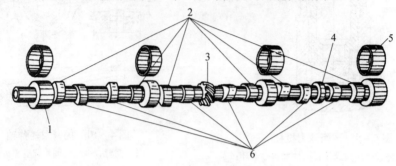

图 4-11　凸轮轴

1—凸轮轴轴颈；2—排气凸轮；3—机油泵和分电器驱动齿轮；4—汽油泵偏心轮；5—轴承；6—进气凸轮。

2. 凸轮轴的传动与定位

凸轮轴由曲轴驱动，而凸轮与曲轴之间存在一定的距离，故必须通过传动件来传动，其传动方式主要有齿轮式传动、链条式传动和齿形带式传动三种。

（1）齿轮式传动工作可靠，寿命较长，应用广泛，多用于中置式和下置式凸轮轴传动。汽油机通常只有凸轮轴正时齿轮和曲轴正时齿轮，而柴油机还会增加一个中间齿轮来驱动喷油泵，并使轮齿直径减小。其中凸轮轴正时齿轮采用铸铁或夹布胶木制造，曲轴正时齿轮采用中碳钢制造，且二者都是圆柱螺旋齿轮。这样，可以保证齿轮啮合良好，磨损小，噪声低。

（2）链条式多用于中置式和顶置式凸轮轴的传动。

（3）齿形带式多用于顶置式凸轮轴的传动，与上面两种类型相比，其质量小、成本低、工作可靠、不需润滑，因而在车用内燃机上应用广泛。

3. 凸轮轴的定位

为防止凸轮轴的轴向窜动，在凸轮轴前端采用不同形式的限位装置。

（1）止推片限位装置（图 4-12）。止推片用螺栓固定在缸体上，止推片与凸轮轴第一轴颈端面的距离，就是凸轮轴的轴向间隙，一般为 0.03 ~ 0.13mm。

（2）推力轴承限位装置。有些柴油机凸轮轴第一道轴承为推力轴承，装在轴承座孔内并用螺钉固定在机体上，其端面与凸轮轴的凸缘及隔圈之间留有一定的间隙。当凸轮轴轴向移动，其凸缘通过隔圈碰到推力轴承时便被挡住。

（二）正时齿轮

凸轮轴通过其前端的齿轮被曲轴前端的齿轮驱动。由于配气机构的工作需与活塞在汽缸内的位置（也就是曲轴的转角）相配合，才能保证正确的配气相位和工作顺序，因此凸轮轴上的齿轮与曲轴前端的齿轮必须有严格的啮合关系，故这一

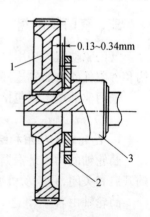

图 4-12　凸轮轴止推片
轴向限位装置

1—正时齿轮；2—止推片；
3—凸轮轴。

对齿轮称为正时齿轮(又称定时齿轮),两者的齿数比为2:1,安装在内燃机前端的正时齿轮室内。

在内燃机上,除了这一对正时齿轮外,驱动高压油泵、分电器以及曲轴平衡装置等的齿轮,也有严格的定时关系。为了保证正时齿轮在装配时的正确位置,避免错乱,在每对正时齿轮上都打有啮合记号,装配时一定要对准啮合记号(图4-13)。

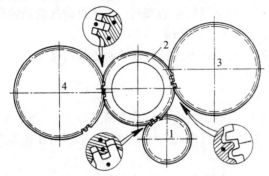

图4-13　正时齿轮系的传动及安装标记
1—曲轴齿轮;2—中间齿轮;3—凸轮轴正时齿轮;4—喷油泵传动齿轮。

第三节　配气相位和气门间隙

一、配气相位

内燃机每个缸的进、排气门开启和关闭时刻,通常用相对于上下止点时曲拐位置的曲轴转角来表示,称为配气相位(或称气门正时)。表示其相互关系的图称为配气相位图(图4-14)。

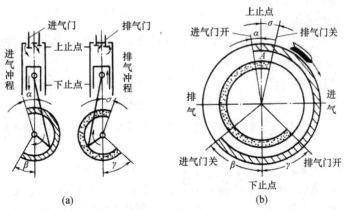

图4-14　配气相位图

内燃机工作时转速较高,活塞每一行程所需的时间十分短促。例如当内燃机转速约为3000r/min时,活塞每个行程(曲轴转角180°)时间只有0.01s,在这样短的时间内完成进气或排气过程是很困难的,往往会使内燃机充气不足或排气不净,从而使内燃机功率下降。所以,现代内燃机都采取了延长进、排气时间的方法,即气门的开启与关闭的时刻并不正好是活塞处在上止点和下止点的位置,而是分别提早和延迟了一定的时间(一般以曲轴转角来表示),以增加进、排气时间,提高内燃机的动力性。

(一)进气门的配气相位

1. 进气门的提前开启

实际工作中内燃机的进气门是在上一工作循环的排气行程还未结束、活塞上行尚未到达上止点前打开的,进气门从开启至活塞到达上止点时的曲轴转角称为进气提前角,用 α 表示。内燃机的进气提前角一般为 $10°\sim30°$。

进气门早开的目的是:保证在进气行程开始时进气门已经有了一定的开度,减少进气阻力,使气流能顺利地进入汽缸。

2. 进气门的延迟关闭

当活塞进气行程到达下止点时,进气门并不是立即关闭,而是在曲轴转到超过曲拐的下止点位置以后的某一角度 β 时,进气门才关闭。这个转角 β 称为进气门的迟闭角,一般为 $40°\sim70°$。

进气门迟闭的目的是:在压缩行程的开始阶段,活塞上移速度较慢,汽缸内的压力仍低于大气压力,且进气流具有一定的流动惯性,仍可利用气流惯性和压力差继续进气。这样,整个进气门开启的持续时间相当于曲轴的转角为 $180°+\alpha+\beta=230°\sim280°$。

(二)排气门的配气相位

1. 排气门的提前开启

当活塞做功行程到达下止点前,排气门便开启,所提前的曲轴转角 γ 称为排气门的开启提前角,一般为 $40°\sim80°$。

排气门提前开启的目的是:当做功行程活塞接近下止点前,汽缸内压力虽有 $300\sim400\text{kPa}$,但对活塞做功而言,作用已不大,这时若稍开启排气门,大部分废气在此压力作用下可迅速从缸内排出。当活塞到达下止点时,缸内压力已大大下降,排气门已开大,从而减小了活塞上行的排气阻力。

2. 排气门的延迟关闭

经过整个排气行程,活塞到达上止点后又下行了一定的曲轴转角 δ,排气门才关闭。转角 δ 称为排气门的迟闭角,一般为 $10°\sim30°$。

排气门迟闭的目的是:当活塞到达上止点时,燃烧室的废气压力仍高于大气压力,加之排气的气流惯性,排气门晚关一点,可以使废气排放得更净。

这样,整个排气门开启的持续时间相当于曲轴的转角为 $180°+\gamma+\delta=230°\sim290°$。

(三)气门叠开

由于排气门在活塞到达上止点之后(即下一个工作循环开始后)才关闭,进气门在上一个工作循环还未结束(即排气行程还未结束、活塞未到达上止点之前)已经开启,这就出现了在同一时间内(活塞运行到排气行程上止点附近)排气门和进气门同时开启的现象,这种现象称为气门叠开。叠开所对应的曲轴转角称为气门叠开角。气门叠开时,如果配合适当,那么由于在这个时期内进气门开度还很小,以及排气气流的惯性作用,在极短的时间内气流还来不及改变流动方向,因此废气不会冲入进气管,甚至有时新鲜气体还会帮助扫除废气。只有气门叠开角度太大时,废气才有可能冲入进气管影响进气,因此气门叠开角应选择适当。常见内燃机的配气相位见表 4-1。

表4-1　常见内燃机的配气相位　　　　　　　　　　（单位:(°)）

内燃机型号	进 气 门			排 气 门			气门叠开角
	开启提前角	关闭迟延角	持续角	开启提前角	关闭迟延角	持续角	
WD615	34~39	61~67	275~286	76~81	26~34	282~295	60~73
F6L912	32	60	272	70	32	282	64
12V150L	20	48	248	48	20	248	40
6BTA	10	30	220	58	10	248	20
MTA11	26	50	256	64	26	270	52
NTA855	2	26	208	49	5	234	7

二、气门间隙

(一) 气门间隙

气门间隙是指在采用机械挺柱配气机构的内燃机上,气门杆的尾端与挺柱调整螺钉头的顶端(侧置式气门)或与摇臂端面(顶置式气门)之间的间隙。如图4-10所示,Δ即为气门间隙。其作用是保证气门关闭严密,防止内燃机在热态下气门受热伸长后,产生气门关闭不严而漏气现象。

气门间隙过大,将使气门开度不足,形成迟开早闭,缩短进气时间,造成进气不足和排气不净,内燃机功率下降;气门杆端与摇臂发生撞击;同时由于进气不足,压缩不良,燃烧缓慢,使内燃机过热。

气门间隙过小,气门因受热膨胀后关闭不严而漏气,汽缸内的气体得不到正常的压力和温度,燃烧不良,使内燃机过热和功率下降;同时,由于气门关闭不严,高温气体经常流过气门头和气门座之间,而将其烧坏。

因此气门间隙过大和过小时,都应进行调整。

采用液力挺柱配气机构的内燃机,其挺柱的长度能自动补偿气门及其传动件的热膨胀量,因而不需要预留气门间隙。

(二) 气门间隙的调整

气门间隙有冷态和热态间隙之分,修理装配过程中的气门间隙调整是冷态间隙调整。热态间隙调整是在内燃机运转,温度上升至正常工作温度后,进行间隙的调整。

检查调整气门间隙时,必须使被调整的气门处于完全关闭状态,即挺柱底面落在凸轮的基圆上时才能进行。调整时,先松开锁紧螺母,再松调整螺钉,将厚薄规插入气门杆端部与摇臂之间,拧紧调整螺钉将厚薄规轻轻压住,再拧锁紧螺母。抽出厚薄规,再复查一次即可。

气门间隙的调整方法,每种车型的使用说明书上都有介绍,应按厂方的要求严格执行。常见内燃机气门间隙、气门排列及可调气门见表4-2。

表 4 - 2　常见内燃机气门间隙、气门排列顺序

汽缸序号	1		2		3		4		5		6		1 缸压缩上止点时可调气门序号	气门间隙/冷态 mm	
气门序号	1	2	3	4	5	6	7	8	9	10	11	12		进气门	排气门
F6L912	进	排	进	排	进	排	进	排	进	排	进	排	1 - 2 - 3 - 6 - 7 - 10	0.15	0.15
NTA855	排	进	排	进	排	进	排	进	排	进	排	进	——	0.28	0.58
MTA11	排	进	进	排	进	排	进	排	进	排	进	排	——	0.36	0.69
6BTA	进	排	进	排	进	排	进	排	进	排	进	排	1 - 2 - 3 - 6 - 7 - 10	0.25	0.51
6CTA8.3	进	排	进	排	进	排	进	排	进	排	进	排	1 - 2 - 3 - 6 - 7 - 10	0.3	0.61
WD615	进	排	进	排	进	排	进	排	进	排	进	排	1 - 2 - 3 - 6 - 7 - 10	0.3	0.4

常用气门间隙的调整方法有以下两种。

1. 逐缸调整法

所谓逐缸调整就是将每一汽缸逐个旋转至压缩上止点位置,进、排气门间隙同时调整。具体方法是:沿内燃机旋转方向旋转飞轮,当第 6 缸排气门全关、进气门刚刚开启时,第 1 缸即在压缩上止点,1 缸即可调整其进、排气门的气门间隙。此时,第 1 缸称为"可调缸",第 6 缸称为"点头缸"。

对于一个按 1 - 5 - 3 - 6 - 2 - 4 工作顺序的六缸内燃机来说,1 缸与 6 缸、2 缸与 5 缸、3 缸与 4 缸互为"可调缸"和"点头缸"。

2. 两次调整法

该方法是按内燃机的配气相位、点火顺序推算出来的调整方法,简称两次调整法。这种方法只摇转曲轴两次,提高了工作效率,适用于多缸(六缸以上)内燃机。

以六缸机为例。首先找出第 1 缸的压缩上止点,这时单数缸(第 3、第 5 缸等)可以调整其排气门间隙,双数缸(第 2、第 4 缸等)可以调整其进气门间隙,第 1 缸处于压缩上止点位置,进、排气门间隙都可调,末缸(6 缸)进、排气门间隙均不可调整。

3. MTA11 柴油机气门间隙和 STC 喷油器调整

MTA11 柴油机运行每超过 1500h(或 12 个月),要对气门间隙进行调整。

MTA11 每个汽缸上有三个摇臂,中间是喷油摇臂,两边是气门摇臂。皮带轮上有 A、B、C 标记,齿轮室盖上有指针。当 A 或 B 或 C 对准指针时,按照表 4 - 3 进行相应的气门和 STC 喷油器的调整(STC 喷油器将在柴油机燃料系中介绍。由于 STC 喷油器的调整往往是和气门间隙的调整同时进行,这里首先介绍 STC 喷油器的调整),具体方法如下。

(1)顺时针方向转动皮带轮,使其上的 A 标记对准齿轮室的指针处。

(2)在对准过程中,当 A 标记接近指针时,若 5 缸摇臂不动作,则表明 5 缸进、排气门处于关闭状态,此时 5 缸气门和 3 缸喷油器可调(若 5 缸摇臂有动作,则表明 2 缸进、排气门处于关闭状态,此时 2 缸气门和 4 缸喷油器可调)。

(3)调整 3 缸喷油器。松开 3 缸喷油摇臂调整螺母,拧紧调整螺钉直到消除喷油器传动机构上的间隙,再拧紧一圈使喷油器连接杆正确就位。

(4)松开喷油器调整螺钉,使 STC 挺柱接触到喷油器上盖。要确定已松到位,可以用喷油摇臂能否活动来判别。

(5)把 STC 挺柱调整工具放在 STC 挺柱上面,转动工具使工具上的小销插进挺柱上

的四个孔中的一个孔内。

（6）用手指扳动调整工具使挺柱升到上限位置的同时,拧紧调整螺钉,力矩为0.6~0.7N·m。保持调整螺钉不动,拧紧锁紧螺母,力矩为61N·m。然后转动推杆,若转不动,应重新调整。

（7）调整5缸气门间隙。进气门间隙为0.36mm,排气门间隙为0.69mm。

（8）复查所有螺母拧紧力矩是否正确。装回摇臂室盖及衬垫,若衬垫损坏要换新的。

表4-3 气门间隙和STC喷油器调整顺序表

皮带轮标记	汽缸号	STC喷油器号
A	5	3
B	3	6
C	6	2
A	2	4
B	4	1
C	1	5

柴油机的噪声除来自排气管、机体之外,还主要来自于气门室。为了减少噪声,消除柴油机处于"亚健康"状况,提高驾驶员的工作环境的舒适度,应定期对气门间隙进行调整。

调整气门间隙需要掌握第1缸上止点的判别方法,进、排气门排列顺序的判别方法、气门调整顺序的分析和判别方法。随着部队装备的内燃机型号的增多,掌握上述三种判别方法对内燃机维护工作较为重要,特别是在野外和缺乏技术资料的情况下。

作 业 题

1. 配气机构的作用是什么?
2. 顶置式配气机构包括哪些主要零件? 各主要零件的作用是什么?
3. 什么是配气相位? 进排气门为什么要早开迟闭? 什么是气门重叠角?
4. 简述6CTA8.3、MTA11柴油机气门间隙检查调整方法。

第五章　汽油机燃料系

汽油机按可燃混合气的形成方式不同,有化油器式和电子控制燃油喷射式两种。随着对节能和排放提出越来越高的要求,发达国家已限制甚至停产化油器式汽油机的生产。我国也已规定,自 2001 年 1 月 1 日起停止生产 6 人座以下化油器式轿车内燃机,取而代之的是电子控制燃油喷射式内燃机。

在本书中仍然保留汽油机燃料系,原因是目前仍有少数装备使用化油器式汽油机。此外,通过本章的学习,对柴油机燃料系知识也有辐射作用,对内燃机知识的完整性也是不可缺少的一部分。

第一节　内燃机的燃料

为了更好地使用内燃机,这里简要介绍汽油和柴油的性质与特点。

一、内燃机的燃料

汽油是石油约在 40～200℃ 范围内通过蒸馏获得,柴油是约在 260～360℃ 范围内获得。除蒸馏方法外,炼油厂还大量使用裂化法、重整法、聚合法等方法提炼燃油。按用途分为车用汽油、航空汽油和工业用溶剂汽油。柴油按黏度和密度不同分为轻柴油和重柴油,轻柴油用于高速柴油机,重柴油一般用于中低速柴油机。此外,还有农用柴油,用于拖拉机和排灌柴油机。

代用燃料是指除了常规的汽油和柴油外,从煤或其他能量载体中获取的能代替汽油和柴油的内燃机燃料,如从煤炭派生出的醇类燃料和人工合成汽油、柴油等。

二、汽油的特性

1. 挥发性

汽油的挥发性远比柴油好,所以汽油在贮存时一定要注意密封、防火。

2. 抗爆性

抗爆性是汽油的重要性能指标,它表示汽油在燃烧时防止发生爆燃的能力(详见本章第三节"汽油燃烧过程")。

3. 气阻

汽油是由多种化学成分组成的混合物,它没有一个恒定的沸点,其沸腾温度是一个温度范围,这个温度范围称为汽油的馏程。汽油机工作时由于温度升高,汽油中馏出温度较低的成分在油管内蒸发形成汽油蒸气附着在管壁上,使汽油流动不畅而形成"气阻",这对内燃机的工作极其不利。

4. 胶质

汽油在使用和贮存中,由于氧化而生成胶质,此胶质影响汽油流通,若胶质进入燃烧室,则会粘结于气门或火花塞上,破坏气门密闭性和火花塞跳火。

为了减少胶质的产生,汽油在使用和贮存中应尽量避免光和热的影响,并按照规定的使用期限使用。

5. 汽油和柴油的牌号

1)汽油

汽油结晶点温度较低,使用时一般不考虑环境温度的影响。汽油的牌号是以辛烷值来表示的。所谓辛烷值,即是按不同的容积百分比将正庚烷(抗爆性差,规定其辛烷值为0)和异辛烷(抗爆性好,规定其辛烷值为100)混合组成"标准"燃料,其中异辛烷的含量便是"标准"燃料的辛烷值。将"标准"燃料在标准实验机上与待测燃料进行对比实验,当两者具有相同的抗爆性时,"标准"燃料的辛烷值就是待测燃料的辛烷值。如93号汽油,其辛烷值为93。

汽油牌号表示汽油辛烷值的大小,而辛烷值又表征汽油的抗爆性,因此,汽油机使用何种牌号的汽油是由汽油机的压缩比来确定的。

2)柴油

柴油受环境温度影响较大,使用柴油时必须考虑环境温度的影响。柴油在冷态时会变"黏"和出现固态"结晶",以致供油受到影响甚至阻塞。为此,人们规定柴油的牌号由其凝固点来确定。常见的柴油牌号有 -50 号、-35 号、-30 号、-20 号、-10 号、0 号、10号等, -10 号柴油表明其凝固点为 -10℃。

柴油选用的原则一般是其牌号比环境温度低 5℃。如环境温度为 -5℃ 时,应选用 -10 号柴油。在剧冷环境下,可在柴油中掺入 10% ~20% 的煤油或汽油,以改善柴油性能。

柴油机混合气靠压缩终了的温度超过柴油的自燃点而着火,柴油的自燃性通常用十六烷值来衡量。十六烷值越高,柴油自燃点就越低,即柴油自燃性好。十六烷值是由实验测定的,十六烷(C16H34)很易自燃,规定其十六烷值为 100;α - 甲基萘(C11H10)很难自燃,规定其十六烷值为 0。若将这两种燃油按不同比例混合,与待测的柴油自燃点相同,则其十六烷的含量就是待测柴油的十六烷值。

高速柴油机用柴油的十六烷值一般在 40 ~60,低速柴油机用柴油的十六烷值一般在 30 ~50。

三、燃料的使用注意事项

1. 汽油

(1)汽油是易燃、易爆物品,因此它的贮运要求严格。要求严禁烟火,要使用防爆电气,要防止静电,充油容器要留出 5%~7% 的气体空间等。

(2)要严格按技术条件要求使用规定牌号的汽油。当汽油牌号与内燃机压缩比不匹配,如低牌号汽油用于高压缩比内燃机时,易产生爆震等异常工作情况,并导致内燃机损坏;而高牌号汽油用于低压缩比内燃机时,会产生滞燃现象,使排气温度过高,严重时可使排气门和活塞顶部烧蚀。

另外,工厂中常用的 120 号汽油为溶剂汽油,航空发动机所用的汽油辛烷值常在 100

号以上,都绝对不允许做汽车燃料汽油使用。

2. 柴油

(1)车用柴油均为轻柴油(包括工程机械推土机、挖掘机、装载机、多用途工程车等),重柴油绝不能用于汽车柴油机。

(2)柴油使用温度一般应比凝点(即牌号数码)高出5℃使用,即0号在环境温度高于5℃,-10号应在环境温度高于-5℃的地区使用。

尤其应注意的是当车队远距离转场,环境温度突降时,应根据到达地的气温环境及时更换柴油。否则,柴油会因失去流动性使柴油机无法工作。

(3)在加入油箱前要充分沉淀过滤,除去杂质和水分,最低要求沉降24h以上。

第二节 汽油机燃料系的组成

汽油机燃料系是根据汽油机不同工况要求,配制出一定数量和浓度的可燃混合气,并送入汽缸,在做功结束后再将废气排出。汽油机燃料系的组成如图5-1所示。

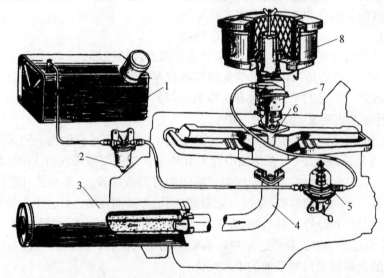

图5-1 汽油机燃料系示意图

1—汽油箱;2—汽油滤清器;3—排气消声器;4—排气管;5—汽油泵;6—进气管;7—化油器;8—空气滤清器。

燃油供给装置:包括汽油箱1、汽油滤清器2、汽油泵5和油管。其作用是贮存、输送及滤清汽油。

空气过滤装置:即空气滤清器8,其作用是滤去进入汽缸内空气的灰尘。

可燃混合气形成装置:为了促使汽油蒸发并与空气形成均匀的混合气,必须先将汽油吹散雾化成细微的油滴,以增大蒸发面积。这一任务是由化油器7来完成。

可燃混合气供给和废气排出装置:包括进气管6、排气管4、排气消声器和尾气净化器3。

汽油机燃料系的基本工作情况是:汽油泵将汽油自油箱吸出,经汽油滤清器除杂质后泵入化油器;空气经空气滤清器滤去灰尘后进入化油器。在化油器中汽油与空气混合形成可燃混合气,经进气管分配到各汽缸。燃烧后的废气经排气管和排气消声器排放到大气中。

第三节　汽油机可燃混合气的形成及燃烧

一、混合气浓度

可燃混合气是指汽油与空气按一定比例混合,火焰能在其中燃烧并能传播的混合气。可燃混合气的浓度用过量空气系数(α)来表示,其定义为

$$\alpha = \frac{燃烧1kg汽油实际供给的空气量}{燃烧1kg汽油理论所需的空气量}$$

$\alpha = 1$ 的混合气称为标准混合气;$\alpha > 1$ 的称为稀混合气;$\alpha < 1$ 的称为浓混合气。通常,描述可燃混合气的浓度还用空燃比(λ)来表示,其定义为

$$\lambda = \frac{混合气中空气质量}{混合气中燃烧质量}$$

理论上1kg汽油完全燃烧所需要的空气约为14.7kg,把空燃比为14.7:1的混合气称为理论空燃比。空燃比 $\lambda = 14.7$ 的称为标准混合气,$\lambda > 14.7$ 的称为稀混合气,$\lambda < 14.7$ 的称为浓混合气。

实际上,这两个概念是从不同的角度(起点)来描述混合气的浓度,两者含义相同。

二、混合气浓度对汽油机工作的影响

(一)混合气浓度对汽油机性能的影响

试验表明,汽油机功率 N_e 和燃油消耗率 g_e 都是随过量空气系数而变化。

由表5-1可知,为了保证汽油机可靠、稳定运转,混合气浓度 α 应在0.8~1.2范围内调节。一般在节气门全开条件下,$\alpha = 0.85 \sim 0.95$ 时,汽油机可得到较大的功率;当 $\alpha = 1.05 \sim 1.15$ 时,燃油消耗率较低。

表5-1　可燃混合气浓度对汽油机性能的影响

混合气种类	过量空气系数	汽油机功率	耗油率	备　　注
火焰传播上限	0.4	—	—	混合气不燃烧,汽油机不工作
过浓混合气	0.43~0.87	减小	显著增大	积炭,冒黑烟,并有"放炮"声
浓混合气	0.88~0.95	最大	增大18%	—
标准混合气	1.0	减小2%	增大4%	—
稀混合气	1.11	减小8%	最小	加速性差
过稀混合气	1.13~1.33	显著减小	显著增大	化油器回火,机体过热,加速性差
火焰传播下限	1.4	—	—	混合气不燃烧,汽油机不工作

(二)汽油机各种工况对混合气浓度的要求

1. 汽油机工况和负荷概念

汽油机工况指的是汽油机的转速和负荷情况。汽油机的负荷是指外界施加给汽油机

的阻力矩,它随汽车工作情况(如道路状况、车速、装载量等)的变化而变化。汽油机工作时发出的扭矩是随节气门开度而变化的,所以节气门开度的大小代表着负荷的大小。

2. 汽油机各种工况对混合气浓度的要求

1) 稳定工况对混合气浓度的要求

稳定工况是指汽油机完成预热后转入正常运转,且在一定时间内无转速或负荷的变化。稳定工况按负荷大小可划分为怠速和小负荷、中负荷、大负荷和全负荷三个范围。

(1) 怠速和小负荷工况。怠速是指汽油机对外无功率输出,以最低转速运转(300 ~ 700 r/min)。怠速工况下,节气门处于接近关闭位置,吸入缸内的可燃混合气不仅数量少,且汽油雾化也不良。此外,汽缸中残余废气对新鲜混合气的稀释作用也很明显。为保证怠速时混合气能正常燃烧,要求化油器提供较浓的混合气,即 $\alpha = 0.6 \sim 0.8$。当节气门略开转入小负荷工况时,由于汽油雾化质量逐渐改善,废气对混合气的稀释作用也逐渐减弱,因此,α 值可增大至 $0.7 \sim 0.9$。

(2) 中负荷工况。车用汽油机大部分工作时间都是处于中等负荷状态,此时的工作经济性是最主要的。因此,化油器应供给 $\alpha = 0.9 \sim 1.1$ 较经济的混合气。

(3) 大负荷和全负荷工况。当汽车需要克服较大阻力时,要求汽油机尽可能地发出较大的功率,此时节气门应全开。汽油机在全负荷下工作时,化油器应供给 $\alpha = 0.85 \sim 0.95$ 的最大功率混合气。

2) 过渡工况对混合气浓度的要求

过渡工况主要有冷启动、暖机及加速三种。

(1) 冷启动。汽油机启动时的转速很低,一般只有 100 r/min 左右。此时,化油器中的空气流速非常低,不能使汽油得到良好雾化,大部分汽油将呈较大的油粒状态。尤其在冷机启动时,这种油粒附在进气管壁上,不能及时随气流进入汽缸,使进入缸内的混合气过稀。为此要求化油器供给 $\alpha = 0.2 \sim 0.6$ 的极浓混合气,以保证进入缸内的混合气中有足够的汽油蒸气,使汽油机能够顺利启动。

(2) 暖机。冷机启动后,汽油机温度逐渐上升,直到接近正常值,汽油机能稳定地进行怠速运转。在暖机过程中,要求化油器供给的混合气应随温度的升高从启动时 α 的极小值逐渐加大到稳定怠速所要求的 $\alpha = 0.6 \sim 0.8$ 值。

(3) 加速。加速时,驾驶员猛踩油门踏板,使节气门突然开大,这时通过化油器的空气流量随之增加,但由于液体燃油的流动惯性远大于空气的流动惯性,故燃料流量的增加比空气流量的增加要慢,致使混合气出现暂时过稀现象。因此,急开节气门不仅达不到汽油机加速目的,而且还可能会导致汽油机熄火。为了改善汽油机的加速性能,就要求化油器在节气门突然开大时,能额外增加供油量,以及时加浓混合气。

三、汽油燃烧过程

实际汽油机的燃烧过程并不是活塞压缩到达上止点一瞬间完成的,从火花塞跳火点燃可燃混合气到全部可燃混合气燃烧完毕,需要一定燃烧时间的持续过程。在正常燃烧情况下,汽油的燃烧过程大致可分为三个阶段,如图 5 – 2 所示。

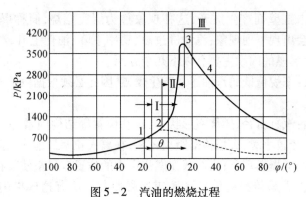

图 5 - 2　汽油的燃烧过程

1—点火开始;2—形成火焰中心;3—最高压力点;4—后燃期。

1. 着火延迟期

着火延迟期是指从火花塞跳火到出现火焰中心为止(图 5 - 2 中 1—2 段)。由于火花的出现,火花塞周围的可燃混合气发生了一系列物理和化学变化,在局部区域产生高温并出现火焰中心。着火延迟期的长短与燃料性质、混合气成分、温度、压力及火花强度有关。

2. 速燃期

速燃期是指从出现火焰中心到汽缸内压力达到最大值所经历的时间(图 5 - 2 中 2—3 段)。当出现火焰中心后,火焰迅速地向四周扩展而使可燃混合气逐层燃烧。此阶段约有 90% 的可燃混合气进行了燃烧,这使得缸内的气体压力迅速上升至最大值(大约在上止点后 10° ~ 15° 出现)。

在速燃期,火焰传播速度与燃料的性质、混合气浓度、温度及混合气的紊流状况等因素有关。对于 $\alpha = 0.88 ~ 0.95$ 的可燃混合气,其火焰传播速度最快,这可使缸内达到最高压力和最高温度的时间最短,因此汽油机可发出最大功率。混合气过稀或过浓,火焰传播速度都会变慢,汽油机发出的功率也随之降低。

3. 补燃期

速燃期汽缸中尚有约 10% 的可燃混合气由于蒸发不良,或是与空气混合不均匀等原因,没有在火焰传播过程中及时燃烧,而是在活塞下行时继续燃烧,这一段时期称为补燃期(图 5 - 2 中 3—4 段)。由于补燃期是在活塞下行、汽缸容积扩大时进行的,因此,燃料燃烧产生的压力比速燃期要低得多。另一方面,由于燃烧偏离上止点,又会使排气温度上升。

为了充分利用燃料热能,就应尽量缩短补燃期,使可燃混合气尽可能地在上止点附近完全燃烧掉。因此,就必须将点火时刻提前到压缩上止点前,这就是点火提前角。

所谓点火提前角就是:从火花塞跳火到活塞到达上止点时曲轴转过的角度。该角度的大小随汽油机的工况而变化,它与转速、负荷、燃料性质、混合气成分等因素有关。

以上介绍的燃烧三个阶段是正常的燃烧过程。当汽油机使用了低辛烷值汽油,或是汽油机使用不当而过热时,往往会产生一种不正常的燃烧现象——爆燃。

爆燃的产生原因是在火花塞点燃可燃混合气之前,混合气因高温高压而自行着火燃烧,其火焰传播速度是正常火焰传播速度的几十倍至上百倍,可达 1000 ~ 2000m/s,产生强大的冲击波,撞击缸壁而产生震音,这种现象称为爆震燃烧,简称爆燃,俗称"敲缸"。产生爆燃时,通常会出现下列现象:汽油机过热、功率下降、油耗上升,严重时甚至会损坏汽油机零件。产生爆燃的因素主要有以下几个方面。

(1) 燃料因素:辛烷值低的汽油容易产生爆燃,因此必须根据汽油机的压缩比来正确选用汽油。

(2) 结构因素:汽缸直径、燃烧室形状、火花塞位置等结构因素都对爆燃的产生有较大影响。当汽缸直径较小时,火焰传播距离较短,在离火花塞最远处也能在火焰正常传播时燃烧,一般不易产生爆燃现象;火花塞在燃烧室中的位置应尽量使其在各个方向的火焰传播距离相接近;在火焰传播的最后区域应加强冷却。所有这些措施都能减少爆燃的产生。

(3) 使用因素:汽油机转速、负荷、混合气浓度、点火提前角等因素都对爆燃的产生有一定影响。

转速增加时,气体扰流增强而使火焰传播速度加快,对减少爆燃的产生是有利的。

负荷较大时,汽油机工作温度高而容易过热,在此条件下,容易产生爆燃。

当 $\alpha = 0.85 \sim 0.95$ 时,火焰传播速度最快,对燃烧有利;但该浓度的自燃温度最低,着火延迟期最短,也最易产生爆燃。

点火提前角过大时,因活塞到达上止点时汽缸中的压力和温度都已上升得较高,在这种条件下容易引起爆燃。

根据上述分析,汽油机在最大扭矩点附近工作时(此时是大负荷、低转速)最容易产生爆燃。此时必须组织好冷却,以减少爆燃的产生。

除爆燃外,汽油机还有一种非正常燃烧现象——表面着火。产生表面着火现象的主要原因是燃烧室内的炽热区域(如排气门头部、火花塞、积炭等)的温度过高,使该区域内的可燃混合气在火花塞跳火之前就被点燃。严重的表面着火现象甚至在汽油机关闭点火开关后,仍能使汽油机继续转动。

表面着火又称早燃。早燃时缸内压力、温度过早升高使汽油机过热,严重时可将活塞烧熔。表面着火往往易诱发爆燃,爆燃反过来又易促进表面着火,形成恶性循环。

第四节 化 油 器

化油器又称汽化器,主要由主供油装置、辅助供油装置和附属装置等部件组成。

一、主供油装置

化油器主供油装置的作用是保证汽油机在正常工作时,供给的混合气浓度随着节气门开度的加大而逐渐变稀,并且在除了怠速工况和极小负荷工况外的全部工况范围内都供油。主供油装置采用的是降低主量孔处气压的渗气法主供油装置方案,如图 5 - 3 所示。

其工作原理是:汽油机未工作时,主喷管、通气管和浮子室三者油面是等高的。当汽油机开始工作,节气门开度由小逐渐开大时,喉管处的空气流速加快,气压降低,喷管的喷油量逐渐增多。由于主量孔的限流作用,通气管中的油面下降,空气经主空气量孔流入通

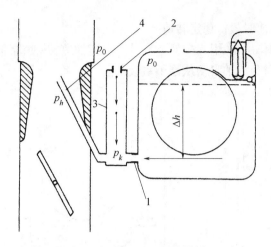

图 5 - 3　渗气法主供油装置

1—主量孔;2—主空气量孔;3—通气管;4—主喷管。

气管。当喉管气压低到使通气管中油面降至主喷管的入口处时,由空气量孔流入的空气将渗入油流中形成气泡,并随油流经主喷管喷入喉管。而且由于燃油中有少量空气渗入,喷出的油液呈泡沫状,有助于燃油的雾化和蒸发。

二、辅助供油装置

辅助供油装置包括怠速、加浓、加速和启动等装置。

（一）怠速装置

怠速装置的作用是:在汽油机怠速和很小负荷运转时,供给 $\alpha = 0.6 \sim 0.8$ 的浓混合气。

怠速时汽油机转速很低,节气门接近全关,化油器喉管处的气压无法将汽油从主喷管吸出。但在节气门边缘及下方的气压却很低,利用这个条件而设置独立的怠速供油装置,以实现怠速供油。图 5 -4(a)所示为一典型的怠速供油装置简图。

怠速装置的工作原理是:怠速时节气门开度很小,怠速喷口在节气门边缘下方,过渡喷口在其上方(图 5 -4(b))。节气门边缘的气流速度较高,边缘和下方的气压较低,于是浮子室中的汽油经怠速油道与从怠速空气量孔进入的空气一起呈泡沫状流向怠速喷口。

当节气门逐渐开大时(图 5 -4(c)),因节气门下方气压随气流速度降低而增大,怠速喷口的出油量减少。此时,喉管处气压随节气门开大虽有所降低,但仍不足以将汽油从主喷口吸出。此时,过渡喷口已处于节气门边缘,故该处的气流速度增大,气压降低,于是怠速油道的部分汽油从过渡喷口喷出,及时补偿负荷增大所需的总油量,保证了从怠速到小负荷时的圆滑过渡。

节气门继续开大,怠速喷口和过渡喷口的出油量都减少,但此时喉管处气压已降低到使主喷管开始供油,于是汽油机转入小负荷工作。当怠速系的两个喷口处的气压增大到都不能吸出汽油时,怠速系停止工作。

怠速调节螺钉的作用是:调节怠速喷口的喷油量,即调节怠速时的混合气成分。节气门限位螺钉的作用是:调节怠速时的节气门最小开度,即调节怠速时的混合气量。二者都是用于调节汽油机怠速时最低稳定转速。

怠速空气量孔的作用是:引入少量空气进入怠速油道,并使汽油泡沫化和防止怠速油道中发生虹吸现象,避免汽油自动从浮子室吸出。

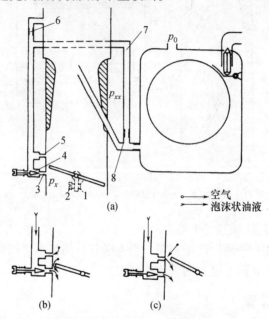

空气

泡沫状油液

图 5-4　怠速供油装置示意图

1—支块;2—限止螺钉;3—怠速喷口;4—怠速调节螺钉;5—怠速过渡喷口;6—怠速空气量孔;7—油道;8—怠速量孔。

(二)加浓装置

加浓装置的作用是:当汽油机在大负荷工作时增加供油量,供给 $\alpha = 0.88 \sim 0.95$ 的浓混合气,确保汽油机发出最大功率。当化油器设置加浓装置后,主供油装置仅保证汽油机在中、小负荷所需的经济混合气,不考虑大负荷的加浓,因此,加浓装置也称"省油器"。

化油器的加浓装置按控制方式不同可分为机械加浓装置和真空加浓装置两种。图 5-5 所示为它们的工作原理示意图。

1. 机械加浓装置(图 5-5(a))

其工作情况是:当节气门开度达 80%~85% 时,推杆顶开加浓阀,汽油从浮子室经此阀流入主喷管,与主量孔流出的汽油汇合,增加了汽油的供给量,满足大负荷对混合气浓度的要求。机械加浓装置起作用的时刻,只与节气门的开度有关,与汽油机转速无关。

2. 真空加浓装置(图 5-5(b))

其工作情况是:当节气门开度小或转速高时,节气门下方的气压很低,该气压通过气道传到气室上方,克服弹簧的张力和活塞的自重将活塞吸起,加浓阀关闭。当节气门开度增大或转速降低、节气门下方的气压不足以克服弹簧张力和活塞自重时,推杆下落顶开加浓阀,浮子室内的汽油便经此阀流入主喷管,加浓混合气。

显然,节气门下方的气压大小决定了真空加浓装置的加浓时机,而该气压的大小不仅与节气门的开度有关,而且也受汽油机的转速影响。真空加浓装置起作用的范围比机械加浓装置大,各转速下的加浓时机也比机械式早,它除了在大负荷时加浓混合气外,在小负荷的低转速时也能加浓混合气。该特点对于汽油机低速、小负荷的工作稳定性以及从低速小负荷向高速大负荷的圆滑过渡都是有益的。

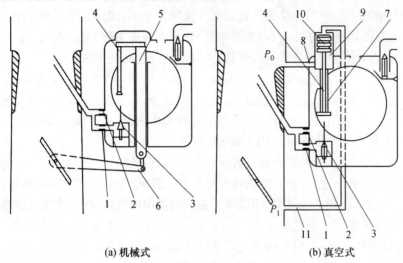

(a) 机械式   (b) 真空式

图 5-5　加浓装置

1—加浓量孔;2—主量孔;3—加浓阀;4—推杆;5—拉杆;6—摇臂;
7—弹簧;8—通气道;9—空气室;10—活塞;11—通气道。

（三）加速装置

加速装置的作用是:在节气门急剧开大的加速工况额外供给一部分汽油,短期内将混合气加浓,以适应汽油机加速的需要。图 5-6 所示是常用的活塞式加速装置工作原理图。

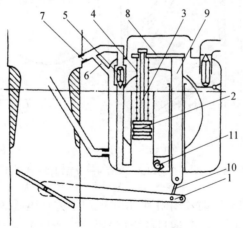

图 5-6　活塞式加速装置

1—装在节气门轴上的摇臂;2—活塞;3—活塞杆;4—弹簧;5—出油阀;
6—通气道;7—加速喷孔;8—连接板;9—拉杆;10—连杆;11—进油阀(单向阀)。

加速装置实际上是一个活塞泵。活塞下方泵腔与浮子室之间由一单向阀相连接,该阀在重力作用下保持开启状态。连接板通过拉杆、连杆和摇臂与节气门联动。

其工作情况是：节气门开大时，连接板下移，并通过弹簧将装在泵缸中的活塞向下推，挤压泵腔中的汽油。若节气门缓慢开大，则活塞缓慢下移，此时泵腔中形成的油压不大，不能关严进油阀，泵腔中的汽油通过进油阀又流回浮子室，加速装置不起作用。当节气门急速开大时，活塞迅速下移，泵腔内的油压升高，进油阀被关闭，泵腔内的汽油便顶开加速油道中的出油阀，通过加速喷孔喷入喉管，使混合气短时间被加浓。

为了改善汽油机的加速性能，希望加速时混合气能在一段时间内而不是瞬时被加浓。为此，连接板向下的运动是通过弹簧传给活塞的，在节气门迅速开大时，连接板也很快地向下运动，由于加速量孔的节流作用，活塞较连接板下移得慢，于是弹簧受到压缩。随后活塞再在弹簧张力的作用下继续向下运动，使喷油时间有所延长（通常为 0.6~0.8s）。此外，节气门急速开启时，弹簧还能起着缓冲作用，以避免传动机构受力过大而损坏。

另外，当汽油机转速很高时，加速喷孔处的气压较低，加速油道中的油有可能被吸出，为此在加速油道中还开有通气道，用以增加加速油道中的气压，防止不加速时油被吸出。

（四）启动装置

启动装置的作用是：在汽油机冷机启动时，供给 $\alpha = 0.2~0.6$ 的浓混合气，以确保汽油机顺利启动。常见的冷启动装置是在喉管上部装一个阻风门，由弹簧使其处在全开位置，用拉索控制其关闭。图 5-7 所示为该装置的工作原理图。

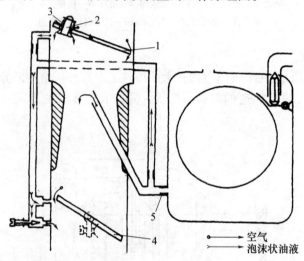

图 5-7　冷启动装置
1—阻风门；2—自动阀；3—弹簧；4—节气门；5—主量孔。

其工作情况是：冷机启动时关闭阻风门，阻风门下方气压低，使主喷口、急速喷口和过渡喷口一起喷油。因阻风门关闭，通过的空气量很少，所以就得到非常浓的混合气，以满足汽油机启动的需要。

汽油机启动后转速很快升高，阻风门后面的气压迅速降低，汽油会大量地从主喷口、急速喷口和过渡喷口喷出。为避免由此造成的混合气过浓，启动后应适时地打开阻风门，同时逐步将节气门关小至急速开度，使汽油机进入急速运转。

为控制阻风门在汽油机启动后适时打开，有的化油器上还装有自动阀。平时自动阀在弹簧的作用下保持关闭，当阻风门后的气压低到一定程度时，自动阀借助阻风门两边压力差来克服弹簧张力而自动开启,放入适量空气。

三、化油器附属装置

(一)热怠速补偿阀

汽车在夏季大负荷高速行驶后停车时,汽车罩下大量的热散发不出去,这些热量传到化油器会使浮子室内的温度升高,导致汽油大量蒸发,并通过平衡管而吸入喉管中,使进入汽油机的混合气大大加浓,造成汽油机怠速运转不稳甚至熄火。若高速行驶后立即使汽油机熄火,则会造成热启动困难。为了解决这个问题,不少化油器除了在浮子室盖上装有蒸气放出阀外,还专门设有热怠速补偿阀(图5-8)。当化油器周围温度超过340K时,双金属片阀1便向外翘曲,使补偿阀开启,空气管中的空气通过通气道3和阀口被吸入节气门的后方(图5-8中箭头所示),从而增大了节气门后面的气压,减少了怠速喷孔的出油量,使过浓的混合气得以适当变稀。

在有些化油器上,将通气道连接在浮子室中,补偿阀受热开启后,将汽油蒸气和空气一块吸入进气管,使浮子室内的空气不断更新和使燃油蒸气得到回收利用。

(二)怠速截止电磁阀

由于汽缸或燃烧室表面炽热点或积炭等原因,有时在停车关闭电源后,汽油机仍继续运转,此时怠速喷孔继续喷油,使汽油机无法停车,这就是通常所说的"表面着火"(又称"炽热点火")现象。为避免出现这一失控现象,有的化油器装有怠速截止电磁阀,它在汽油机停车关闭电源后,可立即将怠速油路切断,起到"停电即停油"的作用。

如图5-9所示,怠速截止电磁阀与点火线圈并联。接通点火开关,电磁阀线圈即通电,怠速截止阀被吸出而打开怠速油道。断开点火开关,线圈电流被切断,截止阀在弹簧作用下将怠速油道切断,使汽油机立即熄火。此外,怠速截止电磁阀还可在汽车下长坡不摘挡关闭电源而利用汽油机制动时,起到节油作用。

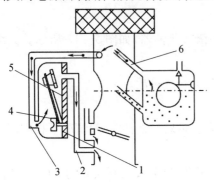

图5-8 热怠速补偿阀图

1—双金属片阀;2—补偿气道;3—通气道;
4—补偿阀调整垫片;5—阀体(浮子室壳体);6—平衡管。

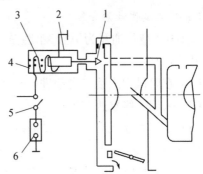

图5-9 怠速截止电磁阀

1—截止阀;2—移动铁芯;3—电磁线圈;
4—弹簧;5—点火开关;6—电源。

(三)自动海拔补偿装置

随着海拔高度的增加,大气压力降低,空气密度减小,会造成混合气成分变浓,影响燃料完全燃烧。此情况一般化油器多采用人工调节,即将主量孔变小来解决。但实际中难以做到计量的准确和及时。

为此,有的化油器加装了自动海拔高度补偿装置(图5-10)。补偿作用是依靠主量孔内的锥形调节针2,而调节针的升降则依靠抽空的波纹筒3的长度变化来实现。波纹筒的长度受大气压力的控制,大气压力低时,波纹筒变长,推动调节针使主量孔截面积变小,从而减少出油量,使混合气浓度下降,反之则出油量增加。

（四）蒸气放出阀

如图5-11所示,汽油机怠速时,放气阀2可被机械加浓系的连接板4顶开,浮子室内的油蒸气则经蒸气放出阀排出,这样就避免了在高温怠速或热机启动时,由于浮子室内过多的油蒸气进入进气管而造成混合气过浓,引起汽油机怠速不稳或热机启动困难。当节气门从怠速位置开大后,连接板下行而离开蒸气放出阀,阀便在弹簧作用下关闭,恢复平衡式浮子室的密封。

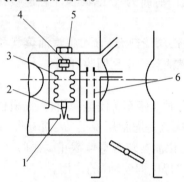
图5-10 自动海拔补偿装置
1—主量孔;2—调节针;3—波纹筒;
4—调节螺母;5—通气塞;6—泡沫管。

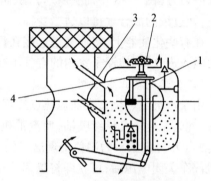
图5-11 蒸气放出阀
1—加浓阀或加速连动杆;2—蒸气放出阀;
3—平衡管;4—连接板。

（五）典型化油器介绍

EQH102型化油器为下吸、单腔三重喉管、平衡式化油器,如图5-12所示。其结构的主要特点是:

（1）在阻风门上装有自动进气阀,防止启动后混合气过浓。

（2）采用两级怠速装置。

（3）采用直立式渗气法主供油装置,主量孔上有可调配剂针,一般情况下将配剂针拧到底后,退回约2.5~3圈。

（4）只有机械加浓装置。加浓阀上置有锥形阀杆,当节气门开大到约50°时,加浓阀开始供油,并且随着节气门的继续开大,加浓油量逐渐增多。

（5）浮子室侧面有油平面观察窗,油平面应与观察窗正中央的标志对齐。油平面高度可通过浮子室盖上的油面调整螺钉进行调整。浮子臂下面装有减振弹簧,当汽车在凹凸路面行驶时,可减少浮子振动,以稳定油面,防止"呛油"。使用中不能随意更换其他弹簧。

当车速在45~50km/h时,EQH102化油器最省油,超过60km/h耗油量急增。

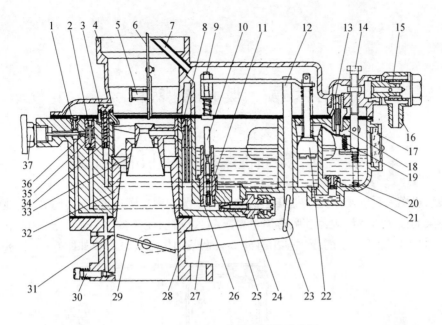

图 5-12 EQH102 化油器结构示意图

1—第二怠速空气量孔;2—第一怠速空气量孔;3—加速泵喷嘴;4—上体;5—阻风门自动阀;6—阻风门;
7—浮子室平衡管;8—主空气量孔及泡沫管组件;9—加浓推杆;10—加浓顶杆;11—加浓阀组件;
12—拉杆;13—进油针阀组件;14—油面调节螺钉;15—进油滤网;16—进油接头;17—油面观察窗;
18—浮子及支架组件;19—浮子弹簧;20—浮子支架弹簧;21—加速泵进油阀;22—加速泵活塞;
23—联杆;24—主量孔配剂针组件;25—中体;26—加浓量孔;27—摇臂;28—下体;29—节气门;
30—怠速调节螺钉;31—怠速过渡孔;32—大喉管;33—中小喉管组件;34—加速泵出油球阀;
35—怠速量孔;36—怠速节油量孔;37—怠速截止电磁阀。

作 业 题

1. 汽油、柴油各具有哪些特性? 在使用中应注意哪些事项?
2. 汽油、柴油的牌号是如何确定的?
3. 简述化油器各部件的作用。
4. 简述过量空气系数、空燃比、可燃混合气的含义。
5. 汽油机通常有哪些工况? 各种工况对混合气浓度的要求如何?
6. 何谓点火提前角? 点火提前角过大、过小对内燃机各有何危害?

第六章 柴油机燃料系

第一节 柴油机燃料系的功用和组成

柴油机燃料系的功用是根据柴油机的不同工况和做功顺序要求,定时、定量地将一定压力的柴油按所需供油规律和喷雾质量要求喷入汽缸,使柴油与进入汽缸中的空气相混合燃烧,并将燃烧所产生的废气排出缸外。典型柴油机燃料系组成如图 6-1 所示。

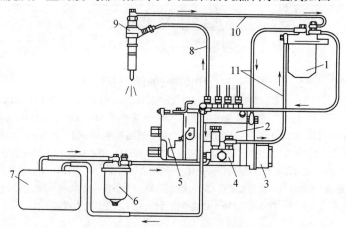

图 6-1 柴油机燃料供给系统

1—柴油细滤器;2—喷油泵;3—喷油提前器;4—输油泵;5—调速器;6—柴油粗滤器;
7—柴油箱;8—高压油管;9—喷油器;10—回油管;11—低压油管。

在柴油箱到喷油泵入口这段低压油管 11 中,柴油箱 7 内的柴油被输油泵 4 吸出并加压,经柴油粗滤器 6 和柴油细滤器 1 滤去杂质后,送入喷油泵 2。喷油泵将柴油加压,经高压油管 8、喷油器 9 喷入燃烧室。因输油泵的供油量比喷油泵供油量大,过量的柴油和喷油器渗漏的柴油经回油管 10 回到柴油箱。

从输油泵到喷油泵入口段油路中的油压是由输油泵建立的,压力较低,称为低压油路;从喷油泵到喷油器这段油路中的油压是由喷油泵建立的,压力较高,称为高压油路。高压柴油通过喷油器呈雾状喷入燃烧室,与压缩空气混合形成可燃混合气。

第二节 柴油机可燃混合气的形成与燃烧

一、柴油机可燃混合气的形成

因柴油不易挥发,所以柴油机采用内混合方法形成可燃混合气,也就是用喷油器将柴油成雾状喷入燃烧室中,与高温高压空气混合形成可燃混合气。而可燃混合气混合的质量好坏,对燃烧过程具有决定性的影响。

柴油机可燃混合气的形成和燃烧是交织重叠的。在压缩行程末期,柴油喷入汽缸时间非常短,喷油持续角一般为 $15° \sim 35°$ 曲轴转角,与空气混合和燃烧的持续角约占 $50° \sim 60°$ 曲轴转角。对一台转速为 1500r/min 的柴油机而言,喷油时间相当于 $0.002 \sim 0.004s$,混合和燃烧相当于 $0.006 \sim 0.007s$。在如此短的时间内,要求获得质量良好的混合气以及保证柴油良好的燃烧,就必须有相应的混合气形成方式。柴油机混合气形成方式主要有以下三种形式。

(一)空间雾化混合

空间雾化混合的特点是将柴油直接喷入燃烧室内与空气形成雾状混合物。为了使其混合均匀,喷注形状要和燃烧室形状相适应,以使柴油均匀地分布在燃烧室空间;另一方面,可利用燃烧室中的气流运动以加速柴油和空气的混合,并使混合气均布于整个燃烧室中。

(二)油膜蒸发混合

油膜蒸发混合的特点是将绝大部分柴油顺气流均匀地喷到燃烧室壁面,并使柴油在壁面上形成油膜。油膜受热蒸发时,油气被燃烧室中的涡流气流逐层卷走,随即与空气形成均匀的可燃混合气。

(三)复合式混合

复合式混合的特点是将部分柴油顺气流喷向燃烧室壁面,形成油膜,而另一部分柴油则散在燃烧室空间。复合式混合兼顾了上述两种混合方式的特点(故称为复合式混合)。某些复合式混合的柴油机,在高速时,由于强烈的进气涡流将大部分柴油卷向燃烧室壁面,形成油膜,因此这时是以油膜蒸发为主。在低速时,进气涡流大大减弱,卷向燃烧室壁面的柴油仅占少数,因而转为以空间雾化混合为主。

二、影响混合气形成的主要因素

影响可燃混合气形成的主要因素有柴油的喷雾质量、燃烧室中的气流运动、燃烧室的结构形状。

(一)柴油的喷雾

将柴油喷散雾化成细滴的过程称为柴油的喷雾。喷雾可大大增加柴油和空气接触的表面积,以利迅速混合。柴油的喷雾质量优劣对混合气的混合质量及燃烧过程有很大的影响。

1. 油束的形成与特性

柴油以高压和高速从喷油器喷孔中喷出时,便形成喷注(或称喷束)。由于喷注处在压缩空气的高速运动中而使其表面产生很大的摩擦力,因此喷注扩散成极细的油滴。

2. 影响油束的主要因素

影响油束特性的因素很多,主要为喷油压力、喷油器的构造、喷油泵凸轮轮廓线的形状、凸轮转速、汽缸内空气压力、柴油的黏度等。

(二)气流运动

柴油的喷雾是混合气形成的首要步骤,其次是如何使柴油和空气有效混合。一种方法是使柴油去寻找空气,即利用多孔喷油器使油束数目、形状、方向与燃烧室形状恰当配合,并使柴油尽量地喷散雾化,从而使柴油与空气很好地混合,如图 6 - 2(a)所示。但喷孔数过多,则孔径相应减小,这不仅使喷孔易被积炭所堵塞,而且制造困难。另一种方法是组织合理的气流运动,使空气绕汽缸轴线做旋转运动去寻找柴油,以改善混合,如图 6 - 2(b)所示。

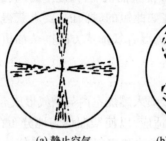 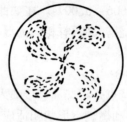

(a) 静止空气　　　　(b) 空气做旋转运动

图 6 - 2　多孔喷油器混合气形成

随着内燃机工业的发展,在技术和经济上对提高转速及降低空燃比的要求越来越迫切,但转速提高将使混合气形成和燃烧的时间更为缩短。而降低空燃比又将使混合气形成和及时完全燃烧更难进行。经过反复实践和总结,发现在燃烧室内组织合理的气流运动(通常称为涡流运动)是一个极为有效的措施,对于中小型高速柴油机而言,则更为如此。

对于不同形式的燃烧室,组织气流运动的方法也不一样,通常可概括为进气涡流、压缩涡流及燃烧膨胀涡流三种。

涡流运动可以使柴油迅速分散至更大的容积中去,以加大混合区。涡流运动较强时,对油束的吹散作用就较大。此外,还可加速火焰传播,促使燃烧过程迅速进行。但涡流运动过强时,亦可能使油束射程太短而带来不利影响。

三、混合气的燃烧过程

柴油机混合气的形成、着火与燃烧是一个复杂的过程,为了便于分析和揭示燃烧过程的规律,通常把这一连续的过程按燃烧过程进展中的某些特征,划分为四个阶段。

(一) 滞燃期(着火落后期)

从柴油开始喷入汽缸,到开始着火为止的这一段时期称为滞燃期或着火落后期。

在滞燃期中,柴油不断地喷入汽缸,到此期终了时,喷入的柴油量约占每循环供油量的 30% ~ 40% ,个别的高速柴油机可达 100%(油膜蒸发混合时)。

在滞燃期中,柴油尚未着火燃烧,仅进行着火前的物理化学变化,因此循环放热量小到可以忽略不计,所以汽缸内气体压力及温度变化仍由压缩过程本身决定。

(二) 速燃期

从混合气开始着火到迅速燃烧出现最高压力为止的这段时间称为速燃期。

混合气着火后,由于形成很多火焰中心且它们各自向四周传播,因此速燃期中,汽缸内可燃混合气迅速燃烧,放出大量热量。由于此时活塞靠近上止点,汽缸容积变化很小,所以缸内压力和温度迅速上升,直至压力达到最大值。对于高速柴油机而言,最高压力点一般出现在上止点后 6° ~ 10° 的曲轴转角。

在速燃期中，如果燃烧速度过快，则缸内压力急剧升高。当压力升高率过大时，可能发生粗暴燃烧，这将对受力机件产生冲击性压力波的撞击，并伴随有尖锐的敲击声，从而影响机件寿命，导致柴油机工作粗暴。

引起柴油机工作粗暴现象的主要原因是滞燃期长，以及在此期间内柴油过多地参与了着火过程。因此，缩短滞燃期和限制在此期间内的柴油喷入量是控制柴油机燃烧过程的一个重要手段。速燃期的进展情况对柴油机的动力性及经济性有着极为重要的影响，但是必须指出，工作粗暴的柴油机，其经济性和动力性未必是差的。

（三）缓燃期

从最高压力点开始到出现最高温度点为止的这一段时间称为缓燃期。

当缓燃期开始时，虽然汽缸内已形成燃烧产物，但仍有大量混合气正在燃烧，且由于在缓燃期的初期，喷油过程通常仍未结束，因此，缓燃期的燃烧过程仍在高速进行，放出大量热量，从而使气体温度升高到最大值。但由于这一阶段的燃烧是在汽缸容积不断增大的情况下进行的，因此缸内气体压力变化不大或缓慢下降。

在缓燃期中，燃烧废气不断增多，空气及柴油的浓度不断下降，因此缓燃期的后期，燃烧速度显著减小，燃烧过程基本结束。

缓燃期一般在曲轴上止点后 20°~35° 时结束，放热量约占总放热量的 70%~80%。

（四）后燃期（补燃期）

缓燃期结束时，虽然喷油已停止，但事实上总是会有一些柴油不能及时地烧完而继续燃烧。

从缓燃期终点到柴油基本烧完时为止（一般放热量达到总放热量的 95%~97%），称为后燃期或补燃期。实际上后燃期的终点是很难确定的，对于高速、大负荷柴油机，其终点有时甚至会延续到排气过程。

在后燃期中，由于燃烧速度很慢，且缸内容积不断增大，因此，汽缸内压力和温度迅速下降。基于上述原因，后燃期中所放出的热量很难被有效利用。相反，它却使零件热负荷增大，排气温度增高，并增加了传给冷却水的热量。由此可见，后燃期应尽量缩短。减少缓燃期的喷油量及加强气流运动对缩短后燃期有决定性的影响。

四、影响燃烧过程的主要因素

通过对燃烧过程的探讨可知，柴油机对燃烧过程的要求是很高的。从动力性及经济性方面考虑，燃烧应在上止点附近完成，并应以尽量低的空燃比工作而又使燃烧完全，排气无烟；从运转平稳性及寿命方面考虑，应降低压力升高率及限制最高燃烧压力。燃烧过程的这些要求是相互联系而又矛盾的，为了更深入地了解这一问题，必须对影响燃烧过程的因素加以分析。

（一）结构因素的影响

1. 压缩比

为了保证柴油能可靠地着火燃烧，柴油机压缩终了的温度应超出柴油此时的自燃温度（约 573K），为此，应有足够高的压缩比。压缩比增加，压缩终了的温度及压力上升，因而柴油的物理化学反应速度加快，于是着火落后期缩短，压力升高率降低，柴油机运转平稳。

压缩比增加，燃烧压力及温度也升高，这将使燃烧有效性提高，即指示效率有所增加，但压缩比大于 16 后,则效果不甚明显。此外,提高压缩比还可使柴油机的低温启动性能有所改善。但是压缩比过高时,将使燃烧最高压力过分增加,并使受力机件承受过高的负荷。

2. 燃油

燃油的物理化学性能,如着火性、蒸发性、流动性等对柴油机混合气的形成和燃烧均有重要影响,其中十六烷值对着火落后期的影响更为突出,因此它对燃烧过程的影响更为明显。

3. 燃烧室、进气道、喷油泵及喷油器的结构形式

进气道的形式对气流运动的影响以及喷油设备的结构对喷雾质量的影响都会严重影响燃烧过程。燃烧室的形状对混合气的形成及燃烧也有很大影响。

4. 喷油规律

喷入汽缸中的油量随曲轴转角而变化的关系称为喷油规律。喷油规律主要取决于喷油泵的凸轮轮廓线,此外,它还和喷油器的结构形式、高压油管的尺寸等因素有关。对于大多数柴油机来说,合理的喷油规律应该是:开始喷油时,喷油速度应小些,以减少着火落后期的油量,确保柴油机工作柔和;喷油中后期,喷油速度应增大,喷油量急剧增长,以保证大部分柴油在上止点前后及时迅速地完成燃烧,减少后燃。

(二) 运转因素的影响

1. 喷油提前角

喷油提前角是指从喷油器开始喷油到活塞到达上止点的曲轴转角。它对柴油机的燃烧过程影响很大,合理的喷油提前角应保证可燃混合气在上止点附近及时燃烧。

喷油提前角过大时,着火虽相应提前,但由于此时燃烧室内的空气温度和压力不高,因而着火落后期增大,这将导致压力升高率及最高爆发压力增高而使工作粗暴,同时因着火过早,而此时活塞仍在上行,因此活塞上行阻力增大,于是输出功就相应减小。

喷油提前角过小时,混合气形成和燃烧可能在活塞下行时才进行,虽然可使压力升高率及最高爆发压力降低,但后燃量增大,这将使得排气温度增高,热损失增大,功率及有效热效率下降。若喷油太迟(甚至在上止点后才开始喷油),将使燃烧过程延续到排气时仍未结束,部分柴油未被利用而排出。

综上所述,喷油提前角应有一最佳值,当喷油提前角为最佳值时,相同的循环油量可使柴油机发出最大的功率,且燃油消耗率最低。随燃烧室形式和转速不同,最佳喷油提前角也不同。转速升高时,同一着火落后期所对应的曲轴转角将增大,为使燃烧仍在上止点附近及时完成,最佳喷油提前角亦应增大。

由于喷油提前角较难校正,因此通常均按供油提前角进行校正。供油提前角是指喷油泵供油开始到活塞到达上止点时的曲轴转角(详见第六节"喷油泵的驱动与供油正时"),它略大于喷油提前角,但此差别一般可略而不计。

2. 喷油器的喷油压力

喷油器的喷油压力将影响喷雾质量,它对混合气的形成与燃烧将产生明显的影响。应按说明书的规定来调整喷油器针阀开启的压力,且不得随意变动。

3. 负荷

当柴油机转速不变时,增加负荷,即意味着增加循环供油量,减小空燃比,混合气变浓。由此可见,柴油机是通过改变混合气的浓度来调节负荷的。负荷增加时,柴油机温度

上升,因此着火落后期略有减小,工作就较为柔和。但由于空燃比变小,燃烧不完全而冒黑烟。同时,缓燃期中喷入油量随负荷增加而增多,易使柴油在高温缺氧情况下裂解出游离碳,致使后燃期延长,满负荷时排气冒黑烟甚至喷火。

4. 转速

当转速改变时,气流运动、充气系数、柴油机的热状态、喷油压力和循环供油量(此时,供油机构位置不变)等均将发生变化,而这些变化又将影响混合气的形成与燃烧。当柴油机转速增加时,由于气流运动的增强,用曲轴转角计的着火落后期有所增加。因此,为使燃烧仍在上止点附近完成,应适当增大供油提前角。

五、废气的烟色

当柴油机正常工作时,排气一般呈浅灰色,满载工作时,允许呈深灰色。当柴油机工作不正常时,由于不同原因排气可呈黑、白、蓝三种不同烟色。

黑烟:当负荷过大时,柴油机排烟往往呈黑色。一般认为黑烟生成的过程是由于喷入燃烧室的柴油过多,且缸内温度又高,在高温缺氧的情况下燃烧时,柴油易裂解而形成碳烟。碳烟是一种碳的聚合体,大颗粒碳烟直径约为 $0.55\mu m$,它随废气排出而使排气呈黑色。产生碳烟时,柴油机性能将变差,排气温度增高,以及活塞、活塞环、气门及喷油器等零件易发生积炭;碳烟排入大气后则妨碍交通视线,污染大气,影响人体健康,因此,不允许柴油机在严重冒黑烟的状态下工作。

白烟:当温度较低时(通常在寒冷天气或冷车时),由于着火不良,柴油未能完全燃烧,这时直径为 $1\mu m$ 以上的液滴随废气排出而形成白烟。当柴油中有水分时,也会形成较多的水汽而使废气呈白色。

蓝烟:柴油机在低负荷时,燃烧室温度较低,着火不良,因而柴油或窜入燃烧室的润滑油未能完全燃烧,其中直径为 $0.4\mu m$ 以下的剩余油微粒随废气排出,形成带微臭的蓝烟。

第三节　柴油机燃烧室

柴油机燃烧室按结构形式的不同分为统一式燃烧室和分隔式燃烧室两大类。

一、统一式燃烧室

常见的结构形式如图 6 - 3 所示,燃烧室是由凹形活塞顶与汽缸盖底面所围成的一个内腔。采用这种燃烧室的柴油机,燃油自喷油器直接喷射到燃烧室中,借喷出油柱的形状和燃烧室形状的匹配以及室内的空气涡流运动,迅速形成混合气。这种燃烧室又称为直接喷射式燃烧室。常见的有 ω 形和球形两种形式。

ω 形燃烧室的活塞顶剖面轮廓呈 ω 形(图 6 - 3(a))。这种燃烧室要求喷油压力较高,一般为 17 ~ 20MPa,并应采用小孔径的多孔喷油器。ω 形燃烧室的柴油机启动性能好,缺点是多孔喷油器的喷孔直径小,易于堵塞,柴油机工作比较粗暴。NTA85、WD615型柴油机均采用此种形式的燃烧室。

球形燃烧室的活塞顶剖面轮廓呈球形(图 6 - 3(b))。采用该型燃烧室的柴油机特点是喷油器为单孔或双孔喷油器,柴油机工作比较柔和,但是柴油机启动较困难。

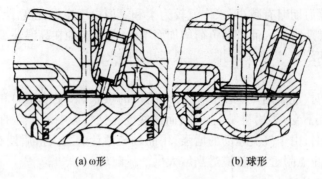

(a) ω形　　　　　　　(b) 球形

图 6-3　统一式燃烧室

二、分隔式燃烧室

分隔式燃烧室由两部分组成,一部分由活塞顶与缸盖底面围成,称为主燃烧室;另一部分在汽缸盖中,称为副燃烧室。主、副燃烧室之间由一个或几个孔道相连通。分隔式燃烧室的常见形式有涡流室式燃烧室和预燃室式燃烧室。

涡流室式燃烧室(图6-4(a))的副燃烧室是球形或圆柱形的涡流室,借与其内壁相切的孔道与主燃烧室连通,因而在压缩行程中,空气从汽缸被挤入缸盖中的涡流室时,形成强烈的有规则的涡流。燃油直接喷入涡流室中并与做涡流运动的空气迅速混合。大部分燃油在涡流室内燃烧,未燃部分在做功行程初期与高压燃气一起通过切向孔道喷入主燃烧室,进一步与空气混合燃烧。

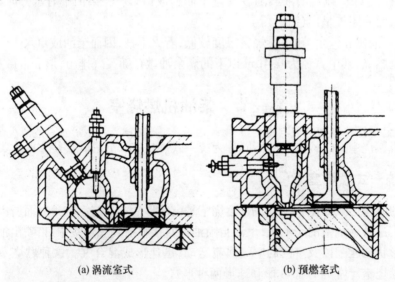

(a) 涡流室式　　　　　　　(b) 预燃室式

图 6-4　分隔式燃烧室

预燃室式燃烧室(图6-4(b))由于其与主燃烧室连通的孔道直径较小,在压缩行程中空气从汽缸进入预燃室时产生无规则的紊流运动。喷入的燃油依靠空气扰动的紊流与空气初步混合,并有小部分燃油在预燃室内开始燃烧,使预燃室内气压急剧升高,未燃烧的大部分燃油连同燃气经通道高速喷入主燃烧室。此时由于窄小孔道的节流作用,在主燃烧室中产生涡流,使燃油进一步雾化并与空气混合实现完全燃烧。

分隔式燃烧室的特点是:混合气的形成主要靠强烈的空气运动,对喷油系统要求不高,可采用喷油压力较低(12~14MPa)的轴针式喷油器,在使用中故障较少。

第四节 喷 油 器

喷油器的作用是将柴油喷射成较细的雾化颗粒,并把它们分布在燃烧室中,与高温高压空气混合形成良好的可燃混合气。根据混合气形成与燃烧的要求,喷油器应具有一定的喷射压力和喷射距离,以及合适的喷注锥角和使燃油颗粒具有适当的雾化程度等,并且在喷油终了时,应迅速停油,不能有渗油现象。

一、喷油器的作用与分类

喷油器有开式和闭式两种。开式喷油器是高压油路通过喷油器直接与燃烧室相通,中间设有针阀隔断,当喷油泵供油压力超过汽缸压力时,将燃油喷入燃烧室。闭式喷油器是由一个针阀将高压油路与燃烧室隔开,当供油压力达到一定值时,开启针阀将燃油喷入燃烧室。

闭式喷油器按喷油器的结构分为孔式、轴针式和平面阀式三种,如图6-5所示。在此仅介绍常用的孔式喷油器。

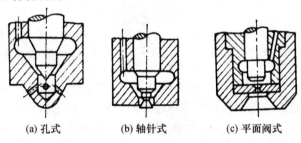

(a) 孔式   (b) 轴针式   (c) 平面阀式

图6-5 喷油器头部构造形式示意图

二、喷油器的结构及工作原理

孔式喷油器主要用于具有直接喷射燃烧的柴油机。喷油器的喷孔数目一般为1~8个,喷孔直径为0.2~0.8mm,喷孔数和喷孔角度的选择视燃烧室的形状、大小和空气涡流情况而定。

(一)喷油器

喷油器安装在汽缸盖上方,主要由针阀、针阀体、喷油器体、推杆、调压弹簧、调压螺钉及锁紧螺帽、油嘴头固定螺帽等组成,如图6-6所示。

针阀和针阀体合称油嘴头偶件,是一副精密配合偶件。油嘴头通过固定螺帽连接在喷油器体的下端。针阀体上制有环形油槽、孔道和油针室。孔道使环形油槽和油针室连通。针阀上部的圆柱表面同针阀体的相应内圆柱面做高精度的滑动配合,配合间隙约为0.001~0.0025mm。此间隙过大则可能产生漏油而使油压下降,影响喷雾质量;间隙过小则针阀将不能自由滑动。针阀中部的两个圆锥面全部露出在针阀体的油针室中,其作用是承受油压产生的轴向推力以使针阀上升,称为承压锥面。针阀下端的圆锥面与针阀体上相应的内圆锥面配合,以实现喷油器内腔的密封,称为密封锥面。针阀上部的圆柱面和下端的锥面同针阀体上相应的配合面通常是经过精磨后,再互相研磨而保证其配合精度。

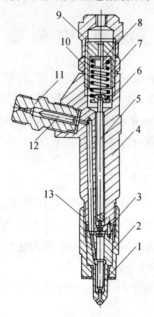

图 6 - 6 喷油器

1—针阀;2—针阀体;3—定位销;4—喷油器体;5—推杆;6—弹簧座;7—调压弹簧;8—调压螺钉;
9—上帽;10—锁紧螺帽;11—进油管接头;12—滤芯;13—油嘴头固定螺帽。

喷油器体上部有两个凸耳,用以固定喷油器。在喷油器体上还有进油管接头,它与喷油器体内的油道相通。油道下端与针阀体环形油槽相连,喷油器体下端有两个定位销,用于保证油嘴头的安装位置。安装时,必须与针阀体上的两个定位销孔相对。

为防止细小脏物堵塞喷孔,在进油管接头上装有缝隙式滤芯。滤芯的结构和工作原理如图 6 - 7 所示。柴油由一端进入滤芯两个平面组成的油道 A,但由于这两个平面的另一端是圆柱面,与油管接头配合,柴油无法流出,只有绕过滤芯的棱边 B,经滤芯的另两个平面组成的油道 C 才能进入喷油器。油管接头与滤芯之间的间隙为 0.03~0.05mm,柴油在通过棱边 B 时杂质颗粒被过滤掉。此外,滤芯具有磁性,可以吸住金属屑。

喷油器体内安装有推杆,推杆下端顶住针阀,上端通过弹簧座装有调压弹簧,弹簧上端通过弹簧座用调压螺钉压紧,平时使针阀封闭喷孔。拧动调压螺钉可改变喷油压力。针阀升程为 0.4~0.5mm,由针阀的台肩与喷油器体下端面间的间隙限制。

上帽上部可装回油管螺栓(有的回油管螺栓装在喷油器体上)。为防止漏油,在锁紧螺帽上下之间垫有密封圈。

柴油机工作时,从喷油泵来的高压柴油进入喷油器,再经喷油器体和针阀中的油道进入针阀体中部的

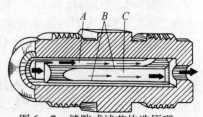

图 6 - 7 缝隙式滤芯构造原理

环状空间(高压油腔)。油压作用在针阀的承压锥面上,形成向上的轴向推力,此推力克服调压弹簧的预紧力使针阀上移,针阀下端锥面离开针阀体锥形环带,打开喷孔,柴油以高压喷入燃烧室中。喷油泵停止供油时,高压油路内压力迅速下降,针阀在调压弹簧作用下及时回位,将喷孔关闭。

(二) F6L912G 型柴油机喷油器

F6L912G 型柴油机喷油器(图6-8),为4孔闭式喷油器,喷孔直径为0.285mm,喷油压力为17.5~18.3MPa。喷油压力的调整是通过增减调整垫片来实现的。增加调整垫片喷油压力增高,反之压力降低。

(三) WD615.67 型柴油机

图6-9所示,喷油嘴为四孔,在喷油嘴头部装有不锈钢薄壁护套,以减少喷油嘴与燃气的直接接触。喷油器均为多孔直喷式低惯量喷油器,开启压力均为22.5±0.5MPa。低惯量喷油器取消了运动件顶杆,改用质量较小的弹簧下座,调压弹簧下移到接近针阀尾部,针阀的直径也有所减小。正是由于喷油器的这种结构特点,降低了喷油器运动件的惯量,因此称为低惯量喷油器。

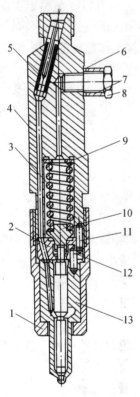

图6-8　F6L912G 型柴油机喷油器
1—油嘴头固定螺帽;2—垫块;3—弹簧;
4—喷油器体;5—细滤器;6—密封垫;
7—接头;8—螺母;9—调整垫;10—中间轴;
11—圆柱销;12—定位销;13—针阀偶件。

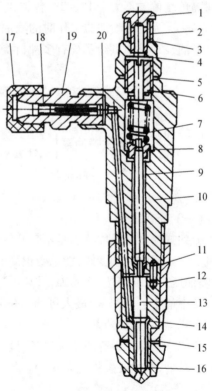

图6-9　WD615.67 型柴油机喷油器
1—回油管接头;2—护套;3—衬套;4—调压螺钉锁帽;
5—垫圈;6—调压螺钉;7—调压弹簧;8—弹簧座;
9—顶杆;10—喷油器体;11—定位销;
12—喷油嘴固定螺套;13—针阀;14—针阀体;
15—调整垫片;16—铜锥体;17—护帽;18—滤芯;
19—进油管接头;20—垫圈。

低惯量喷油器与闭式喷油器的区别在于针阀开启和关闭速度快,这样可降低针阀落下时在密封锥面处的冲击力,使得喷油器的性能有所提高,寿命有所延长。目前较为新型的柴油机多采用这种喷油器。

普通喷油器的针阀开启压力一般由调整螺钉进行调整,而低惯量喷油器的针阀开启压力采用改变垫片厚度的方法进行调整,因此针阀开启压力的调整方法不如一般喷油器方便。调整压力时必须按级进行,在一般情况下垫片的厚度以 0.05mm 为一级。6CT8.3、6BTA5.9 以及斯太尔柴油机均采用这种喷油器,与传统喷油器相比,尺寸明显小。

第五节　喷油泵

一、喷油泵的作用和分类

喷油泵(高压油泵)的作用是根据柴油机的不同工况,定时、定量地向喷油器输送高压燃油。多缸柴油机的喷油泵应保证各缸供油顺序与柴油机的工作顺序相对应;各缸供油间隔角度偏差不大于 1°~2°;各缸供油量应均匀一致,不均匀度在额定工况下不大于 3%~4%。为避免喷油器工作时的滴油现象,喷油泵必须保证供油及时、停油干脆。

喷油泵和燃油供给系统有多种,目前常见的喷油泵按工作原理的不同有以下几种:

喷油泵 $\begin{cases} 柱塞式喷油泵(直列式喷油泵) \begin{cases} 分列式喷油泵 \\ 合成式喷油泵 \begin{cases} 整体式喷油泵 \\ 上下分体式喷油泵 \end{cases} \end{cases} \\ 分配式喷油泵 \begin{cases} 转子式分配泵 \\ 单柱塞分配泵 \end{cases} \\ 喷油泵 - 喷油器 \\ PT 燃油系统 \end{cases}$

(一)分列式喷油泵

分列式喷油泵总成特点是不带凸轮轴,由柴油机凸轮轴驱动,一般用于单缸或双缸柴油机上。因泵体的刚度好,能承受很高的泵端压力,可以减小高压系统中的有害容积。因此,喷油压力峰值可达 100MPa,最高可达 150MPa,明显高于合成式喷油泵。功率覆盖广,单缸功率最小可达 1kW,最大可达 1000kW。

(二)合成式喷油泵

合成式喷油泵带有凸轮轴,柱塞呈直列,柱塞数目与柴油缸数相同。按大小可分为不同尺寸系列,其主要参数见表 6-1。

1. 整体式

A、B、AD(AW)、ZW 为泵体开有侧窗式,而 MW、P、P7、P9、BQ 为整体全封闭式,有利于增强泵体强度与喷油速率。

2. 上下分体式

我国自行设计的 Ⅰ、Ⅱ、Ⅲ 型泵为上下分体式。

(三)分配式喷油泵

分配泵主要用于中、小型高速柴油机上,与直列泵相比具有外形尺寸小、重量轻、噪声低等优点。

表 6-1 合成式系列喷油泵主要参数表

系列代号	主要参数	凸轮升程/mm	分泵中心距/mm	柱塞直径范围/mm	最大供油量范围/(mm/循环)	分泵数	最大使用转速/(r/min)	适用柴油机缸径范围/mm
国产	I	7	25	7~8.5	60~150	1~12	1500	105以下
	II	8	32	7~10	8~150	2~12	1200	105~135
	III	10	38	9~13	250~330	2~8	1000	105~135
	A	8	32	5~9.5	60~150	2~12	1400	140~160
	B	10	40	8~10	130~225	2~12	1000	105~135
	P	10	35	8~13	130~475	4~8	1500	130~150
	Z	12	45	10~13	300~600	2~8	900	12-0160
博世	M	7		5~7	65	3,4		150~180
	A	8	24	5~9.5	130	2~12	—	—
	P7	10	32	7~11	230	4,6,8,10,12	—	—
	P	10	35	7~13	415	4~12	—	—
	ZW	12	45	14~16	700	4~12	—	—
	P9	15	45	12~18	1200	4,6,8	—	—
	CW	15	65	15~22	2100	6~10	—	—

（四）PT 燃油系统

PT 燃料系是美国康明斯公司特有的燃油供油系，其原理是根据燃油泵输出压力和喷油器进油时间来控制循环供油量，以满足柴油机不同工况的需要。系统的调节要素是压力和时间两个因素（详细内容见本章第十节"PT 燃料系的组成与结构"）。

二、B 型喷油泵

（一）喷油泵的组成

喷油泵由柴油机曲轴经正时齿轮驱动。喷油泵凸轮轴和驱动轴用联轴器连接，调速器装在喷油泵的后端，如图 6-10 所示。

1. 泵体

泵体为整体式，中间有水平隔壁分成上室和下室两部分。上室安装分泵和油量控制机构，下室安装传动机构并装有机油。

上室有安装柱塞套的垂直孔，中间开有横向低压油道，使各柱塞套与周围的环形油腔互相连通。油道一端安装进油管接头，上室正面两端分别设有放气螺钉，可放出低压油道内的空气。

中间水平隔壁上有垂直孔，用于安装滚轮传动部件。在下室内存放润滑油，以润滑传动机构，正面设有机油尺和安装输油泵的凸缘，输油泵由凸轮轴上的偏心轮驱动。上室正面设有检视口，打开检视口盖，可以检查和调整供油间隔角、供油量和供油均匀性。

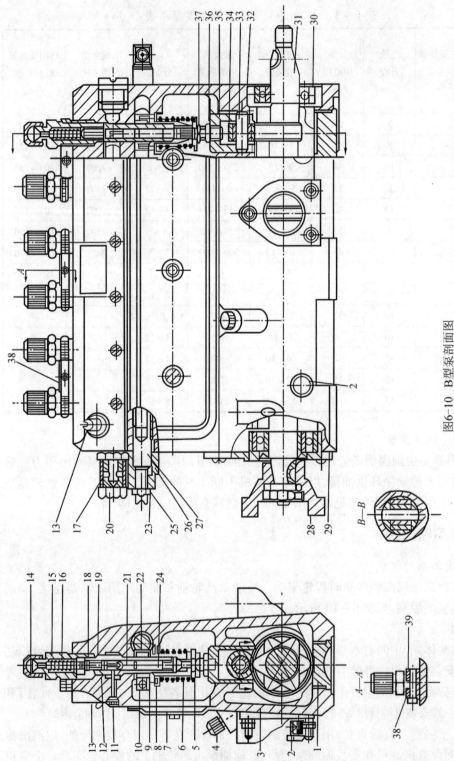

图6-10 B型泵剖面图

1—螺塞；2—放油螺塞；3—泵体；4—油尺；5—弹簧下座；6—柱塞弹簧；7—弹簧上座；8—弹簧；9—油量控制套筒；10—锁紧螺钉；11—柱塞套定位螺钉；12—出油阀座；13—出油阀压紧座；14—护帽；15—出油阀弹簧；16—出油阀限制螺钉；17—防污圈；18—出油阀；19—高压管密封垫圈；20—进油管接头；21—柱塞套；22—调节齿圈；23—锁紧螺帽；24—柱塞；25—最大供油量限制螺钉；26—螺钉；27—调节齿杆；28—从动盘凸缘；29—轴承盖；30—滚动轴承；31—凸轮轴；32—衬套；33—滚轮；34—滚轮体；35—滚轮；36—锁紧螺母；37—调整螺钉；38、39—夹板。

B—B

A—A

78

2. 分泵

分泵个数与汽缸数相等,各分泵的结构相同。主要包括柱塞套和柱塞、柱塞弹簧和弹簧座、出油阀和出油阀座、出油阀弹簧和出油阀压紧座等。

柱塞弹簧上端通过弹簧上座顶在泵体上;下端通过下座卡在柱塞下端锥形体上。柱塞弹簧使柱塞推着滚轮传动部件始终紧靠在凸轮上。

柱塞套和柱塞是一对精密配合偶件,其配合间隙约为 0.0015 ~ 0.0025mm,配对后的柱塞偶件不可互换。柱塞上部的圆柱表面铣有用于调节供油量的螺旋形斜槽,以及连通泵油腔和斜槽的轴向直槽(图 6 - 11)。柱塞中部切有浅环槽,以贮存少量柴油用于润滑柱塞偶件。柱塞下部有两个凸耳,卡在油量控制套筒的槽内,使柱塞可随着油量控制套筒一起转动。柱塞套装入泵体座孔中。柱塞套上有两个油孔与泵体的低压油腔相通,为防止柱塞套在泵体内转动,用定位螺钉定位。

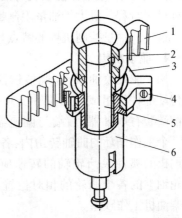

图 6 - 11　齿杆式油量控制机构
1—调节齿杆;2—柱塞套;3—可调齿圈;
4—固定螺钉;5—柱塞;6—传动套筒。

出油阀和出油阀座也是一副精密偶件,其配合间隙约为 0.01mm,配对后的出油阀偶件不可互换。出油阀偶件是个单向阀,如图 6 - 12 所示。出油阀的圆锥面是密封面,以防高压油管内的柴油倒入喷油泵的低压油腔。中部的圆柱面称为减压环带,其作用是使喷油泵停油干脆,而且能使高压油管内保持一定的剩余油压,以便下次开始供油及时准确,避免喷油器出现滴油现象。出油阀下部是十字形断面,既能导向,又能通过柴油。出油阀偶件位于柱塞套上面,二者接触平面要求密封。当拧入压紧座时,通过高压密封垫圈将出油阀座与柱塞套压紧,同时使出油阀弹簧将出油阀紧压在阀座上。

出油阀的密封装置有两个:一个是出油阀座与出油阀压紧座之间的高压密封铜垫圈,以防高压油漏出;另一个是出油阀压紧座与泵体之间的低压密封橡胶圈,用于防止低压油腔漏油。

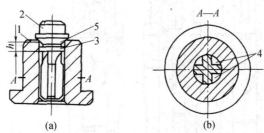

图 6 - 12　出油阀偶件
1—出油阀座;2—出油阀;3—减压环带;4—切槽;5—密封锥面。

3. 油量控制机构

B 型泵采用齿杆式油量控制机构,主要由油量控制套筒、调节齿轮和调节齿杆组成,如图 6 - 11 所示。柱塞下端的凸耳嵌入油量控制套筒的切槽中,油量控制套筒松套在柱塞套下部。在油量控制套筒上部套装有调节齿轮,用螺钉锁紧。各分泵的调节齿轮与同一调节齿杆相啮合。调节齿杆的一端与调速拉杆相连,当拉动调速器手柄时,调节齿杆便带动各缸调节齿轮,连同油量控制套筒使柱塞相对于固定不动的柱塞套转动一个角度,从而改变了柱塞螺旋斜槽与柱塞套上进油孔的相对位置,使供油量得到调节。为限制喷油泵最大供油量,在泵体前端装有最大供油量限制螺钉,拧出或拧进此螺钉,可以改变调节齿杆最大行程。最大供油量限制螺钉在喷油泵出厂时已调试好,一般不要自行调整。

齿杆式油量控制机构的特点是:传动平稳、工作可靠,但制造困难、成本高、维修不便。

4. 驱动机构

用于驱动喷油泵,并调整供油提前角,由凸轮轴、滚轮传动部件等组成。凸轮轴支承在两端的圆锥轴承上,其前端装有联轴器,后端与调速器相连。为保证在相当于一个工作循环的曲轴转角内,各缸都喷油一次,四行程柴油机的喷油泵凸轮轴的转速应等于曲轴转速的 1/2。凸轮轴上的各个凸轮的相对位置,必须符合所要求的多缸柴油机工作顺序。

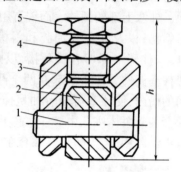

图 6-13 滚轮传动部件
1—滚轮销;2—滚轮;3—滚轮体;
4—锁紧螺母;5—调整螺钉。

滚轮传动部件由滚轮体、滚轮、滚轮销、调整螺钉、锁紧螺母等组成,如图 6-13 所示;其高度采用螺钉调节,滚轮销长度大于滚轮体直径,卡在泵体上的滚轮传动部件导向孔的直槽中,使滚轮体只能上下移动,不能轴向转动。

（二）喷油泵的工作原理

当凸轮轴旋转时,凸轮按柴油机的工作顺序顶动滚轮传动部件压缩柱塞弹簧,推动柱塞上行,而柱塞弹簧的伸张使柱塞下行。柱塞的上下运动实现进油、压油、停止供油,如图 6-14 所示。

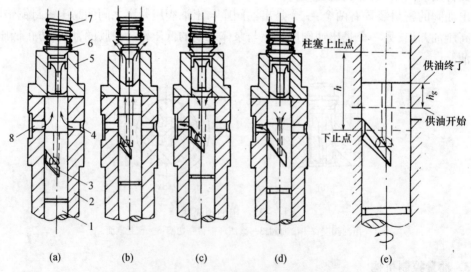

(a)　　　　(b)　　　　(c)　　　　(d)　　　　(e)

图 6-14 柱塞式喷油泵工作原理
1—柱塞;2—柱塞套;3—斜槽;4,8—油孔;5—出油阀座;6—出油阀;7—出油阀弹簧。

1. 进油

当柱塞下移到两个油孔同柱塞上面的泵油腔相通时(图6-14(a)),从输油泵经滤清器压送来的柴油自低压油腔的油孔被吸入并充满泵油腔。

2. 压油

当柱塞自下止点上移的过程中,起初有一部分柴油又从泵油腔被挤回低压油腔,直到柱塞上部的圆柱面将油孔完全封闭时为止。此后,柱塞继续上行(图6-14(b)),柱塞上部油压迅速升高,当压力升高到足以克服出油阀弹簧的弹力时,出油阀即开始上升;当出油阀上的减压环带离开出油阀座时,高压柴油便自泵油腔通过高压油管向喷油器供油。

3. 停止供油

柱塞继续上移,当斜槽和油孔开始接通时(图6-14(c)),也就是泵油腔和低压油腔接通,泵油腔内的柴油便经柱塞中的孔道、斜槽和油孔流回低压油腔。这时泵油腔中油压迅速下降,出油阀在弹簧弹力作用下立即回位,喷油泵供油停止(图6-14(d))。此后柱塞仍继续上行,直到上止点为止,但不再泵油。

三、Ⅱ号喷油泵

Ⅰ、Ⅱ、Ⅲ号喷油泵的结构特点基本类似,下面以部分ZL-50装载机用135系列柴油机所用的Ⅱ号喷油泵为例来介绍喷油泵的特点和工作原理。

1. 柱塞

Ⅱ号喷油泵柱塞表面铣有与轴线成50°夹角的斜槽。柱塞中部开有浅环槽,以便贮存少量柴油,供柱塞副润滑用。柱塞尾端和调节臂压配,压配时应保证一定的相对位置(图6-15),以免影响喷油泵正确的供油量。柱塞套上有两个径向油孔,它们与泵体内的低压油腔相通。为保证柱塞套的正确安装位置和防止转动,柱塞套用定位螺钉定位。喷油泵柱塞斜槽以上的密封段高度较小,密封表面稍有磨损后就不易密封而使油压下降,因此,柱塞及柱塞套的使用寿命较短。

2. 油量控制机构

Ⅱ号喷油泵采用结构简单、制造容易的拨叉式油量控制机构,如图6-16所示。它由拉杆4、调节叉6、调节臂1及油门拉板7等零件组成。柱塞尾端压配的调节臂1的球面端头插入调节叉6的凹槽内,调节叉6用螺钉固定在拉杆4上。当移动拉杆时,就可通过调节叉及调节臂来转动

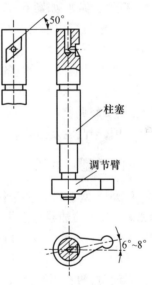

图6-15　Ⅱ号泵柱塞与调节臂的装配位置

各分泵的柱塞,从而改变供油量。为防止拉杆在支承孔内转动,保证调节叉凹槽与柱塞平行,在拉杆上铣成平面与调节叉相配。当各分泵供油量不均匀时,可松开相应的调节叉,并按需要的方向将调节叉在拉杆上移动一定的距离,则分泵的柱塞转动了一定的角度,分泵的供油量就得到了调整。

Ⅱ号喷油泵拉杆直径为10mm,实践证明其刚性较差,因而拉杆易抖动,这是造成游车的原因之一(游车:柴油机转速不稳定,表现为忽高忽低现象)。同时,由于拉杆的全行

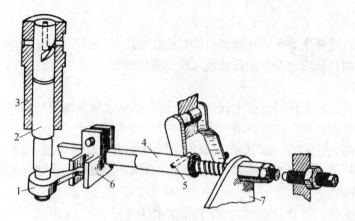

图 6 - 16 Ⅱ号喷油泵的拨叉式油量控制机构
1—调节臂;2—柱塞;3—柱塞套;4—拉杆;5—停油销子;6—调节叉;7—油门拉板。

程较短(13mm),此值比同类型喷油泵小,又由于柱塞斜槽角度较大(50°),因此油量的变化相对于拉杆行程和柱塞转角的变化较为敏感,致使供油量均匀性的调整较为困难。

3. 滚轮体

滚轮体部件在凸轮轴驱动下做上下移动,并使柱塞随之移动,如图 6 - 17 所示。滚轮体上开有纵向长槽与定位螺钉相配合,使滚轮体仅能做上下移动而不能转动。

柴油机供油提前角及各缸供油间隔均匀性是否符合规定,对柴油机的工作性能有很大影响。因此,在安装调整喷油泵时必须符合规定。基于上述原因,当凸轮及滚轮磨损后应作适当的调整。

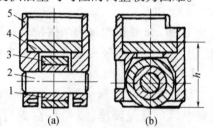

图 6 - 17 Ⅱ喷油泵滚轮体部件
1—滚轮套;2—滚轮轴;3—滚轮;
4—调整垫块;5—滚轮体。

四、P 型喷油泵

WD615 型系列柴油机采用的是博世 P 型喷油泵。P 型喷油泵工作原理与 B 型泵基本相同。P 型喷油泵是强化型直列式喷油泵。

P 型喷油泵具有较高的强度和刚度,能够承受较高的泵端压力。喷油泵采用强制润滑,泵体上设有润滑油供油孔,凸轮室内润滑油面由回流口位置保证,喷油泵与调速器之间设有油封,两者相通,泵底各部分用底盖板密封。

P 型喷油泵的泵油系统采用预装悬挂式结构,柱塞套悬挂在法兰套内,由压入法兰套上的定位销定位。柱塞偶件、出油阀偶件、出油阀弹簧、减容体和出油阀垫片由出油阀压紧座固定在法兰套内,坚硬的挡油圈由卡环固定在柱塞套的进回油孔处,防止燃油喷射结束时逆流冲蚀泵体。泵油系统作为一个整体,悬挂在泵体安装孔内,由螺栓固定。低压密封采用 O 形密封圈,法兰套开有腰型孔,可以在 10°范围内转动柱塞套以调整各分泵油量均匀度。用法兰套与泵体之间的垫片来调整供油预行程和各分泵供油间隔角度,以保证凸轮型线在最佳工作段上。

1. P 型喷油泵油量调节机构

油量调节机构主要由角型供油拉杆与油量控制套筒组成,如图 6 - 18 所示。角型供油拉杆是通过拉杆衬套安装在泵体上,套在柱塞套外圈上的油量控制套筒上的钢球与供油拉杆方槽啮合。柱塞下端的扇型块嵌在油量控制套筒的下部槽内,拉动供油拉杆,通过油量控制套筒带动柱塞转动,从而改变了柱塞与柱塞套的相对位置,达到改变供油量的目的。

2. P型喷油泵冒烟限制器

冒烟限制器又称增压补偿器,通常安装在喷油泵的另一端。装有冒烟限制器的柴油机用于工程机械后,往往加大喷油泵的供油量,以提高柴油机的标定功率。但在低速时,冒烟限制器供气不足,进气压力低,送至汽缸中的空气量减少。这时,如果供油量不减,则喷入汽缸中的燃油不能充分燃烧,排气冒黑烟。为此,在喷油泵上加装冒烟限制器(图6-19),它能使喷油泵在低速时适当地减少供油量,从而使喷入汽缸的燃油充分燃烧。

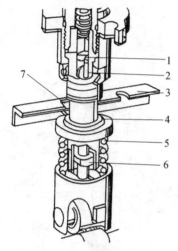

图6-18 P型喷油泵油量调节机构
1—柱塞;2—柱塞套;3—调节拉杆;4—控制套筒;
5—柱塞回位弹簧;6—柱塞调节臂;7—钢球。

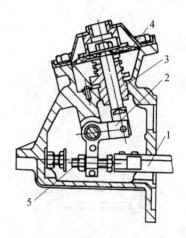

图6-19 P型喷油泵增压补偿器
1—供油拉杆;2—弯角摇杆;3—导向套;
4—膜片;5—限位螺钉。

3. 冒烟限制器的结构与工作原理

启动时将调速器手柄置于最大负荷位置,冒烟限制器处于启动位置,如图6-20所示。这时供油拉杆到启动油量位置,并与启动限位螺钉接触。启动结束后,供油拉杆在调速器的作用下,向减油方向移动,移动拉杆在回位弹簧的作用下退回原始位置,如图6-21所示。

柴油机启动后,由于柴油机转速较低,冒烟限制器供气不足,来自进气歧管中的空气进入冒烟限制器膜片的上方空间,所产生的压力不能将弹簧压缩,使供油拉杆不能前移,如图6-22所示。

随着柴油机转速的升高,冒烟限制器的供气量增加,增压压力增大。当增压压力达到一定值时,膜片上腔内的压缩空气产生的压力,开始推动弹簧下移,如图6-23所示。通过杆件作用,供油拉杆向增油方向移动。转速继续升高,增压压力达到一定值时,弯角摇杆上的限位螺钉与全负荷限位螺钉接触,供油拉杆达到全负荷位置。转速再升高,由于限位螺钉的作用,使膜片不能下移。

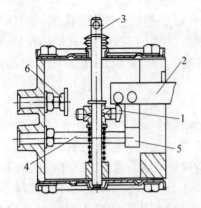 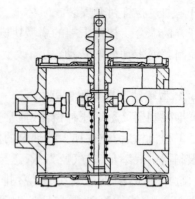

图 6-20 冒烟限制器在启动位置(俯视图)　　　　图 6-21 冒烟限制器在启动后(俯视图)

1—限位螺钉;2—供油拉杆;3—移动轴;
4—启动限位螺钉;5—挡销;6—全负荷限位螺钉。

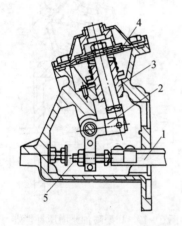 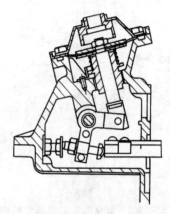

图 6-22 增压器气压低时(正视图)　　　　图 6-23 增压器气压高时(正视图)

1—供油拉杆;2—弯角摇杆;
3—导向套;4—膜片;5—限位螺钉。

五、FM 泵

WD615 型系列柴油机除采用博世 P 型喷油泵外,还可采用奥地利 FM 公司生产的 P7 泵,又称 FM 泵。

FM 泵结构与博世 P 型泵相同,也是采用箱式全封闭结构,柱塞与出油阀装在法兰套筒内并整体悬置在泵体上。只是 P 型泵柱塞的进、回油孔在同一高度上,而 FM 泵则在不同的高度位置。此外,博世泵与 FM 泵的驱动凸轮型线不同,柱塞直径不同,因而两种泵的供油规律和喷油速率略有不同。为保证同一台柴油机采用不同厂牌喷油泵时,其性能基本一致,同一台柴油机采用博世泵和 FM 泵时,其供油提前角略有不同,博世泵为 $20°^{0}_{-2}$,FM 泵为 $15°^{0}_{-2}$。

FM 喷油泵油量控制机构为齿杆式,泵的其他部分及外部校准与博世 P 型泵相似。

FM 喷油泵柱塞偶件的特点主要有四个方面:① 柱塞直径大于 8mm,在控制斜槽对面

84

开有第二道斜槽,使柱塞在液体压力下保持径向平衡,减少了柱塞与套筒的磨损;② 柱塞套上的进油孔、出油孔彼此相对而错开,使得回油时所压出的带有气泡的燃油不会被重新吸入偶件内,从而得到精确的供油量;③ 在柱塞控制斜槽下面开有一道狭窄的环形槽,可使柱塞漏下的燃油与进油口连通,以免燃油进入润滑油腔而影响机油黏度;④ 柱塞上开有启动槽,使柴油机启动容易。

FM 型喷油泵出油阀有高低座两种,如图 6-24 所示。低座结构优于传统的高座出油阀,较大的减压环可降低减压容积和出油阀升程。较小的阀座可降低弹簧力或增加升起压力,在出油阀关闭时,对在减压环下燃油受阻起一个缓冲作用,减小了落座应力。当其他条件相同时,低座出油阀的油管压力可能降至零以下,从而减小了穴蚀情况的发生。但低座出油阀减压容积较难调节,在这种结构中,出油阀和阀弹簧应做成一个零件,且须进行辅助测试才能装入泵内,这是 FM 泵出油阀偶件的特点。

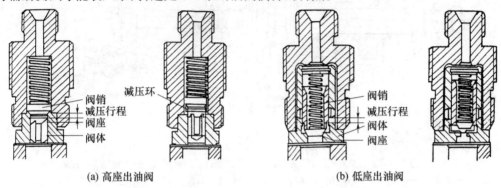

(a) 高座出油阀   (b) 低座出油阀

图 6-24   高低座出油阀

六、A 型喷油泵

A 型喷油泵总成是国际上通用的一种系列产品,也是国内中小型柴油机使用最为广泛的柱塞式喷油泵。

F6L912G、6BTA5.9 型柴油机选用 A 型喷油泵。在结构和工作原理上与 B 型喷油泵基本相同,油量调节机构为齿杆式,A 型喷油泵泵体为整体式,由铝合金铸成。侧面有检查窗口,泵体中有纵向油道与柱塞套外围的低压油室相通。

七、VE 型分配泵

与柱塞式喷油泵相比,VE 型分配泵具有结构简单、质量小、工作可靠、易于维修、供油均匀性好、不需对各缸供油量和供油定时进行调节等特点。此外分配泵的凸轮升程小,有利于柴油机转速性能的提高。部分 6BTA5.9 柴油机采用博世 VE 型分配泵。

(一) VE 型分配泵的结构

VE 型分配泵主要由驱动机构、二级滑片式输油泵、高压泵、电磁式断油阀、液压式喷油提前器和调速器等组成(图 6-25)。其中,二级滑片式输油泵的功用是将柴油从柴油箱中吸入到分配泵油腔内,并控制最大输油压力。高压泵的功用是使低压柴油增压,并将其分配到各个汽缸。电磁式断油阀的功用是切断柴油的输送,从而使柴油机停转。液压式喷油提前器的功用是根据柴油机运转情况的变化来自动调节供油时间。调速器的功用是根据柴油机载荷的变化来自动调节供油量。

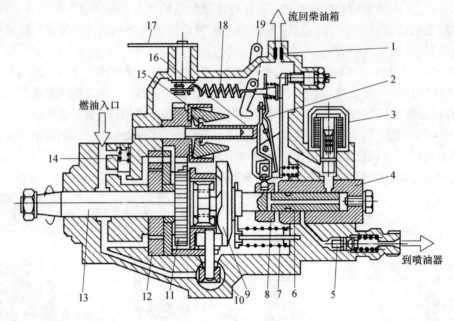

图 6 – 25 VE 型分配泵

1—溢流节流孔;2—调速器弹力杠杆;3—断油阀;4—柱塞套;5—出油阀;6—分配柱塞;7—柱塞弹簧;
8—油量调节套筒;9—平面凸轮盘;10—液压式喷油提前器;11—调速器驱动齿轮;12—二级滑片式输油泵;
13—驱动轴;14—调压阀;15—飞锤;16—调整套筒;17—调整手柄;18—调整弹簧;19—停车手柄。

VE 型分配泵如图 6 – 25 所示,二级滑片式输油泵 12 由驱动轴 13 来驱动,并带动调速器轴旋转。而驱动轴的右端与平面凸轮盘 9 相连接,并通过其上的传动销带动分配柱塞 6,使其在柱塞弹簧 7 的作用下被压紧在平面凸轮盘上,同时使凸轮盘压紧滚轮。

当驱动轴旋转时,平面凸轮盘和分配柱塞与其同步旋转,并在平面凸轮弹簧和滚轮的共同作用下,凸轮盘带动分配柱塞 6 在柱塞套 4 内做往复运动。在这一过程中,旋转运动使柴油进行合理分配,往复运动使柴油增压。

(二) VE 型分配泵的工作原理

1. 进油过程

如图 6 – 26(a)所示。当平面凸轮盘的凹下部分转到与滚轮相接触时,分配柱塞在柱塞弹簧的作用下从右向左移至下止点位置。此时,分配柱塞上部的进油槽与柱塞套上的进油孔相通,柴油经开启的断油阀进入柱塞腔内。

2. 泵油过程

如图 6 – 26(b)所示。当平面凸轮盘转动到凸起部分与滚轮相接触时,分配柱塞从左向右移动而将进油孔关闭,使柱塞腔内的柴油增压。此时,分配柱塞上的燃油分配孔与柱塞套上的出油孔相通,于是高压柴油经依次打开的分配油道进入喷油器,再喷入各缸的燃烧室内。

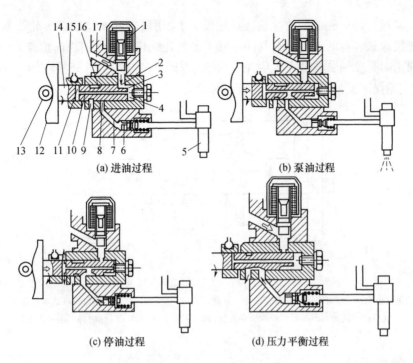

图 6-26　VE 型分配泵的工作原理

1—断油阀;2—进油孔;3—柱塞套;4—柱塞腔;5—喷油腔;6—出油阀;7—分配油道;8—出油孔;
9—压力平衡孔;10—中心油孔;11—泄油孔;12—平面凸轮盘;13—滚轮;14—分配柱塞;
15—油量调节套筒;16—压力平衡槽;17—进油道。

3. 停油过程

如图 6-26(c)所示。在平面凸轮盘的推动下,分配柱塞继续右移,直至柱塞上的泄油孔被油量调节套筒开启,并与喷油泵体内腔相通时,柱塞腔上方的高压柴油经中心油孔和泄油孔流入喷油泵体内腔,使柱塞腔内柴油压力急剧下降。此时,出油阀在出油阀弹簧的作用下迅速关闭,供油结束。

4. 压力均衡过程

如图 6-26(d)所示。当某一汽缸供油结束后,柱塞转动直至其上的压力平衡槽与相应汽缸的分配油道相连通,这样会使分配油道内的油压和喷油泵体内腔的油压趋于均衡。如此,在柱塞旋转过程中,压力平衡槽与各缸的分配油道逐一相通,可使各分配油道内的油压在喷射前趋于一致,从而保证各缸供油的均匀性。

第六节　喷油泵的驱动与供油正时

一、喷油泵的驱动

如图 6-27 所示,喷油泵是由柴油机曲轴前端的正时齿轮 1,通过一组齿轮来驱动的。喷油泵驱动齿轮 2 和中间齿轮(图中未画出)上都刻有正时啮合记号,必须对准记号安装才能保证喷油泵供油正时。

喷油泵通常是靠底部定位并安装在托板 7 上,用联轴器 4 把驱动齿轮 2 和喷油泵的凸轮轴连接起来。有的柴油机在其间串联了空气压缩机 3 和供油提前角自动调节器 5。

喷油正时是喷油泵调试完毕后在柴油机上安装时进行的,各处相应的正时标记都必须对准,才能保证喷油系统有正确的喷油时刻。

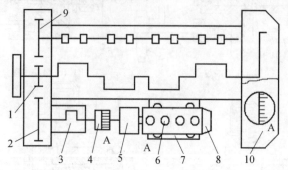

图 6-27　喷油泵的驱动与供油正时
1—曲轴正时齿轮;2—喷油泵驱动齿轮;3—空气压缩机;4—联轴器;5—供油提前角自动调节器;6—喷油泵;
7—托板;8—调速器;9—配气机构驱动齿轮;10—飞轮上的喷油正时标记;A—各处正时标记。

二、供油提前角

所谓供油提前角是指喷油泵开始供油,到活塞至上止点时曲轴转过的角度,如 ZL50 装载机用 6135K-9a 柴油机供油提前角为 17°~19°。最佳的供油提前角是指在转速和供油量一定的条件下,能获得最大功率及最小耗油率的供油提前角。它不是一个常数,而是随柴油机的负荷和转速而变化的。负荷越大、转速越高时,供油提前角应越大。

三、联轴器

(一)联轴器的作用

(1)弥补喷油泵安装时造成的喷油泵凸轮轴和驱动轴的同心度偏差。

(2)用小量的角位移调节供油提前角,以获得最佳的喷油提前角。

(二)联轴器的构成

图 6-28 所示为挠性片式联轴器,其挠性作用是通过两组圆形弹性钢片来实现的,靠其挠性可使驱动轴与凸轮轴在少量同心度偏差的情况下无声地传动。

两组圆形弹性钢片有所不同,前组钢片的内孔与主动连接叉 3 紧固连接。外孔是两个弧形孔,用两个连接螺钉和驱动件连接,以便调整供油提前角的大小。后组钢片上对称地冲制 4 个圆孔,通过螺钉交叉与主、被动叉连接。

四、喷油泵的正时与连接

所谓喷油泵的正时,就是保证喷油泵对柴油机有正确的供油时刻。喷油泵在柴油机上安装时,为了保证其供油提前角正确,应按下述方法进行:

(1)转动曲轴,使第一缸活塞处于压缩行程上止点前规定的供油开始位置(使飞轮上或皮带轮上的供油开始记号对正)。

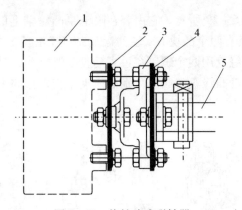

图 6 – 28　挠性片式联轴器

1—供油提前角自动调节器;2,4—弹簧钢片;3—连接叉;5—喷油泵凸轮轴。

（2）转动校验好的喷油泵凸轮轴,使凸轮轴上的从动凸缘盘上的记号与泵体上的记号对正,即为第一缸分泵开始供油位置。

（3）将联轴器前组钢片 2 上的两个弧形孔上的记号与供油提前角自动调节器 1 上的相应记号对正,然后用两个螺钉将二者紧固连接(图 6 – 28)。

（4）启动柴油机试车。根据运转和排烟情况,若发现供油提前角有误差,可松开上述两个弧形孔上的连接螺钉进行调整。顺向转动凸轮轴供油提前角增大,反之减小。在使用过程中为了消除驱动件的磨损所造成的供油提前角的变化,也可通过联轴器的微调使供油提前角恢复正常。

五、供油提前角调节装置

柴油机是根据常用的某个工况(供油量和转速)范围的需要而确定一个喷油提前角(直接喷射燃烧室约为 $28° \sim 35°$;分隔式燃烧室约为 $15° \sim 20°$),在将喷油泵安装到柴油机上时即已调好(称为初始角)。显然,初始角仅在指定工况范围内才是最佳的。而车用柴油机的转速变化范围很大,要保证柴油机在整个工作转速范围内性能良好,就必须使供油提前角在初始角基础上随转速而变化。因此,车用柴油机几乎都装有供油提前角自动调节器。

喷油泵供油提前角的调整方法分单个调整和整体调整两种。

（一）单个调整

通过改变滚轮传动部件的高度来实现(图 6 – 17),滚轮传动部件高度增大,柱塞封闭柱塞套上进油孔的时刻提前,供油提前角增大;反之供油提前角减小。改变滚轮传动部件的高度只能调整单个分泵的供油提前角,因此,通过对各分泵的调整以达到多缸柴油机的各缸供油提前角一致,即各分泵供油间隔角一致。

B 型泵滚轮传动部件的高度通过调整螺钉来调整,拧出调整螺钉,供油提前角增大,反之则减小(图 6 – 13)。

（二）整体调整

1. 联轴器调整(人工调整)

通过联轴器的调整,从而改变喷油泵凸轮轴与柴油机曲轴的相对角位置。

联轴器的结构如图 6 – 29 所示。它由装在喷油泵凸轮轴上的从动凸缘盘(具有两个凸块 a)、中间凸缘盘(具有两个凸块 b)、主动盘及夹布胶木盘等组成,以销钉将主动盘楔紧在传动轴上。中间凸缘盘用两个螺钉穿过主动盘的弧形孔,与传动轴上的主动盘连接。中间凸缘盘的凸块和从动凸缘盘的凸块分别插入夹布胶木盘的 4 个切口中。

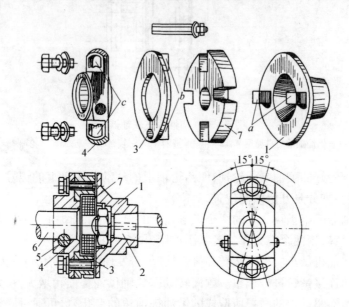

图 6 – 29　喷油泵联轴器

1—从动凸缘盘;2—凸轮轴;3—中间凸缘盘;4—主动盘;5—销钉;6—传动轴;7—夹布胶木盘。

调整时,把两个螺钉松开,中间凸缘盘(和从动凸缘盘)就可以沿弧形孔相对于主动盘转过一定角度,这就同时改变了各缸的开始供油时刻即供油提前角。这种联轴器可以调整的角度约为 30°。在中间凸缘盘和主动盘的外圆柱面上刻有表示角度数值的分度线。

2. 自动调节器调整(自动调整)

柴油机的最佳供油提前角是随循环供油量和柴油机转速变化的。循环供油量越多,转速越高,供油提前角应越大。为了使柴油机的供油提前角尽可能地接近最佳供油提前角,F6L912G 型等柴油机在联轴器调整的基础上,还装有随转速变化的供油提前角自动调节器(简称调节器)。

F6L912G 型等柴油机供油提前自动调节器为机械离心式,安装在喷油泵凸轮轴前端,通过联轴器与传动轴相连,如图 6 – 30 所示。

调节器驱动盘也是联轴器从动盘。在驱动盘上有两根销轴,在每一销轴上套装一只飞块。飞块上压装有拨销,其上装有衬套和滚轮。从动盘由制成一体的从动臂和套筒组成,从动盘毂用半圆键和螺母固装在凸轮轴前端。从动臂一侧靠在滚轮上,另一侧压在弹簧上。弹簧另一端顶在弹簧座上,弹簧座则套在套装飞块的销轴上。从动盘套筒的外圆面与驱动盘内圆面滑动配合,起定位作用。驱动盘圆孔用螺塞封闭,并装有放油螺塞。后端用装有油封和密封圈的盖封闭,盖用螺栓固定在两根销轴上,内装有用来润滑的柴油机机油。

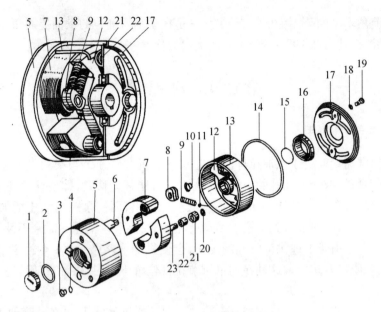

图 6 - 30　供油提前角自动调节器

1—螺塞;2,4,18,20—垫圈;3—放油螺钉;5—驱动盘;6—销轴;7—飞块;8—弹簧座;
9—弹簧;11—调整垫片;12—从动臂;13—从动套臂;14—密封圈;15—油封弹簧;
16—油封;17—调节器盖;19—螺栓;21—滚轮;22—滚轮衬套;23—拔销。

　　调节器的工作原理如图 6 - 31 所示,它在联轴器驱动下沿图中箭头方向旋转(在从动盘后端看),当调节器转速低于 400r/min 工作时,由于从动臂上弹簧弹力大于飞块离心力,弹簧通过从动臂和滚轮拔销,使飞块在完全收拢位置(即调节器不运转的位置),此时调节器不起增加供油提前角的作用,如图 6 - 31(a)所示。

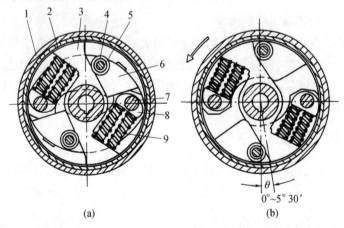

(a)　　　　　　　　(b)

图 6 - 31　供油提前角自动调节器工作原理

1—驱动器;2—从动套筒;3—从动臂;4—滚轮;5—拔销;6—飞块;7—销轴;8—弹簧座;9—弹簧。

　　当调节器转速高于 400r/min 时,从动臂上弹簧的弹力小于飞块的离心力,飞块的拔销和滚轮一端向外张开,滚轮拨动从动臂并压缩弹簧,使从动盘相对驱动盘向箭头方向转动一个角度,从而自动增大供油提前角。调节器转速在 400 ~ 1000r/min 范围内变化,调节器供油提前角增大的范围为 0°~5°30′。它是在联轴器确定的供油提前角 19°的基础上增大的,总供油提前角在 19°~24°30′的范围内变化,如图 6-31(b)所示。

第七节　调速器

一、调速器的功用

喷油泵的供油量取决于供油拉杆的位置和柴油机的转速。当柴油机转速升高,柱塞运动速度加快时,柱塞套上油孔的节流作用增大,当柱塞上移时,即使柱塞还未完全封闭油孔,但由于被柱塞排挤的燃油一时来不及从油孔流出,而使泵腔内油压增加,供油时刻略有提前。同理,当柱塞上升到斜槽与回油孔相通时,泵腔内油压一时来不及下降而使供油时刻略微延后。由于上述供油时间的延长,会使供油量略微增大;反之,当柴油机转速降低时,供油量便略有减少。这种在油量调节拉杆位置不变时,供油量随转速变化的关系称为喷油泵的速度特性。

柴油机在高速或大负荷时,如遇负荷突然减小(如机械从上坡刚过渡到下坡),柴油机转速会突然升高。由于喷油泵速度特性的作用而会自动加大供油量,促使柴油机转速进一步升高,转速和供油量如此相互作用的结果,可能导致柴油机转速超过标定的最大转速,而出现"飞车"现象。另外,柴油机在怠速工况下工作时,油量调节拉杆在最小供油位置,此时当负荷增大而使柴油机转速略有下降时,由于喷油泵速度特性的作用,其供油量会自动减小,使柴油机转速进一步降低,如此循环将使柴油机熄火。

可见,由于喷油泵速度特性的作用使柴油机转速的稳定性很差,无法维持正常工作。因此要使柴油机稳定运转,就必须在负荷发生变化时及时改变供油量,修正喷油泵速度特性的不良影响。

车用柴油机一般都装用两级调速器,自动进行供油量调节以限制柴油机最高转速和稳定怠速。对于阻力变化频繁,而且变化范围很大的车辆,为了保证正常运行,要求柴油机在负荷发生任何变化时,仍保持在某一稳定的转速下工作,此种柴油机一般都采用全程调速器来自动调节供油量。全程调速器不仅限制最高转速和稳定怠速,还能使柴油机在其工作范围内的任一选定的转速下稳定工作。

二、调速器的分类

调速器按其调速功能分为单级式调速器、两级式调速器、全程式调速器三类。车辆及工程机械用柴油机上几乎全部采用机械式调速器,以下只介绍机械式调速器的工作原理。

三、机械式调速器工作原理

1. 单级式调速器工作原理

单级式调速器的功用是限制柴油机的最高转速。如图 6-32 所示,轴 1 由柴油机驱动,并带动飞球 2 旋转,拉杆 5 与油量调节机构相连。弹簧 3 在安装时有一定的预紧力。柴油机转速升高时,飞球离心力增大,并压迫滑杆 4,若此力不足以克服弹簧 3 的预紧力和机构的摩擦力时,调速器不起作用。若转速升高,使离心力增大到大于弹簧预紧力和机构摩擦力时,弹簧被压缩并使滑杆 4 左移,此时拉杆 5 向减小供油量方向移动,从而防止柴油机转速进一步增高。

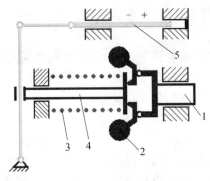

图 6-32　单级式调速器工作原理简图
1—调速器轴;2—飞球;3—弹簧;4—滑杆;5—供油拉杆。

由于弹簧预紧力是不变的,故只有在转速达到某一规定值时,调速器才起作用,因此称为单级调速器。单级式调速器只控制高速工况,主要用于恒定转速的柴油机,如发电机组。

2. 两级调速器工作原理

如图 6-33 所示,轴 4 由柴油机驱动,并使飞球 5 旋转而产生离心力。离心力通过飞球作用在滑杆 3 的一侧。滑杆另一侧作用着两个弹簧,外弹簧 1 较长且弹力较弱,称为低速弹簧;内弹簧短且弹力强,称为高速弹簧。杆 6 为供油量调节拉杆,它由调速器所控制,同时也受驾驶员控制。

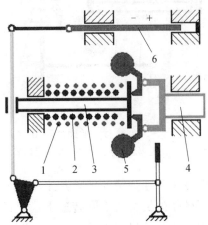

图 6-33　两级调速器简图
1—外弹簧;2—内弹簧;3—滑杆;4—调速器轴;5—飞球;6—供油调节拉杆。

当转速低于最低转速时,飞球离心力小于低速弹簧的预紧力(高速弹簧处于自由状态),在低速弹簧力的作用下,滑杆右移,使杆 6 向供油量增加方向移动,从而防止转速进一步下降而熄火。当转速处于最高及最低转速之间时,飞球离心力已远大于低速弹簧力和机构摩擦力,因而低速弹簧被压缩而使得滑杆 3 和高速弹簧相靠,但由于高速弹簧弹力较大,所以飞球离心力不足以使它变形,滑杆 3 移动受阻,此时,调速器不起作用。驾驶员改变操纵杆或拉杆位置时(图6-33),杠杆以下端为支点而直接改变供油量调节拉杆6的位置,以适应各种工况的要求。当转速升高到最高转速,飞球离心力大于高、低速弹簧力及摩擦力的合力时,滑杆3左移,杆6向减小供油量方向移动,从而不使转速进一步上升而防止了"飞车"。

两级式调速器只控制柴油机怠速和标定转速,在两者范围内调速器不起作用,而由驾驶员直接控制调节齿杆或调节拉杆改变柴油机转速。两级调速器的加速性较好,操作省力,适用于转速变化频繁的柴油机,如车用柴油机。

3. 全程调速器工作原理

如图6-34所示,当轴4转动时,飞球产生的离心力使杆有左移倾向,但由于滑杆另一侧受弹簧力的作用,因而又使杆有右移倾向。当柴油机正常工作时,操纵杆处于某一位置,亦即弹簧处于某一预紧力下,这时如果离心力和弹簧力相等,则滑杆3不动,拉杆6处于某位置下工作。当转速上升至离心力大于弹簧预紧力和机构摩擦力时,滑杆3左移,拉杆6向减油方向移动,从而阻止转速上升。当负荷增大转速下降时,则离心力减小,弹簧力大于离心力和摩擦力,滑杆3右移带动拉杆6向加油方向移动,从而阻止转速继续下降。可见,操纵杆处于某位置时,由于调速器的调速作用而使柴油机能在某一转速下稳定运转。

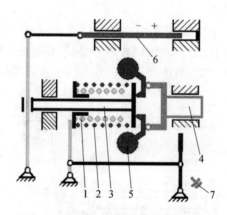

图6-34 全程式调速器简图

1—内弹簧;2—外弹簧;3—滑杆;4—调速器轴;5—飞球;6—供油量调节拉杆;7—最高转速限制螺钉。

改变操纵杆的位置,就改变了调速弹簧的预紧力,因而可使柴油机处于另一转速下稳定运行。可见,装全程调速器的柴油机可在不同转速下稳定运转。采用一定的措施使操纵杆调节范围受到阻止,就可防止柴油机熄火及飞车。一般采用高、低速限速螺钉来限制操纵杆的位置。

此外,全程调速器中对俗称的踩"油门"这一概念应理解为改变调速弹簧的预紧力,切不可误解为改变油量的多少。由于驾驶员不直接控制供油量调节机构的位置,因而全程调速器的加速性不如两级式调速器。

由于全程调速器可在柴油机转速的全部范围内都起调速作用,因此它能满足柴油机不同工况的需要。大型载重汽车和工程机械用柴油机一般都采用全程调速器,以保证在全部转速范围内,在负荷多变的情况下,能稳定工作。

四、几种常见调速器

(一) RSV 型调速器

RSV 调速器是博世公司 S 系列中的一种机械离心式全程调速器,可用于 M、A、AD、P 型喷油泵,大部分 F6L912/913 型和 6BTA5.9 型柴油机上使用 RSV 调速器。

为了更好地了解调速器,下面简要介绍调速器代号及含义。

R—离心式调速器;

S—有复杂的杆件结构或调速弹簧为摆动式;

Q—浮动杠杆比可变式;

V—全速式调速器;

U—调速器带有齿轮增速机构。

例如:RQ 表示离心式杠杆比可变的两速调速器;

RSV 表示离心式摆动弹簧全速调速器。

1. RSV 调速器结构

如图 6-35 所示,有一套紧凑的杆件系统,可使浮动杠杆比约为 2:1,即齿条移动 2mm 而调速套筒只位移 1mm。当飞锤张开或合拢时,可通过这样一套杆件机构把齿杆向减油或增油方向移动。

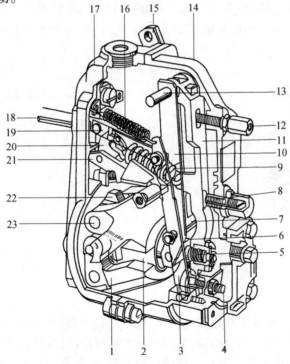

图 6-35 RSV 调速器结构

1—飞锤;2—调速套筒;3—拉杆;4—行程调节螺钉;5—校正弹簧;6—丁字块;7—支架轴;8—怠速稳定弹簧;9—调速弹簧;10—支架;11—支撑杆;12—怠速限位螺钉;13—支撑杆销;14—调速器后壳;15—操纵手柄;16—启动弹簧;17—前壳;18—齿杆;19—齿杆连接杆;20—弹簧挂耳;21—弹簧摇臂;22—飞锤托架;23—飞锤销。

调速弹簧采用拉簧结构,只有一根拉力弹簧,其倾斜角度随着操纵杆位置的不同而发生变化,使高速和低速时有不同的有效刚度,以满足调速器在高速和低速时对调速弹簧的不同要求,从而保证了调速器在高速和低速时调速率的变化不大。因此,可以用一根弹簧代替其他类型调速器中几根弹簧的作用。

有可变调速率机构。RSV 调速器在飞锤和弹簧不更换的情况下,在一定范围内可以改变调速器的调速率,方法是改变调速器调速弹簧安装时的预紧力,用摇臂上的调节螺钉进行调整(图 6-36),以适应不同用途柴油机对调速器调速率的要求。

当操纵杆每变更一个位置时,就相应改变调速弹簧的有效弹力(改变变形量和角度),使调速器起作用转速发生变化,达到全程调节作用。因为油量操纵杆直接作用于调速弹簧,所以操纵油量踏板时,感觉用力比其他类型调速器稍大。

2. RSV 调速器工作过程

1) RSV 调速器调速特性曲线

如图 6-37 所示,调速手柄在全程位置时,图 6-37 中曲线 I 在 $F \rightarrow E$ 为启动加浓位置;$E \rightarrow D$ 为启动弹簧控制区;$D \rightarrow C$ 为最大校正位置;$C \rightarrow B$ 为校正弹簧控制区,其中 B 为校正开始点,C 为校正结束点;$B \rightarrow A$ 为齿杆标定行程位置,A 为标定工况,即调速器起作用点;$A \rightarrow L$ 为调速弹簧控制区,L 为怠速稳定弹簧开始起作用点;$L \rightarrow G \rightarrow H$ 为调速弹簧与怠速稳定弹簧合力控制区,G 相当于柴油机最大空转工况,H 为高速停油点。调速手柄在怠速位置时,图 6-37 中曲线 II 在 $D \rightarrow J$ 为调速弹簧在怠速位置时的控制区;$J \rightarrow K$ 为调速器弹簧和怠速稳定弹簧合力控制区,K 为怠速工况,n_k 相当于柴油机怠速转速。

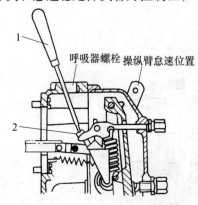

图 6-36 RSV 调速器转速变化率调整装置

1—螺丝刀;2—调整螺钉。

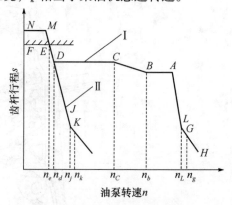

图 6-37 RSV 调速器调速特性曲线

I—全速位置;II—怠速位置。

2) 启动工况

如图 6-38 所示,操纵手柄在高速位置,由于泵转速低,在调速弹簧的作用下支撑杆头部顶在油量限位螺钉处,启动弹簧拉动拉杆,把油泵拉杆拉到启动加浓位置。当柴油机启动转速上升到飞锤离心力超过启动弹簧作用力时,滑套在离心力的作用下移动,通过支架及拉杆拉动油泵拉杆向减油方向移动,启动过程结束。

3) 怠速工况

如图 6-39 所示,操纵手柄处于自由状态,当柴油机转速继续上升时,调速套筒上的丁字块接触支撑杆,接着推开支撑杆,直到支撑杆压缩稳定弹簧,这时,启动弹簧加上调速弹簧和稳定弹簧的合力矩与飞锤的离心力矩平衡,油泵在怠速位置稳定,供给怠速油量,柴油机以怠速运转。

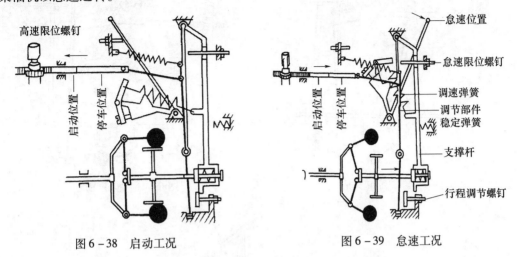

图6-38 启动工况   图6-39 怠速工况

4) 低速工况

踩下油量踏板,调速弹簧力增加,齿杆向加油方向移动,供油量增加,柴油机转速升高。油量踏板继续往下踩,齿杆继续移动,直至齿杆上的限位凸起碰上联动杆为止。油量不再往上升,油量踏板弹簧力不再增加,但转速还要继续上升,飞锤离心力逐渐平衡了弹簧力。转速再升,支撑杆被推动,但在齿杆连接杆离开联动杆之前,油量也不能减少。

齿杆连接杆脱离联动杆后,供油量逐渐下降。移动油量踏板位置,柴油机可于怠速和最高空转转速之间的任一转速达到稳定状态。

5) 高速工况

如图6-40所示,油量踏板踩到底,即调速手柄靠住高速限位螺钉,柴油机转速上升,直达高速调速曲线上。如果负荷低于额定负荷,柴油机在高于额定转速的某一转速范围稳定,若负荷为额定工况负荷,则柴油机处于额定工况,转速为额定转速;若负荷为零,柴油机转速即升高到最高空转转速,又称高怠速。

6) 校正工况

如图6-41所示,柴油机负荷从额定值负荷起增加。转速逐渐下降,飞锤离心力矩开始小于调速弹簧力矩,但由于支撑杆被行程调节螺钉挡住,齿杆不动。油泵只能供给额定油量,不能增加。故柴油机输出扭矩与负荷不平衡,转速继续下降,离心力逐渐减小,校正弹簧开始将顶杆顶出,压迫飞锤合拢,从而使油泵供油量增加。若转速继续下降到校正转速,则顶杆行程达到最大,齿杆达到校正行程,油泵供给校正油量,柴油机发出最大扭矩。若负荷减少,转速上升,校正器顶杆被压入校正器,在这一段曲线上,校正弹簧参与飞锤平衡,能在任一转速范围内达到稳定状态。

7) 停机

(1) 用停车手柄停车。调速器的停车机构可在任一转速起作用,遇有紧急情况,只要拨动停车手柄,即可立即停止供油,如图6-42所示。

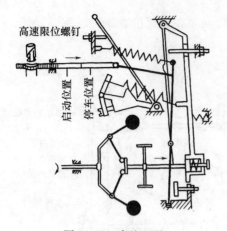

图 6-40　高速工况

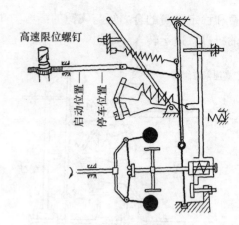

图 6-41　校正工况

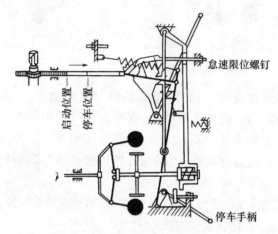

图 6-42　停车机构

　　（2）用操纵杆停车。调速器上未设专门的停车装置,需要停车时,将操纵杆扳至最右停车位置。这时摇臂推动导动杆使其右移,并带动浮动杆和调节齿杆往减油方向移动,直到停车。

　　（二）B 型泵调速器及工作原理

1. B 型泵调速器结构

　　B 型泵所配用的调速器为全程离心式调速器,安装在喷油泵后端,由喷油泵凸轮轴驱动,如图 6-43 所示。离心铁座架用滚珠轴承装在托架上,受调速齿轮的驱动,它上面通过销子活络地装有两块离心铁,其尾部与伸缩轴上的推力轴承接触。伸缩轴在离心铁座架内孔中可左右移动,顶部顶在调速杠杆的滚轮上。调速杠杆下端通过杠杆轴装在调速器后壳上,可绕其轴转动,上端与调速拉杆活动连接。调速拉杆另一端通过拉杆接头与喷油泵调节齿杆相连。拉杆上套装着拉杆弹簧,在调速杠杆通过弹簧带动调速拉杆和调节齿杆加大供油量时,由于弹簧的缓冲作用,使柴油机转速上升平稳。而在减速时,调速杠杆是直接带动调速拉杆和调节齿杆的,故使减油迅速。调速弹簧一端通过滑轮销与调速杠杆连接,另一端装在调速手柄的内摇臂上,左右扳动调速手柄,可以改变调速弹簧的预紧力,即可改变供油量。停车手柄通过其内臂直接控制调速拉杆和调节齿杆,平时由于停车手柄轴上的弹簧作用,使其内臂靠在调速器外壳上,从而不起作用。

调速器后壳上还装有低速稳定器,以控制柴油机的最低稳定转速。操纵机构上装有低速限制螺钉和高速限制螺钉,以限制调速手柄的移动距离。调速器通过在其内加注机油进行润滑。机油油面应与机油平面螺钉的下沿平齐,下部有放油螺钉。

2. 工作原理

柴油机在运转中,当转速在调速手柄控制的位置,以一定的转速运转时,离心铁的离心力与调速弹簧的拉力及整套机构的摩擦力相互得到平衡,于是离心铁、调速杠杆及各机件之间的相互位置亦保持不变,这时燃油的供给量也基本不变。

当柴油机负荷减轻而其转速增高时,离心铁的离心力将大于调速弹簧的拉力,离心铁向外张开,顶动推力轴承,使伸缩轴向右移动推动调速杠杆滚轮,从而使调速杠杆克服调速弹簧的拉力,拉伸弹簧,绕杠杆轴向右摆动。带动拉杆和齿杆向右移,减少供油量,柴油机转速便降低,离心铁的离心力也减小,直到离心铁的离心力与弹簧的拉力再次得到平衡时,柴油机便回到调速手柄所控制的规定转速(转速比负荷减轻前略高)。

当柴油机负荷增大时,转速降低,离心铁的离心力减少,调速弹簧收缩,调速拉杆在调速弹簧的拉力下向左摆动,通过拉杆弹簧带动拉杆和齿杆向左加大供油量,使柴油机转速提高,直至离心铁的离心力与调速弹簧的拉力再次平衡时,柴油机又回到调速手柄控制的规定转速(转速比负荷增大前略低)。

当拉动调速手柄进行加速和减速时,通过内摇臂改变调速弹簧的拉力,即可改变柴油机的供油量。当调速手柄放在最低供油位置时,即调速手柄内摇臂放松了调速弹簧,由于离心铁作用,使调速杠杆紧靠在低速稳定器上,离心铁的离心力和低速稳定器弹簧的弹力相互得到平衡,如转速略有增减,弹簧即被压缩或伸长,使油量减少或增加,从而保持柴油机低速时运转平稳。如果柴油机低速运转不稳定时,可缓慢地拧动低速稳定器调节螺钉,直到转速波动不大为止(一般规定转速波动在 ±30r/min 范围内)。柴油机出厂时,低速稳定器已经调整好,平时不能随意调。

扳动停车手柄时,其内臂克服拉杆弹簧的弹力,拨动齿杆和拉杆向右移动,使喷油泵停止供油,柴油机熄火。

(三) RQ 调速器

WD615.67 的博世 P 型泵采用 RQ 调速器。RQ 调速器的调速弹簧装在飞锤内部,弹簧力直接作用在飞锤上,因飞锤(块)尺寸较大,故又称为弹簧内装式或大飞块调速器。

图 6-44 所示为 RQ 两级式调速器的机构简图。飞锤 17 在喷油泵凸轮轴 18 的驱动下旋转,当转速增加时,飞锤在离心力作用下克服调速弹簧 16 的预紧力向外张开,此运动通过飞锤转臂 13 转变为滑柱 12 的轴向移动,从而使调速杆 5 绕滑块 4 上的支点旋转,调速杆端部通过连接叉杆 6 将喷油泵拉杆向减少油量方向拉动。反之若转速降低,则将喷油泵拉杆向增加油量方向推动。同时,若使操纵杆 2 在停车挡块 1 与最高速挡块 3 之间转动时,调速杆 5 则改由下部滑座 10 上的铰点为支点摆动,从而拉动油量调节拉杆,达到增加或减少供油量的目的。在 RQ 两级调速器的飞锤中(图 6-45(a))同心地安装了三组弹簧,外弹簧 4 为怠速工况弹簧,内弹簧 3 为两个同心安置(防止共振并优化弹簧特性)的调速弹簧。由于调速弹簧压缩量与预紧力比怠速弹簧大很多,致使飞锤在怠速与最高速之间的中间转速范围内不起作用,调速器只控制怠速与最高速,中间转速范围则由驾驶人员控制,从而构成了两级调速器。

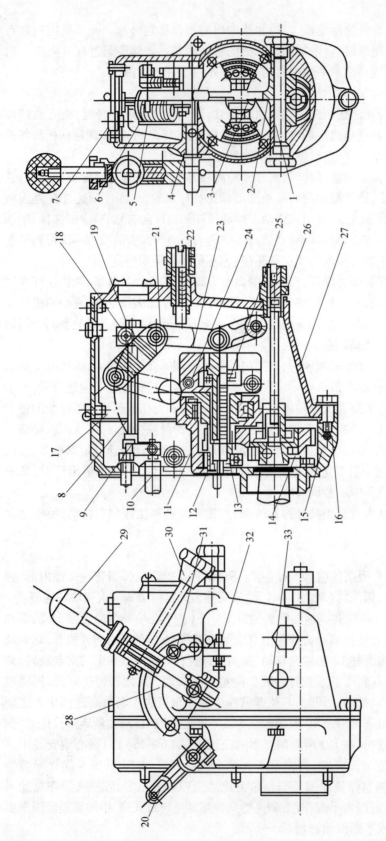

图6-43 B型泵调速器结构

1—杠杆轴；2—调速杠杆；3—滚轮；4—操纵轴；5—内摇臂；6—调速弹簧；7—螺塞；8—调速拉杆；9—拉杆接头；10—调节齿杆；11—托架；12—离心铁座架；13—伸缩轴；14—调速齿轮；15—调速器前壳；16—放油螺钉；17—拉杆弹簧；18—拉杆销钉；19—拉杆支撑螺钉；20—停车手柄；21—滑调轮销；22—低速稳定器；23—离心铁；24—离心铁销；25—推力轴承；26—转速表接头；27—调速器后壳；28—扇形齿板；29—调速手柄；30—微调手轮；31—低速限制螺钉；32—高速限制螺钉；33—机油平面螺钉。

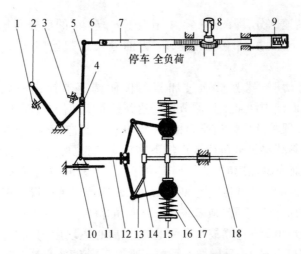

图 6 - 44　RQ 两级调速器的机构简图

1—停车挡块;2—操纵杆;3—最高速挡块;4—滑块;5—调速杆;6—连接叉杆;7—油量调节拉杆;
8—喷油泵柱塞;9—弹性触止;10—滑座;11—导向销;12—滑柱;13—飞锤转臂;
14—飞锤座;15—调节螺母;16—调速弹簧;17—飞锤;18—喷油泵凸轮轴。

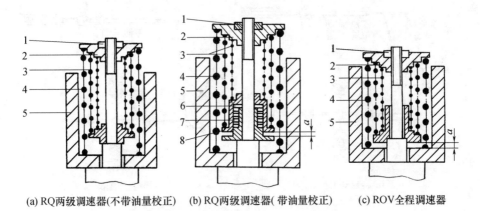

(a) RQ两级调速器(不带油量校正)　(b) RQ两级调速器(带油量校正)　(c) ROV全程调速器

图 6 - 45　RQ 系列调速器的飞锤结构示意图

1—调节螺母;2—弹簧座;3—调速弹簧;4—怠速弹簧;5—飞锤;6—垫片;7—校正弹簧;8—校正弹簧座。

　　RQ 两级调速器的工作原理如图 6 - 46 所示,图 6 - 46(a)所示为启动工况,启动油量是通过将操纵杆 2(件号注释参见图 6 - 44)压向最高速挡块 3 来达到的。图 6 - 46(b)所示为怠速工况,这时操纵杆 2 回到怠速位置,由于调速杆 5 的摆动支点随滑块 4 向上移动,改变了杠杆比,从而保证了在低速工况下飞锤的工作能力(能够压缩怠速弹簧并克服油量调节拉杆的运动阻力,完成怠速的调速作用)。图 6 - 46(c)所示为中速工况,图 6 - 46(d)所示为最高速工况。随着操纵杆 2 推向中速与最高速方向,调速杆 5 的杠杆比也逐渐变化。但由于调速弹簧的预紧力很大(图 6 - 45(a)),飞锤在克服了怠速弹簧 4 的行程后,一直压在调速弹簧上,直至转速升高至标定转速后,才能压缩调速弹簧使油量调节拉杆向减油方向移动,实现高速工况的调速作用。

　　调速器的特性是指喷油泵油量调节拉杆位移随柴油机转速变化的曲线。图 6 - 47(a)所示为 RQ 两级调速器的特性曲线。由图 6 - 47 可见,它只在怠速与最高转速范围内起调节作用,中间转速部分,即图 6 –47 中相当于 n_{Lu} 至 n_{V_o} 的部分不起作用,n_{Lu} 为怠速转速,n_{V_o} 为标定转速,n_{Lo} 为最高空转转速,n_1 为油量校正起始转速,n_2 为油量校正终了转速。

柴油机冷车启动时,驾驶员通过加速踏板使调速器操纵杆转至最大供油位置(图 6 –46(a)),从而使喷油泵油量调节拉杆达到最大供油位置,即图 6 –47(a)所示的 A 点。柴油机启动后,驾驶员放松加速踏板,使操纵杆回到怠速位置(图 6 –46(b))后,拉杆从点 A 经下降的斜线穿过全负荷点再经下降的虚线达到怠速运行线 BL,并稳定在 n_{Lu} 附近运转。当重新对车辆加速时,油量调节拉杆则经上升的虚线,移向部分负荷与全负荷方向(图 6 –46(c)、(d))。当转速增加至 n_1 时,调速器开始油量校正,即在 $n_1 \sim n_2$ 范围内,油量随转速的增加略有下降,或者说在 $n_2 \sim n_1$ 的范围内,油量随转速的减少而略有增加(即正校正)。RQ 两级调速器校正装置也装在离心飞块中,其结构如图 6 –45(b)所示,即在普通 RQ 飞锤基础上,再增加一个校正弹簧 7,而调速弹簧 3 则支承在校正弹簧座上。当转速达到 n_1 时,飞锤便在离心力的作用下开始压缩校正弹簧而实现油量拉杆移向减油方向的校正行程(图 6 –45(b)所示的 a)。

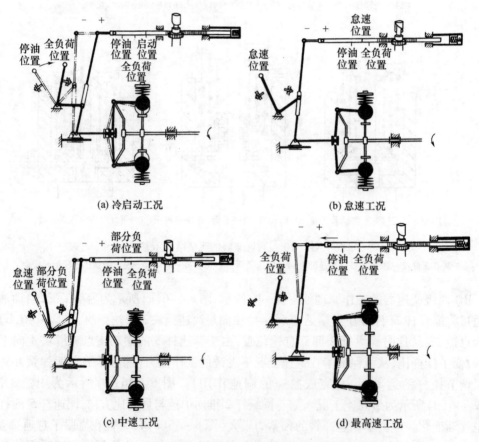

(a) 冷启动工况   (b) 怠速工况

(c) 中速工况   (d) 最高速工况

图 6 –46   RQ 两级调速器工作原理图

此外,为了克服柴油机本身的摩擦以及满足附件功率消耗的需要,即使在柴油机空载情况下,仍要消耗一定量的燃油,因此图 6 –47 所示滑行工况线(即图中接近水平的虚线）以上的拉杆位移均不可能达到零供油的位置,故图6-47中柴油机的怠速转速 n_{Lu} 以及最高空转转速 n_{Lo} 均以调速特性与车辆滑行工况线的交点处计量。而当车辆下坡拖动柴油机时,喷油泵与调速器的最高转速 n_{pmax} 实际上还略高于 n_{Lo} ,但由于两者差别不大,在一般调速特性图上并未标出。

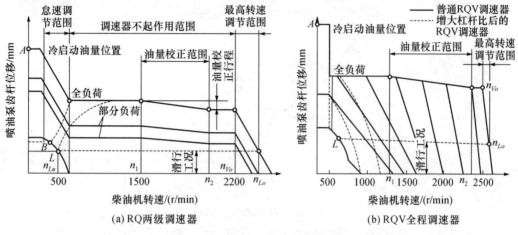

图6-47　RQ系列调速器的特性曲线

图6-47(b)所示为 RQV 全程调速器的特性曲线,与 RQ 两级调速器不同的是,它在怠速至标定转速的全部范围内起作用。因此,RQV 调速器尽管在主要结构与外观尺寸上与 RQ 调速器基本相同,但在结构细节上有以下几点重要的区别(图6-48)。

(1) RQV 调速器的怠速与调速弹簧尽管也同时安置在飞锤内(图6-45(c)),但在压缩量、预紧力与刚度设计上,要保证在怠速弹簧起作用即飞锤向外走完怠速行程 a 以后,调速弹簧即连续参加工作,以保证调速范围的连续性。

(2) 如图6-48所示,操纵杆 1 与调速杆 5 之间的联系是通过类似于肘关节的连接杆 2 上的滑块 4 来实现铰接的,此滑块同时又嵌放在平面凸轮 3 的成形槽内,因此转动操纵杆并不能像 RQ 调速器那样,直接拉动喷油泵油量调节拉杆,而是改变了调速杆的转动支点与杠杆比。

(3) 在飞锤机构与调速杆滑座 11 之间的滑柱 12 上装有可以承受拉压变形的补偿弹簧,它可以承受压缩与拉伸的变形。另外,启动油量限制器 10 也不是像 RQ 调速器那样的弹性触止,而是做成刚性触止的结构。

由于以上三方面的有机结合与共同作用,使得操纵杆调定的每一个位置代表的不是负荷大小,而是相应的转速,从而实现了全程调速器的功能。例如,当操纵杆从怠速位置向中高转速方向(顺时针)旋转时,调速杆由于支点(滑块 4)沿平面凸轮曲线向右下方移动,起初处于浮动状态;当其上端使油泵拉杆碰到刚性触止 10 以后,下端即通过滑块 11 压缩滑柱 12 上的补偿弹簧,操纵杆调定的转速越高(即顺时针方向转的越多),补偿弹簧受到的压缩也越大。而当飞锤在转速提高向外张开,通过滑柱拉动调速杆下端以实现减油功能时,必须首先释放补偿弹簧的压缩量,使飞锤在张开角度更大(即调速弹簧压缩量与预紧力更大)的范围内工作,从而间接地改变了调速弹簧预紧力,实现了全程调速的目的。

RQ 系列调速器的特点是飞锤质量大,工作能力强,故多用于转速不是很高的载重汽车或相应的工程机械。

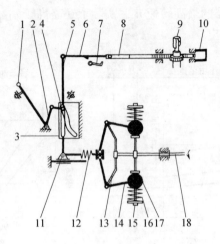

图 6-48　RQV 全程式调速器机构简图

1—操纵杆;2—连接杆;3—平面凸轮;4—滑块;5—调速杆;6—连接叉杆;7—标定转速停油机构;
8—喷油泵拉杆;9—喷油泵柱塞;10—启动油量刚性触止;11—滑座;12—带补偿弹簧的滑柱;
13—飞锤座;14—飞锤转臂;15—调节螺母;16—调速弹簧;17—飞锤;18—喷油泵凸轮轴。

第八节　柴油机燃料系辅助装置

一、燃油箱

燃油箱容积和形状随机型不同而不同。有的在出油管处安装燃油止回阀,可防止停机时燃油供给系统内的燃油回流至燃油箱,使柴油机再次启动困难。有的燃油箱还安装有燃油流量传感器和通气管、回油管等装置。

二、活塞式输油泵

输油泵的作用是保证柴油在低压油路内循环,并供应足够数量和一定压力的柴油给喷油泵。输油泵有活塞式、膜片式、齿轮式和叶片式等几种。活塞式输油泵由于工作可靠被广泛应用。

活塞式输油泵如图 6-49 所示,由滚轮部件(滚轮、滚轮轴和滚轮体)、顶杆、活塞和弹簧等组成。滚轮部件及顶杆、活塞在喷油泵凸轮轴上的偏心轮驱动下沿活塞轴线方向做往复运动。

斯太尔用的 P 型泵,为了保证有充足的油量,提高低压油路的油压,将喷油泵上的偏心轮改成双凸起的椭圆轮,使输油量增加了一倍。手油泵由泵体、活塞、手泵拉销及杆等组成,其作用是在柴油机长时间停机后,手动泵油,驱除进入低压油路中的空气,使柴油充满低压油路,以利柴油机启动。

活塞式输油泵工作原理如图 6-50 所示。

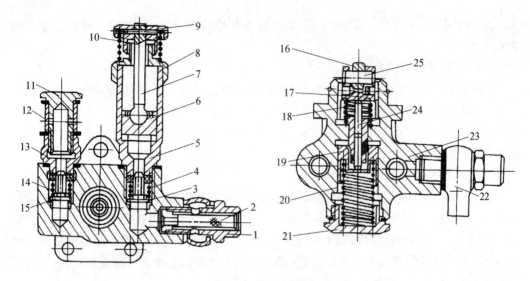

图6-49 活塞式输油泵

1—进油管接头螺栓;2—滤网;3—单向阀;4—单向阀弹簧;5—手泵体;6—手泵活塞;7—手泵杆;8—手泵接头;
9—手泵销;10—手泵拉销;11—出油管接头螺栓;12—保护套;13—油管接头;14—单向阀弹簧;
15—单向阀;16—滚轮;17—滚轮体;18—滚轮弹簧;19—活塞;20—活塞弹簧;
21—螺塞;22—进油管接头;23—输油泵体;24—顶杆;25—滚轮轴。

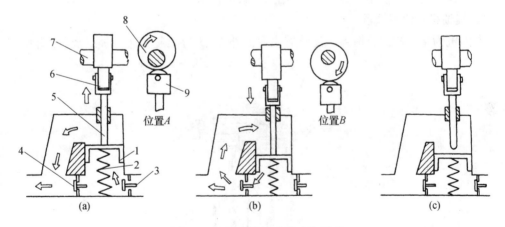

图6-50 活塞式输油泵工作原理

1—机械泵活塞;2—活塞弹簧;3—进油止回阀;4—出油止回阀;5—顶杆;6—滚轮;
7—凸轮轴;8—偏心轮;9—滚轮架。

1. 进油和压油

当喷油泵凸轮轴转动时,轴上的偏心轮推动滚轮、滚轮体及顶杆使活塞向下运动。当偏心轮的凸起部转到上方时,活塞被弹簧推动上移,其下方容积增大(图6-50(a)),产生真空度,使进油止回阀开启,柴油便从进油孔经油道吸入活塞的下泵腔。此时,活塞上方的泵腔容积减小,油压增高,出油止回阀关闭,上泵腔中的柴油从出油孔中压出,流往柴油滤清器。当活塞被偏心轮和顶杆推动下移时(图6-50(b)),下泵腔中的油压升高,进油止回阀关闭,出油止回阀开启。同时上泵腔中容积增大,产生真空度,于是柴油自下泵腔经出油止回阀流入上泵腔。如此反复,柴油便不断地被送入柴油滤清器,最后被送入喷油泵。

2. 泵油量的自动调节

当输油泵的供油量大于喷油泵的需要,或柴油滤清器阻力过大时,油路和上泵腔油压升高。若此油压与活塞弹簧弹力相平衡,则活塞便停在某一位置(图6-50(c)),不能回到上止点,即活塞的行程减小了,从而减少了输油量,限制油压的进一步升高,自动调节了输油量和供油压力。

3. 手油泵泵油

使用手油泵泵油时,应先将柴油滤清器或喷油泵的放气螺钉拧开,再将手油泵的手柄旋开(图6-49)。当往复按手油泵的活塞,活塞上行时,将柴油经进油止回阀吸入手油泵泵腔;活塞下行时,进油止回阀关闭,柴油从手油泵泵腔经机械油泵和下腔出油止回阀流出并充满柴油滤清器和喷油泵低压腔,并将其中的空气驱除于净。手动输油完成后,应拧紧放气螺钉,向下压手油泵手柄,然后旋紧手油泵手柄。

三、燃油滤清器

燃油在进入喷油泵之前,必须清除其中的杂质和水,否则将会造成精密偶件的磨损和密封不良,影响供油量和喷雾质量,使柴油机动力性和经济性下降。为保证喷油泵和喷油器可靠工作并延长其使用寿命,燃料供给系都设有滤清器。

1. 柴油机燃油滤清器

柴油机为单级燃油滤清器。滤清器主要由外壳、滤清器盖和滤芯等组成,如图6-51所示。

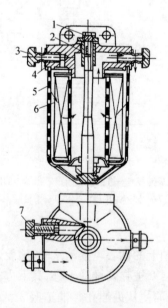

图6-51 柴油滤清器

1—放空气螺钉弹簧;2—拉杆螺母;3—油管接头;4—滤清器盖;5—壳体;6—纸质滤芯;7—溢油阀。

外壳底部有放油螺塞,滤清器盖上装有进、出油管接头,溢油阀和放空气螺钉。集油管压在盖上与滤油筒的内腔及出油管接头相通。外壳与盖之间有密封垫圈,用螺栓固定。

滤芯为纸质微孔滤芯或微孔式毛毡绸布滤芯。筒式毛毡绸布滤芯在多孔的金属滤油筒上套有一层绸滤布,外面再包上用航空毛毡卷制的滤油毡,用螺母使滤芯上下底板压紧滤油毡,成为滤芯总成,滤芯总成由弹簧压紧在盖的下端面上。密封垫圈用于防止柴油不经滤油毡而进入滤油筒的内腔。

输油泵泵出的柴油,经进油管进入外壳内,由于滤芯的阻力,流速减慢,较重的机械杂质和水分被沉淀于外壳底部。柴油借输油泵的压力,渗过滤芯,进入滤油筒的内腔,进一步得到过滤;滤清后的柴油从集油管经出油管接头输送至喷油泵。

滤清器盖上溢油阀的开启压力为 0.1~0.15MPa,当管路油压超过此值时,溢油阀开启,多余的柴油流向柴油箱,从而保证油管内压力在一定范围内。

拧开滤清器盖上的放空气螺钉,用手油泵泵油,可以排除滤清器内的空气。

2. 带油水分离器的燃油滤清器结构

如图 6–52 所示,柴油机工作时,燃油系统零件会因燃油内的水分等腐蚀生成铁锈和燃油杂质而损坏,从燃油中滤出杂质和分离出水对燃油系统无故障工作和延长使用寿命是相当重要的。燃油经滤清器油水分离器粗滤后,滤掉水和杂质,再由燃油滤清器细滤后,进入进油管。该双级滤清器外壳与密封圈座(螺纹盖板)咬合成一体不可拆。安装时,拧紧在滤清器座接头上,以密封圈密封。

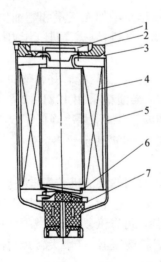

图 6–52　带油水分离器的燃油滤清器

1—密封垫(安装用);2—密封垫;3—螺纹盖板总成;4—滤芯总成;5—外壳总成;6—弹簧;7—压板。

3. WD615.67 型柴油机采用三级过滤

第一级在油箱与输油泵之间装有燃油粗滤器,第二、三级分别为粗、细滤清器,采用串联形式安装在柴油机机体上,如图 6–53 所示。粗滤器为毛毡滤芯,可清洗重复使用,细滤器为一次性纸质滤芯。滤清器座上铸有"→"标记,指明燃油流向。

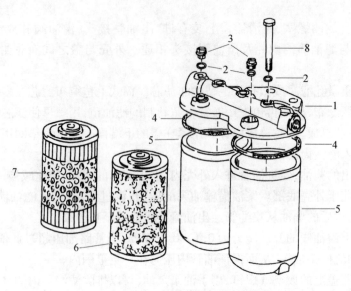

图6-53　WD615.67型柴油机燃油滤清器
1—滤清器盖;2—垫片;3—放气螺钉;4—橡胶密封圈;5—滤清器壳;
6—毛毡(粗)滤芯;7—纸质(细)滤芯。

第九节　柴油机增压

提高柴油机功率最有效的措施是增加充气量和燃油供应量。目前,国内外通常采用由柴油机排气驱动的涡轮机带动压气机,以提高进气压力增加充气量,这一方法称为废气涡轮增压。

在一般柴油机上,将进、排气管做适当变动,并调整加大供油量,加装废气涡轮增压器后,可明显增加功率。例如,6135柴油机采用10ZJ-2型径流式涡轮增压器后,功率由118kW提高到153kW,增加了30%,燃油消耗率降低了5.7%。实践表明,柴油机采用废气涡轮增压不仅可提高功率30%~60%甚至更多,还可减小单位功率质量,缩小外形尺寸,节约原材料,降低燃油消耗。

采用增压技术对于高原地区使用的柴油机尤为重要。因为高原气压低,空气稀薄,导致柴油机功率下降,一般认为海拔每升高1000m,功率下降8%~10%,燃油消耗率增加3.8%~5.5%。而装用涡轮增压器后,可以恢复功率,减少油耗。

在车用柴油机上加装废气涡轮增压器,可增大转矩、提高汽车装载质量。此外,又可减少柴油机系列品种,扩大使用范围。

由于涡轮增压柴油机燃烧比较完全,排烟浓度降低,废气中CO和HC含量明显减少,NO_x含量也较少,对减少汽车排气污染有利。此外,由于燃烧压力升高率降低,柴油机工作较柔和,噪声比较小。

一、增压的一般概念

提高柴油机功率,特别是提高升功率,是车用柴油机提高其性能的重要途径。

当柴油机的结构确定后,升功率与平均有效压力和转速成正比,而与行程系数成反比,即

$$N_l \propto \frac{p_e n}{\tau} \qquad (6-1)$$

因此,提高柴油机升功率的途径有:采用二行程、增加转速、提高平均有效压力。

二行程柴油机虽能提高升功率,但由于存在着经济性较差、热负荷高等主要缺点,使其在车用领域中不能得到广泛应用。

提高转速可以提高升功率,但转速提高带来的问题是运动件惯性力按转速的二次方递增,因此转速的提高受到了一定的限制。

增加平均有效压力来提高升功率是切实可行的方法,其中最有效的增加平均有效压力方法是增加进气密度,即增压。

二、名词和术语

增压度表示柴油机增压后功率的提高程度。用符合 λ_z 表示。其表达式为

$$\lambda_z = \frac{N_{ez}}{N_e} = \frac{p_{ez}}{p_e} \approx \frac{\gamma_k}{\gamma_0} \qquad (6-2)$$

式中:N_{ez}、p_{ez}、γ_k 分别为增压后的柴油机功率、平均有效压力和进气密度;N_e、p_e、γ_0 分别为未增压时的柴油机功率、平均有效压力和进气密度。

增压后,进入汽缸的气体压力 p_k 与大气压力 p_0 之比称为增压比 π_k,即

$$\pi_k = \frac{p_k}{p_0} \qquad (6-3)$$

根据增压比范围的不同,大致可划分为四个等级:

低增压:$\pi_k = 1.3 \sim 1.6$

中增压:$\pi_k = 1.6 \sim 2.5$

高增压:$\pi_k > 2.5$

超高增压:$\pi_k > 3.5$

用增压的方法来提高柴油机的功率指标也有一定的限度,主要受到以下因素的约束:

机械负荷:随着增压压力的增长,平均有效压力和最大爆发压力也相应提高,这使柴油机的缸盖、曲柄连杆机构和轴承等主要零件所承受的机械负荷增大。

热负荷:增压后,整个工作循环的温度升高,这使与燃气直接接触的缸盖、缸套、活塞及排气门等零件承受了更大的热负荷;而且高热负荷还使金属材料的力学性能变坏和润滑油变质。热负荷增加使汽油机在增压后容易引起爆燃,因此,目前增压技术一般多用于柴油机。

三、废气涡轮增压器

废气涡轮增压器按进入涡轮的废气气流方向,可分为径流式和轴流式两种;按是否利用柴油机排气管内废气的脉冲能量,又分为恒压式和脉冲式。

(一)脉冲式废气涡轮增压器工作原理

目前汽车柴油机废气涡轮增压均采用脉冲式,脉冲式废气涡轮增压器的排气系统如图 6-54 所示。

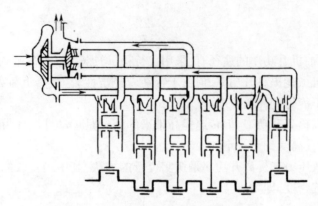

图6-54 脉冲式废气涡轮排气系统

脉冲式废气涡轮增压器的结构如图6-55所示。由于增压器的转子转速高达10000r/min以上,为确保正常工作,采用了全浮动轴承,全浮动轴承与转子轴和中间壳之间均有间隙。当转子轴高速旋转时,具有0.25~0.4MPa压力的润滑油充满这些间隙,使浮动轴承在内外两层油膜中随转子轴同向旋转。为了保证推力轴承与密封套的两个接触面之间可靠地润滑,在推力轴承上开有斜面和轴向油道。

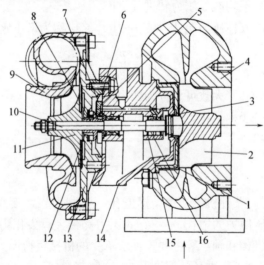

图6-55 废气涡轮增压器
1—隔热板;2—涡轮;3—密封环;4—涡轮壳;5—推力轴承;6—O形密封圈;7—膜片弹簧;8—密封套;9—压气机壳;10—转子轴;11—压气机叶轮;12—密封环;13—压气机后盖板;14—中间壳;15—卡环;16—浮动轴承。

增压系统主要由增压器、增压器机油滤清器和相应的进出油管组成。

增压器由废气涡轮和压气机组成,其工作原理如图6-56所示。涡轮壳与柴油机的排气管相连,具有一定能量的废气以高速进入涡轮推动涡轮高速旋转,并使同一轴上的压气机叶轮工作。经空气滤清器滤清后的空气进入压气机叶轮,使空气的压力得到提高,增加了进入汽缸的空气量,为提高柴油机的功率创造了条件。

由于增压器的转子工作转速高,因此,确保增压器转子浮动轴承的可靠润滑十分重要。增压器机油滤清器滤芯应定期更换。

废气涡轮增压器所需要的润滑油来自柴油机的主油道,通过精滤器再次滤清后,进入增压器的中间壳,经其下部出油口流回柴油机机油盘。

为防止润滑油窜入涡轮和压气机叶轮,如图 6-55 所示,在转子轴两端安置有密封环 3、12 和密封套 8。在中间壳 14 和涡轮壳 4 之间装有隔热板 1,以减少高温废气对润滑油的不利影响。以下介绍几种常用柴油机废气涡轮增器。

1. HIC 型废气涡轮增压器

6BTA 柴油机的增压器型号为 HIC8253AF/E18DA11,其结构见图 6-57。增压器主要由装在同一轴 8 上的涡轮和压气机叶轮 15 及轴承系统,两端的压气机壳 1 和涡轮壳 4 及密封装置 12、7、润滑系统组成。压气机叶轮 15 的叶片为前倾后弯式,以提高压气机效率,压气机叶轮最大外径为 82mm,涡壳为无叶喷嘴双腔涡流式。轴承系统采用全浮式滑动轴承,采用具有良好贮油性能的粉末冶金止推轴承,两端均采用活塞环式密封环。

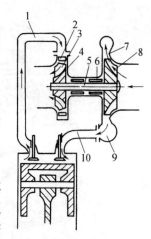

图 6-56　废气涡轮增压器的工作原理

1—排气管;2—喷嘴环;3—涡轮;
4—涡轮壳;5—转子轴;6—轴承;
7—扩压器;8—压气叶片轮;
9—压气机壳;10—进气管。

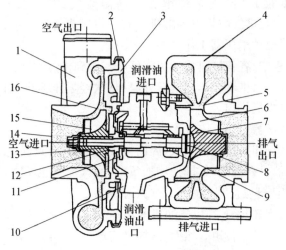

图 6-57　HIC 增压器结构

1—压气机壳;2—V 形卡箍;3—扩压器;4—涡轮壳;5—隔热罩;6—涡轮;7—涡轮端密封环;8—轮轴总成;9—浮动轴承;10—轴承壳(中间体);11—止推轴承;12—压气机端密封环;13—定距止推套;14—轴封;15—压气机叶轮;16—抛油盘。

注:转子总成包括零部件 8、13、14、15 和压气机叶轮固定螺母。

2. 6BTA 柴油机增压中冷系统

1)柴油机进气系统

柴油机进气系统连接在空气滤清器总成后端,其结构如图 6-58(a)所示。

柴油机工作时,空气从进气帽网板以很高的速度被吸入,被吸入的空气沿进气管到达空气滤清器。经过空气滤清器过滤清洁后的空气经连接管到达增压器至进气管的过渡弯头,然后,清洁的空气经过增压后进入中冷器(见"冷却系"),随后进入整体式汽缸盖上的进气歧管和进气门,最后把清洁的空气引入汽缸。

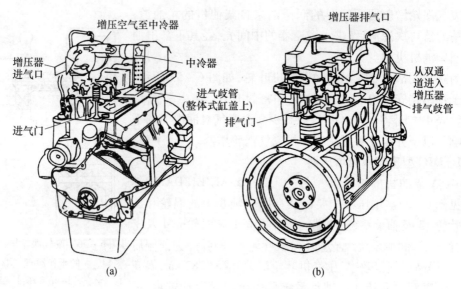

图6-58 6BTA柴油机中冷器

2）排气系统

柴油机排气温度很高,排气系统承受着高温废气的作用,排气系统的结构如图6-58(b)所示。其中,排气歧管将各缸排出有一定压力的废气引入涡轮机内,作为废气涡轮增压器的能源,推动增压器工作。

柴油机在工作过程中,各汽缸排出的废气经排气阀到排气歧管,然后从双通道进入增压器。进入增压器的废气,推动增压器运转,随后依次经增压器排气口连接管、消声器总成和消声器排气管,将废气排出。

（二）旁通涡轮增压器

柴油机在高速高负荷时,排气流量大,因而排气能量大,导致涡轮增压器的转速高,增压压力也高。但是柴油机在低速时,即使增加负荷,废气流量也不大,因而出现了增压空气压力低,柴油机转矩增量过小的缺点。作为改善的办法,可以用小容量的涡轮增压器和柴油机的中速相匹配,以提高柴油机中速时的转矩。然而,这样又将产生柴油机高速高负荷时增压过高、增压器转速过大的问题。为此可采用如图6-59所示的排气旁通阀。即在高速高负荷时,旁通阀打开,放掉一部分废气,以降低增压器转速,控制增压比。旁通涡轮增压器,即带有旁通阀的涡轮增压器。

目前,东风汽车公司生产的康明斯6BTA车用柴油机采用国产的旁通涡轮增压器主要有联信TB34型旁通涡轮增压器和无锡WHIC型旁通涡轮增压器。

1. 联信TB34型旁通涡轮增压器

1）工作原理

旁通涡轮增压器的基本工作原理和一般的涡轮增

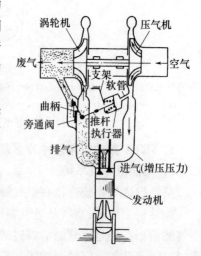

图6-59 旁通涡轮增压示意图

112

压器相同,但它在涡轮进口处设有废气旁通阀,以及受增压压力控制使其开启、关闭的执行机构(图 6 - 59)。

车用柴油机转速范围广,涡轮增压器受柴油机及增压器特性的限制,难以在高、低速端获得最佳的匹配。东风 6BTA 柴油机配 HIC 增压器主要按中高速端匹配,故低速端增压压力不足。为了不使烟度排放性能恶化,不得不限制供油量(通过冒烟限制器),从而牺牲了低速转矩并影响整车低速驾驶性能。这种匹配主要适用于汽车经常在高速行驶条件下使用。

联信 TB34 型旁通涡轮增压器正是针对解决柴油机低速动力性不足而开发的新产品,它对低速端进行最佳匹配。低速增压压力高,冒烟限制器不起作用(即不减油),因此低速转矩大,排放污染低,并通过旁通阀来解决由此产生的高速端增压压力过高的问题,从而兼顾了高速端的性能。

从图 6 - 59 中可以看出,旁通阀与曲柄整体转动,并通过推杆与执行器(用支架固定在增压器壳体上)中弹簧的一端相连,执行器的另一端则通过软管与压气机出口增压压力相通。当旁通阀处于关闭状态时,执行器中的弹簧具有一定的预紧力。

当增压压力达到一定程度,足以克服弹簧预紧力并达到一定的力平衡时,作用力将通过推杆、曲柄使旁通阀打开,将进入涡轮的部分废气经旁通通道流入总排气管,从而减少了流入涡轮的废气,减少进入涡轮的能量,使转速和增压压力随之下降。

2)TB34 型旁通增压器的结构

TB34 型旁通增压器的结构外形如图 6 - 60 所示。由于增压器能供给柴油机较多的空气,使空燃比由 1.4 增大到 1.8,燃烧比较完全,排气烟色比较淡,同时也使得 CO、HC、NO_x 含量也较少。特别是带有中冷器的增压柴油机排烟量更佳。TB34 型旁通增压器的旁通阀及执行机构如图 6 - 61 所示。

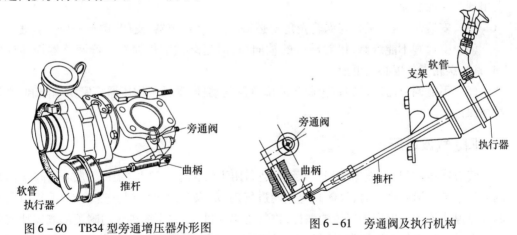

图 6 - 60　TB34 型旁通增压器外形图　　　　图 6 - 61　旁通阀及执行机构

3)TB34 型旁通增压器的使用维护

(1)搬动或装机时,千万不要把旁通阀推杆当作拎把,这样会造成弯曲并损坏执行器中的零件。

(2)应经常检查执行器与压气机出口连接软管两端的密封性,卡箍是否安装良好,软管是否损坏。

（3）应经常检查推杆与曲柄连接处的锁紧卡簧以及推杆两端的螺母是否松动,如果松动应按规定的技术要求调整。

2. 无锡 WHIC 型旁通涡轮增压器

1）无锡霍尔塞特的旁通阀形式

WHIC 型旁通增压器的工作原理与 TB34 型旁通增压器基本相同。WHIC 通增压器的旁通阀及调节器部件如图 6 - 62 所示。

无锡霍尔塞特目前所生产的增压器所带的旁通阀有两种类型:第一种调节器固定在涡轮壳上;第二种调节器固定在压气机壳上。

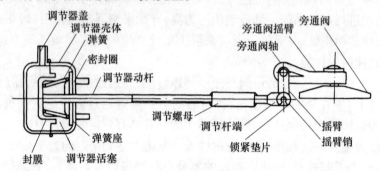

图 6 - 62　旁通及调节器部件

2）安装 WHIC 旁通增压器注意事项

提高安装质量可延长增压器的寿命,安装注意事项如下:

（1）不要重新设置增压器中调节器的预设压力,否则会导致柴油机严重损坏。

（2）调节器安装支架固定于压气机壳上,勿调节压气机壳角度,否则预先设置的压力会出现明显的变化。

（3）安装时,压气机壳与涡轮壳角度必须正确,使调节器、支架、调节杆成一直线。

（4）旁通阀不能维修,仅对动杆的轴向、径向运动做常规检查。若调节器损坏或磨损,整个涡轮壳装置必须更换。

（5）不能调节已装好的带旁通阀的增压器的动杆,动杆由增压器厂家精确限制,必须严格保证。

四、气波增压

气波增压(又称谐波增压)进气系统是利用进气流惯性产生的压力波来提高柴油机的充气系数。活塞吸气时,气体高速流向进气门,如果此时进气门突然关闭,进气门附近的气体停止流动。但由于气流的惯性,进气管仍在进气,并压缩进气门附近的气体使气体压力上升。当进气惯性消失后,气体开始膨胀,并向进气管口方向流动,压力下降,膨胀的气体到达进气管口时,又被反射回来,如此便形成了压力波。

如果使这种进气压力脉动波与进气门的配气相位配合好,可使进气管内的空气产生谐振,利用谐振效果在进气门打开时就会形成进气增压效果。

一般而言,进气管较长时,压力波波长大,可使柴油机在中低速区功率增大;进气管长度较短时,压力波波长短,可使柴油机在高速区功率增大。如果柴油机的进气管长度可以随转速改变,则能兼顾增大功率和增大转矩,但一般进气管长度是不能改变的。因此惯性增压通常都是按最大转矩所对应的转速区域来加以利用。

但现在有一些柴油机可以利用电控单元来控制进气管长度的改变(如:丰田汽车气波增压可变进气系统),从而改变转速,提高柴油机充气系数,以获得最佳输出功率。

第十节　PT 燃料系的组成与结构

NTA855 – C280 和 MTA11 – C225 柴油机使用的是 PT 燃料系。PT 燃料系的基本原理是根据燃油泵输出压力和喷油器进油时间对进油量的影响来控制循环供油量,以满足柴油机不同工况的需要。因系统的调节要素是压力(Pressure)和时间(Time),故称为PT 泵。

一、PT 燃料系的组成

PT 燃料系的组成如图 6 – 63 所示。柴油机工作时,燃油箱中的柴油经滤清器滤清后流入 PT 泵,PT 泵可根据柴油机工况的变化,以不同的油压将燃油输送给喷油器,喷油器则对低压燃油进行计量、加压,并在规定的时刻使之呈雾状喷入汽缸。

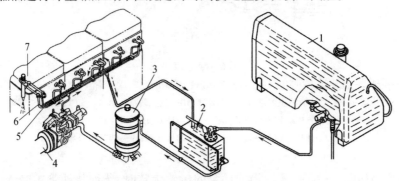

图 6 – 63　PT 燃料供给系统基本组成
1—燃油箱;2—浮子油箱;3—滤清器;4—PT 燃油泵;5—供油管;6—回油管;7—喷油器。

工程机械(如推土机)油箱的位置一般都高于喷油器,为防止停车时燃油自回油管流入汽缸和曲轴箱,在比喷油器较低的位置处设有浮子油箱。当浮子油箱中燃油达到规定的高度时,柴油箱中的燃油便停止流入;当浮子油箱中油面下降时,柴油流入浮子油箱以保持一定的油面高度。

二、PT 燃油泵

PT 泵是根据简单的液压原理工作的:①在封闭系统内的液体,能够把加在其上的压强大小不变地传递到容器的各个方向;②液体流过的数量正比于液体的压力、流过的时间和通路截面积。

PT 泵根据柴油机工作的需要,完成燃油输送和压力的调节,以控制柴油机的扭矩和转速。PT 泵是由曲轴正时齿轮,经配气凸轮轴正时齿轮驱动。

PT 泵是由齿轮式输油泵、稳压器(又称脉冲减震器)、滤油器、PT(G)调速器(Governor)、节流阀、AFC空燃比控制器(Air Fueliatic Control)、VS调速器(Variable Speed)和断油阀组成,如图6-64所示。

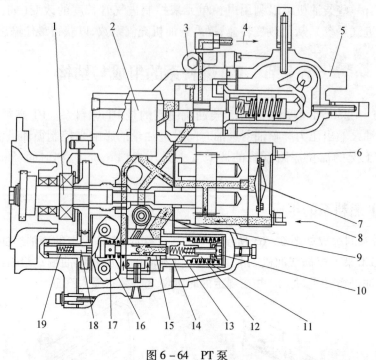

图6-64 PT泵

1—主轴;2—滤油器;3—断流阀;4—通至喷油器的燃油出口;5—VS型全程调速器;6—输油泵;
7—稳压器;8—经过滤清的燃油进口;9—节流阀;10—怠速调整螺钉;11—PT(G)调整器弹簧;
12—怠速弹簧柱塞;13—怠速弹簧;14—怠速柱塞;15—调速器柱塞;16—飞块;
17—高速扭矩控制弹簧;18—离心铁助推柱塞;19—低速扭矩弹簧。

PT泵油路如图6-65所示。当输油泵的齿轮旋转时,柴油从油管被吸入,经输油泵增压流入滤油器。稳压器用以吸收输油泵出口压力的脉动,使柴油以平稳的压力流入滤油器进行过滤,过滤后的柴油经泵体内的油道流入PT(G)调速器。

进入PT(G)调速器的柴油有三个出口:①经PT(G)调速器柱塞的轴向油道和旁通油道流回输油泵进油口;②经主油道和节流阀流向AFC空燃比控制器,再经VS调速器、断流阀流往喷油器;③经怠速油道绕过节流阀后与主油道汇合。汽车所装的PT泵,往往不装VS调速器,此时后两路油经PT(G)调速器和节流阀调节压力后,直接经AFC和断流阀流往喷油器。

（一）输油泵和稳压器

输油泵受PT泵主轴的驱动(图6-65),将柴油箱的柴油压送到喷油器,其输油量通常是燃油泵额定工况所需燃油量的4~5倍。为消除输油泵泵送柴油时油压的脉动,在输油泵出口处设有钢片式稳压器,其结构如图6-66所示。稳压器内装有钢片,为防止漏油,两侧安装有直径大小不同的橡胶密封圈和尼龙垫圈。钢片左侧为油室,右侧为空气室。输油泵泵油时,输出的柴油有脉冲现象。当脉冲压力处于高峰时,钢片产生弹性变形并压缩右室的空气,形成弹性的空气软垫;当脉冲压力处于低谷时,钢片变形消失,右室的空气膨胀,使左室存油向出油口流出,从而减少出油口油压力的脉动,使柴油流动比较均匀。

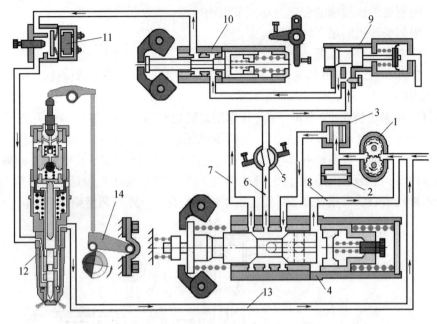

图 6 – 65　PT 泵油路图

1—输油泵;2—稳压器;3—滤清器;4— PT(G)调速器;5—节流阀;6—主油道;7—怠速油道;8—旁通油道;
9—AFC 空燃比控制器;10— VS 调速器;11—断流器;12—PTD 喷油器;13—回油管路;14—凸轮和随动件。

（二）滤油器

PT 燃料系除了装有一般的柴油滤清器外,在 PT 泵内还设有滤油器,以便再次滤清柴油中的杂质。滤油器主要由滤网、锥形弹簧、滤油器外壳、密封圈等组成,如图 6 – 67 所示。柴油滤清后进入 PT(G)调速器。安装滤油器的滤网时,注意把有孔的一端朝下,无孔的一端朝上,并由锥形弹簧压紧,通过滤油器外壳紧装在泵体的上方。

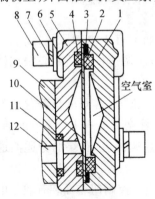

图 6 – 66　钢片式稳压器

1—后端盖;2、4、11—密封圈;3—尼龙垫圈;
5—壳体;6—平垫;7—弹簧垫;8—螺钉;
9—输油泵体;10—钢片;12—通向输油泵出油口。

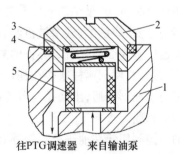

图 6 – 67　滤油器

1—PT 泵体;2—滤油器外壳;
3—锥形弹簧;4—密封圈;5—滤网。

（三）PT(G)调速器

1. 作用

(1) 随着柴油机转速的变化自动调节供油压力；

(2) 限制柴油机的最高转速；

(3) 稳定柴油机的最低转速；

(4) 装有高、低速扭矩弹簧,以增加柴油机高、低速时对负荷的适应性。

2. 结构

PT(G)调速器装在 PT 泵的下部,其作用是稳定怠速、限制最高转速,并能随柴油机转速和负荷的变化自动调节供油压力,是两级机械离心式调速器,又称车用调速器,其结构如图 6-68 所示。它主要由离心铁 9、调速柱塞 6、柱塞套 7、油压控制钮 5(亦称怠速柱塞)、怠速弹簧 4、油压控制钮外套 3、高速弹簧 2、怠速调速螺钉 1、低速扭矩弹簧 11(离心铁助推弹簧)、离心铁助推柱塞 10、高速扭矩弹簧 8 及一些弹簧调整垫等组成。

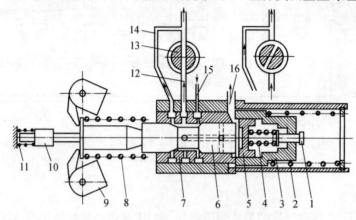

图 6-68 PT(G)调速器

1—怠速调速螺钉;2—高速弹簧;3—油压控制钮外套;4—怠速弹簧;5—油压控制钮;6—调速柱塞;
7—柱塞套;8—速校正弹簧;9—离心铁;10—低速校正柱塞;11—低速扭矩弹簧;
12—出油口;13—节流阀;14—怠速油道;15—进油孔;16—旁通油道。

调速柱塞是空心的,外圆柱面成凹槽状,右边圆柱面上有 4 个卸压孔,超速时此孔向右移出柱塞套外,大量柴油从此孔旁流回输油泵进油口。调速柱塞随离心铁在柱塞套内旋转,如有烧伤或锈蚀,柱塞被折断,以保护传动机构。

调速柱塞左面承受着离心铁的离心力所产生的轴向推力,右面承受着怠速弹簧和高速弹簧的推力,使调速柱塞能在柱塞套内作轴向移动。柱塞套上有 4 个不同的油孔,进油孔油道与滤油器相通,出油孔与节流阀相通,左端孔为怠速油道,右端的旁通油道与输油泵进油口相通。

油压控制钮装在油压控制钮外套内可左右移动。油压控制钮右面装有较软的怠速弹簧,怠速弹簧右端通过怠速弹簧调整螺钉支撑在油压控制钮外套上,在怠速时稍被压缩,其弹力使油压控制钮与其外套的内孔墙面产生一定间隙。当柴油机转速升高后,怠速弹簧完全被压缩而不起作用。油压控制钮外套右端装有高速弹簧,该弹簧较硬,高速时起作用。

118

3. 工作原理

当柴油机通过主轴带动离心铁旋转时,离心铁产生离心力,其大小同转速的平方成正比。离心力在调速柱塞上产生的轴向力(以下简称为离心力)将柱塞向右推,如图6-69(a)所示。油压控制钮依靠右端的怠速弹簧和高速弹簧的弹力将柱塞向左推,如图6-69(b)所示。当转速升高时,离心力大于弹簧弹力,离心铁的凸爪推柱塞向右移动,如图6-69(c)所示。当转速降低时,离心力小于弹簧弹力,弹簧通过油压控制钮推柱塞向左移动,如图6-69(d)所示。以下按调速器作用的四个方面来叙述。

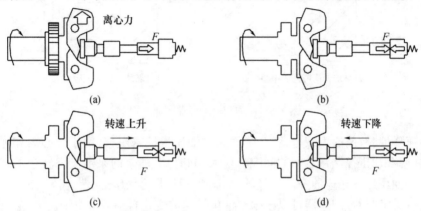

图6-69　离心力与弹簧力的平衡情况

1)根据柴油机转速的变化自动调节供油压力

如图6-70所示,油压控制钮的端面制成一个凹面,并盖住柱塞的空心部。由于空心部柴油压力的作用,柱塞与油压控制钮之间产生一定的间隙,在各种工作情况下都有一部分柴油经此间隙和旁通油道流回输油泵进油口。柴油机运转时,离心铁所产生的离心力总是将柱塞向右推,而柱塞与油压控制钮间隙中的油压则将柱塞向左推。当此两力相等时,柱塞即处于一个暂时平衡的状态(稳定不动)。同时间隙中的油压也要与油压控制钮右面所承受的调速器弹簧(包括怠速弹簧和高速弹簧)的弹力相平衡。也就是说,离心铁的离心力与调速弹簧的弹力是通过间隙中的油压平衡的,即:离心力→ ←柴油压力→ ←调速器弹簧弹力。所以,输油泵的供油压力取决于使调速柱塞与油压控制钮之间的作用力,它直接与柴油机的转速有关。

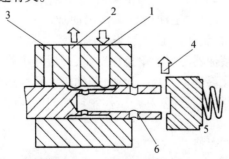

图6-70　油压的控制过程

1—进油道;2—主油道;3—怠速油道;4—旁通油道;5—油压控制钮;6—柱塞。

当柴油机转速升高时,离心力增大,推动柱塞右移,并通过柱塞与油压控制钮之间间隙中油压的作用压缩高速弹簧,使其弹力增大。由于离心力和弹簧弹力的增大,柱塞和油压控制钮之间间隙将减小,如图6-71(a)所示。同时,输油泵的泵油量又随转速的升高而增大,所以供油压力随柴油机转速升高而升高。当离心力、油压力和弹簧弹力重新达到平衡时,柱塞处在新的平衡位置工作。

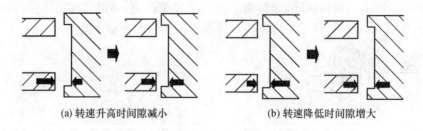

(a) 转速升高时间隙减小   (b) 转速降低时间隙增大

图6-71 PT(G)调速器调速过程

当转速降低时,离心力减小,弹簧弹力通过油压推柱塞左移,由于离心力和弹簧弹力的减小,柱塞和油压控制钮之间的间隙将增大;同时,输油泵的泵油又随转速的降低而减少。所以供油压力随转速的降低而降低,如图6-71(b)所示。

由此可见,PT(G)调速器可以根据柴油机转速的变化自动调节供油压力,起到了压力调节阀的作用。所以,在PT柴油燃料系中,当柴油机转速升高时,由于喷油器计量量孔进油时间的缩短(详见喷油器部分),每循环喷油量将减少;但同时,PT泵的供油压力随转速的升高而升高,又使计量量孔的流量增多。结果是随柴油机转速的升高,喷油器每循环的喷油量基本上不变,从而使柴油机的扭矩保持在一定的水平上,如图6-72所示。

2)柴油机最高转速的限制

当柴油机转速达到额定转速时,PT泵出口处的柴油压力达到最大值。当柴油机转速超过额定转速继续升高时,离心力继续增大,推柱塞移到右端位置,柱塞将通往节流阀的主油道遮住一部分,若柴油机转速继续增加,则主油道几乎全部遮住,油道的节流作用大大加强,如图6-73所示。同时,随着转速的升高,柱塞上的4个卸压小孔也离开柱塞套的端面,大量柴油从卸压小孔流向旁通油道。这样,由于主油道节流作用的加强和柴油旁通流量的增加,流往节流阀的柴油压力就

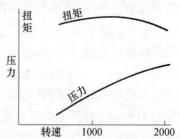

图6-72 油压和扭矩随
转速的变化关系

急速下降(图6-74),使喷油器的喷油量急速减少,最后几乎停止喷油,柴油机的输出扭矩也急剧下降,从而限制了转速的升高。这时,柴油机的转速达到最高空转转速,几乎全部柴油从柱塞上的卸压小孔以及柱塞和油压控制钮之间的间隙,经旁通油道流回输油泵进油口。

3)柴油机稳定怠速的保持

怠速时,节流阀关闭(见节流阀部分),主油道被切断,这时柴油机转速很低,离心铁的离心力很小,怠速弹簧稍被压缩,柱塞处在接近最左端的位置,怠速油道处在稍开的状态(图6-75)。

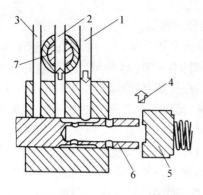

图 6-73 最高转速时 PT(G)调速柱塞的位置
1—进油道;2—主油道;3—怠速油道;
4—旁通油道;5—油压控制钮;
6—柱塞;7—节流阀。

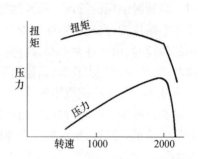

图 6-74 油压和扭矩随转速的变化关系

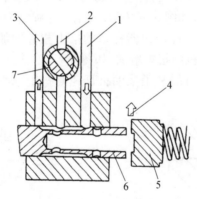

图 6-75 怠速时 PT(G)调速柱塞的位置
1—进油道;2—主油道;3—怠速油道;4—旁通油道;5—油压控制钮;6—柱塞;7—节流阀。

少量柴油从怠速油道绕过节流阀直接经断流阀送往喷油器,维持柴油机怠速时的需要。同时部分柴油由柱塞与油压控制钮之间的间隙旁流回输油泵进油口。如此时由于某种原因(例如负荷减小)使柴油机转速升高,离心力增大,大于怠速弹簧的弹力时,离心力推动柱塞和油压控制钮一起右移,怠速弹簧被压缩,柱塞将怠速油道关小,使喷油器的喷油量减少,限制了怠速的升高。当由于某种原因使柴油机转速降低时,情况则相反。由于怠速弹簧较软,所以只要转速稍有变化,柱塞就会随之发生位移,使怠速油道的流通断面发生变化,喷油量发生明显的变化,从而使柴油机保持怠速稳定。

怠速弹簧的弹力是可以通过人工调整来改变的,如需要调整,可把弹簧罩盖上的螺塞拆下,用起子拧动怠速调整螺钉。往里拧,弹簧弹力增加,怠速升高,反之则降低。PT 泵装有 VS 调速器时,其柴油机最高转速的限制和稳定怠速的保持,以及调整是在 VS 调速器上实现的(见 VS 调速器原理部分),因此使用中不要去调整 PT(G)调速器。

4) 高速和低速时油压的校正

由前所述,当柴油机转速变化时,PT(G)调速器能自动调节供油压力,使喷油器每循环的喷油量基本保持不变,因而柴油机的扭矩也基本不改变,这对于负荷多变的柴油机是不适应的,因此PT(G)调速器装有高速和低速扭矩校正弹簧。

(1)高速时油压的校正。调速柱塞左端装有高速扭矩弹簧,当柴油机在低速运转时,柱塞处于左端位置,高速扭矩弹簧处于自由状态,如图6-76(a)所示。当转速升高到最大扭矩的转速时,由于柱塞右移,高速扭矩弹簧被靠在柱塞套的端面上,如图6-76(b)所示。这时,如转速进一步升高,高速扭矩弹簧被压缩,抵消了一部分离心力,使柱塞向右的推力相应减小。与无高速扭矩弹簧相比,同样柴油机转速,供油压力降低了,使喷油器循环喷油量相应减少,因而柴油机的扭矩也降低,如图6-76(c)实线所示,虚线表示无高速扭矩弹簧的情况。这样,柴油机在高速时,若负荷增加而使转速降低时,柴油机的扭矩就有较大的增加量,从而提高了高速时对负荷的适应性,即柴油机克服过载能力有了改善,起到一般调速器的油量校正弹簧的作用。

(2)低速时油压的校正。在离心铁助推柱塞的左端装有低速扭矩弹簧,亦称离心铁助推弹簧。当柴油机在高速运转时,调速器柱塞处于右端位置,低速扭矩弹簧处于自由状态,如图6-77(a)所示。当转速降低到稍低于最大扭矩的转速时,调速器柱塞左移,低速扭矩弹簧被压缩,如图6-77(b)所示。此弹簧力使离心铁助推柱塞和调速器柱塞均受到向右的推力,因此调速器柱塞的推力相应增加,使供油压力和喷油器每循环的喷油量也增大,柴油机的扭矩增加,如图6-77(c)的实线部分,虚线表示无低速扭矩弹簧时的情况。这样,就缓和了柴油机低速时扭矩减小的倾向,增加了柴油机低速时对负荷的适应性。

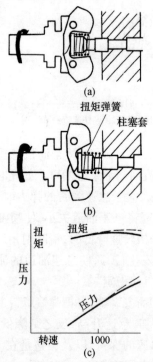

图6-76 高速扭矩弹簧作用

图(c)虚线为无低速扭矩弹簧时,实线为有低速扭矩弹簧。

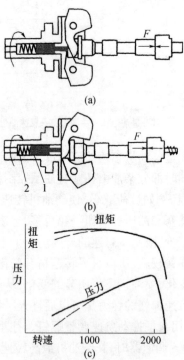

图6-77 低速扭矩弹簧的作用

图(c)虚线为无低速扭矩弹簧时,实线为有低速扭矩弹簧。

1—离心铁助推柱塞;2—低速扭矩弹簧。

柴油机不同工况下 PTG 两级调速器的动作情况如表6-2所示。

表6-2　柴油机不同工况下 PTG 两级调速器的动作情况

柴油机工况	齿轮泵流量和压力	飞块离心力	弹簧状况				调速柱塞位置	出油道状况			油门开度
			低速扭矩校正弹簧	高速扭矩校正弹簧	急速弹簧	高速弹簧		急速油道	主油道	旁通油道	
启动	极小	很小	压缩	松开	受力	松开	极左位置	通	通	关死。齿轮泵油压很小不能使调速柱塞和按钮分开	大开
怠速	稍增大	稍增大	压缩	松开	稍压缩	松开	稍向右移	通	关死	通。齿轮泵油压已能使调速柱塞和怠速柱塞分开	接近关闭
中速	增大	增大	压缩,增加了逐步减小的飞块离心力	受力	压缩	松开	向右移	关死	通	通。齿轮泵油压已能使调速柱塞和怠速柱塞分开	稍开
高速	增大很快	增大很快	受力	压缩抵消了逐步增大的飞块离心力	压缩	松开	向右移	关死	通	通。齿轮泵油压已能使调速柱塞和怠速柱塞分开	大开
额定转速	增大	增大	松开	压缩	极端位置	受力	向右移	关死	通	通。齿轮泵油压已能使调速柱塞和怠速柱塞分开	全开
超速	增大	增大	松开	压缩	极限位置	压缩	向右移	关死	通	通。齿轮泵油压已能使调速柱塞和怠速柱塞分开	全开

（四）节流阀

节流阀作用是调节 PT(G) 调速器送往喷油器的柴油压力,以改变喷油器的喷油量和柴油机的扭矩。根据控制油道的形式不同,节流阀分为操纵式和固定式两种。

汽车上用的 PT 泵未装 VS 调速器,节流阀是操纵式的(图6-78(a))。它装在 PT(G) 调速器和断流阀之间,主要由转动臂、节流阀轴、节流阀套、限制螺钉、柱塞和调整垫片等组成。

节流阀轴上有油道,用以连通 PT(G) 调速器的扭矩主油道和通往喷油器的油道。节流阀轴内装有柱塞,柱塞由调整垫片调整位置(图6-78(b)),即决定了油门全开时的燃油流动阻力,从而可调整额定供油量。额定油压的调整在出厂时已调好,使用中不能随意变动。

节流阀轴通过转动臂与驾驶室油门踏板相连,故柴油机的扭矩可由踏板行程人工自由改变。当踏下油门踏板而使转动臂逆时针转动时,节流阀油道的流通断面增大,节流作用减小,通往喷油器的油压升高,喷油器的喷油量增加,柴油机的扭矩增加;当转动臂顺时针转动时,情况则相反。

当节流阀处于全闭位置时,用限制螺钉7使油道微开,让少量柴油通过。这部分燃油称为节流阀泄漏量或称油门回油。原因是当汽车其下坡时,常使用柴油机制动,它可以使

123

柴油机在油门关闭时仍保持燃油管道和喷油器的进油道充满燃油,从而使高速运动的喷油器柱塞不会因冷却或润滑不良而烧死,因此这部分泄漏量是必需的。另外,这部分泄漏量还有利于柴油机由怠速向中速的平稳过渡。

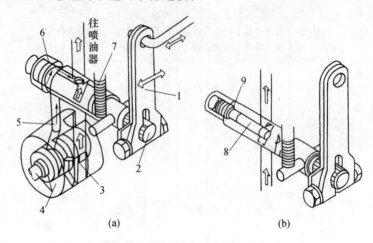

图 6-78　汽车用节流阀(操纵式)

1—转动臂;2—节流阀轴;3—主油道;4—PT(G)调速器柱塞、柱塞套和柱塞套体;5—怠速油道;
6—节流阀套;7—限制螺钉;8—柱塞;9—调整垫片。

柴油泄漏量必须精确调整,通常在 PT 燃油泵专用试验台上进行调整。

工程机械上的 PT 泵,因为装有 VS 调速器,通往喷油器的油压由 VS 调速器来控制,所以节流阀由限制螺钉固定,如图 6-79 所示。节流阀安装在 PT(G)调速器和 VS 调速器之间。油道调整到一定的开度(短路),使通往 VS 调速器的油压达到额定值。柴油额定压力的调整可以在 PT 泵试验台上进行,或在车上接压力表直接测试。限制螺钉在出厂时已调好并铅封,操作人员不准随意变动。

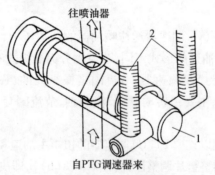

图 6-79　工程机械用的节流阀(固定式)

1—节流阀轴;2—限制螺钉。

（五） VS 调速器

由于 PT(G)调速器仅能保持稳定怠速和限制最高转速,是一种两级式调速器,常用于汽车柴油机上。而工程机械经常在负荷变化频繁的条件下工作,因此要求柴油机能够在怠速与额定转速之间的任一转速下稳定运转。为此,PT 泵上增加一个 VS 调速器。

1. 作用

在油门控制的转速范围内,当柴油机负荷(外界阻力矩)变化时,能自动调节供油压力,以保证柴油机转速稳定。

2. 结构

VS 调速器是一个离心式全程调速器,其结构如图 6-80 所示,主要由飞块、调速柱塞、柱塞套、怠速弹簧座、怠速弹簧、高速弹簧、高速弹簧座、双臂杠杆、高速限位螺钉和怠速限位螺钉等组成。

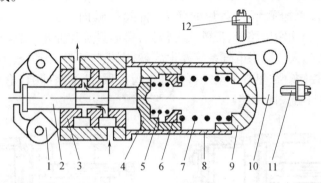

图 6-80 VS 调速器

1—飞块;2—调速器柱塞;3—套筒;4—怠速弹簧座;5—怠速弹簧;6—高速弹簧前座;7—高速弹簧;
8—调速器壳;9—高速弹簧后座;10—双臂杠杆;11—怠速限位螺钉;12—高速限位螺钉。

调速器柱塞 2 上有凹槽,以连通节流阀和 AFC 之间的油道。调速器柱塞 2 左端受飞块旋转时产生的离心力作用,右侧受到怠速弹簧和高速弹簧施加在怠速弹簧座 4 力的作用,使得其在套筒 3 内可左右移动。怠速弹簧 5 左端由怠速弹簧座 4 支撑,右端由高速弹簧前座 6 支撑,高速弹簧前座 6 可在怠速弹簧座 4 内左右移动,怠速弹簧座 4 又可在调速器壳 8 内左右移动。高速弹簧后座 9 受双臂杠杆的控制,双臂杠杆通过杠杆轴与油门操纵杆相联,扳动油门操纵杆,即可改变调速弹簧的压缩程度。双臂杠杆受到高速限制螺钉 12 和怠速限制螺钉 11 的限位。

3. 工作原理

由于调速器弹簧的弹力是由操纵杆的位置决定的,所以操纵杆在每一位置,都有一相应的弹簧力与飞块离心力平衡,使柴油机在这一转速下稳定地工作。若因柴油机负荷减小,即转速增加,飞块离心力增加。当离心力大于调速器弹簧力时,柱塞被推向右方,关小柱塞和柱塞套之间的油道流通断面,VS 调速器出口处的油压迅速下降,喷油器的喷油量减小,限制了柴油机转速的提高。若因柴油机负荷增加,上述情况则相反。总之,有了 VS 调速器就可以在操纵杆任何位置,根据柴油机负荷大小,自动地控制柴油机的转速,以保持稳定。

顺时针转动双臂杠杆,调速器弹簧弹力增强,则柴油机转速提高,最高转速由高速限制螺钉限制。反时针转动双臂杠杆到底,使高速弹簧完全放松则柴油机进入怠速,由怠速弹簧维持怠速稳定。

怠速可由怠速限制螺钉来限制,螺钉往里拧,怠速升高;反之则降低。怠速应控制在 500~580r/min 的范围内。

高速限制螺钉和怠速限制螺钉在出厂时都已调好并铅封,在使用中不能随意变动。

（六）断油阀

断油阀用于接通和切断柴油通道,以使柴油机工作或熄火。主要由断油阀体 1、电磁铁 2、圆盘形阀板 3、手动旋钮 4（螺钉）、碟形弹簧片 5、电源接线头 7 和金属密封片 8 等组成（图 6 - 81）。接线时,蓄电池（24V）正极应与较长的螺钉接头相连,较短的螺钉接头搭铁。有的 PT 泵只有一个螺钉接头,用于接正极,负极则采用壳体搭铁方式。

阀板在碟形弹簧片弹力作用下,平时是关闭油路的（图 6 - 81（b））。当接通电路时,电磁铁产生磁力,克服碟形弹簧片的弹力,将阀板吸向右方,打开油路,柴油机工作（图 6 - 81（a））。当切断电路时,磁铁磁力消失,碟形弹簧片伸张,将阀板向左弹回原位,切断油路,柴油机熄火。如果电气系统发生故障,阀板打不开,柴油机不能启动,此时,可以用手动螺钉来控制。往里拧手动螺钉 4 可将阀板顶开,油路即通;熄火时,只须往外拧手动螺钉 4,阀即自行关闭油路。

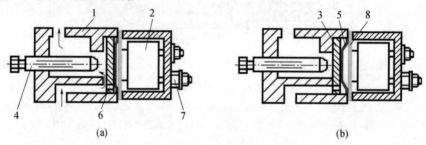

图 6 - 81　手动电磁两用断油阀
1—阀体;2—电磁铁;3—阀板;4—手动螺钉;5—碟形弹簧片;6—平衡孔;7—接线头;8—金属密封片。

阀板上钻有平衡孔,以减小阀板左右移动时的阻力。如果在下坡时切断电路,则阀门关闭,此时行走机构将带动柴油机和 PT 泵转动,具有一定压力的燃油可以经平衡孔进入阀板右侧,阀板将受燃油的推压。这时即使重新将电路接通,电磁铁也不一定能吸开阀板,因为阀板右侧燃油压力可能大于电磁铁吸力。此时,必须将车停下,再重新启动柴油机。因此,驾驶推土机下坡时,不要关闭电路开关。

（七）空气燃料控制器（AFC）

从 1976 年 1 月 1 日起,以 PT（G）燃油泵为基础的康明斯增压柴油机上,对旁通式冒烟限制器进行了重新设计,取而代之的是 AFC 空燃比控制器（Air Fueliatic Control）,此种形式的 PT 泵称为 PT（G）AFC 燃油泵,如 MTA11 - C225 柴油机用 PT（G）AFC 燃油泵。PT（G）AFC 燃油泵的外形尺寸、内部结构、工作原理和 PT（G）型燃油泵基本相同,仅增加了一个 AFC 装置。它在 PT 泵中的位置如图 6 - 82 所示。有些柴油机并不要求对空气和燃油量进行控制,这时 PT（G）型燃油泵的壳上装 AFC 装置的位置用一个堵塞来代替。

1. 空燃比控制装置的作用

增压柴油机在启动或加速时,由于增压器的惯性,空气量瞬时相对减少,汽缸内混合气变浓,燃烧不完全,排出大量的黑烟,不仅功率下降,而且污染环境。

AFC 装置的作用就是在上述工况下,相对地减少燃油,从而保证了空气与燃油达到较理想的混合比,限制排黑烟的目的。

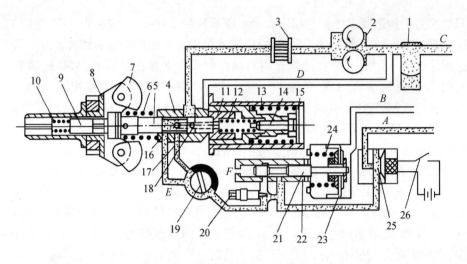

图 6 - 82　PT(G)AFC燃油泵组成

A—流向喷油器;B—来自进气管的空气;C—燃油进口;D—旁通的燃油;E—急速油道;F—泄漏燃油出口。
1—燃油粗滤器;2—齿轮泵;3—滤清器;4—调速器套筒;5—调速器柱塞;6—高速扭矩校正弹簧;7—飞块;
8—飞块支架;9—低速扭矩校正柱塞;10—低速扭矩校正弹簧;11—急速弹簧柱塞;12—急速弹簧;13—高速弹簧;
14—急速调整螺钉;15—高速调整垫片;16—急速油道;17—主油道;18—回油道;19—节流阀;20—AFC调节针阀;
21— AFC柱塞;22—AFC套筒;23—膜片;24—弹簧;25—断油阀;26—开关。

2. 空燃比控制装置的构造及工作原理

AFC 装置装在 PT(G)燃油泵中旋转式油门的上方,配装 AFC 装置的 PT(G)燃油泵
的燃油流向,如图 6 - 83 所示。来自油箱的燃油经粗滤器到齿轮泵、滤清器、套筒上的油
道到节流阀后,必须通过 AFC 装置,然后流经断油阀再到喷油器。

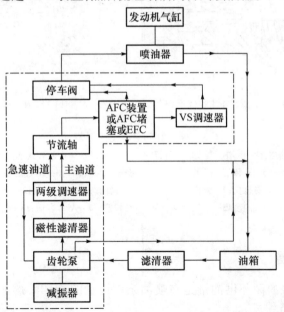

图 6 - 83　PT(G)AFC 燃油泵的燃油流向

127

AFC 装置的构造及工作原理如图 6-84 所示。AFC 柱塞 16 安装在 AFC 套筒 17 中，在 AFC 柱塞左端的中央螺栓 3 上装有 AFC 活塞 6，活塞 6 的前端装有膜片 1、密封垫圈 2，并通过锁紧螺母 4 固定。AFC 活塞 6 的右端由弹簧 7 支撑在泵体上，AFC 柱塞 16 可在 AFC 套筒 17 中轴向移动，AFC 套筒 17 上有油道 A 与旋转式油门油道相通，油道 B 通向停车阀。无空气调节针阀 10 装在泵体 9 上端部，由锁紧螺母 12 固定，从旋转式油门来的燃油必须通过无空气调节针阀后，再流向停车阀。

在柴油机启动或突然加速时，由于增压器的惯性而不能马上相应地增加所需要的空气量，导致进气管压力很低，与进气管相通的 AFC 膜片 1 左方气压不足以克服弹簧 7 的作用力，AFC 柱塞 16 处于图 6-84(a) 所示的位置。此时，AFC 柱塞正处于关闭套筒上油道 A 的位置。从旋转式油门来的燃油只经过无空气调节针阀 10 的油道流向停车阀。而无空气调节针阀 10 的前端过油断面很小，限制了流向停车阀的燃油压力和流量，使喷油量减少，避免了混合气过浓，防止了柴油机冒黑烟。

当柴油机转速增高，待增压器转速上升使进气管中气压增高时，作用在膜片 1 左方的空气压力大于 AFC 弹簧 7 的作用力，使膜片 1 连同 AFC 柱塞 16 向右移动，如图 6-84(b) 所示。AFC 柱塞 16 上的环形槽打开 AFC 套筒 17 上的油道时，燃油便从无空气调节针阀 10 经 AFC 柱塞 16 的环形槽和套筒构成的油道流向停车阀，使燃油供油量增加。当进气管中空气压力继续增加时，AFC 柱塞继续右移，直到 AFC 柱塞的环形槽与套筒所构成的过油断面达最大时为止，此位置称全气压位置。

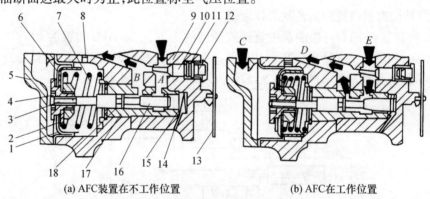

(a) AFC装置在不工作位置   (b) AFC在工作位置

图 6-84　AFC 空燃比控制装置

A、B—油道；C—由增压器来的空气；D—至停车阀；E—来自旋转式油门的燃油。

1—膜片；2—密封垫圈；3—中央螺栓；4—锁紧螺母；5—盖板；6—AFC 活塞；7—弹簧；
8—ASA 装置或燃油回油接头安装孔；9—泵体；10—无空气调节针阀；11—密封圈；12—无空气调节针阀锁紧螺母；
13—油门盖板；14—泄油孔；15—套筒弹簧；16—AFC 柱塞；17—AFC 套筒；18—柱塞 O 形密封圈。

三、PT 喷油器

传统柱塞式油泵的循环供油量是在喷油泵中计量的，而 PT 燃油系的循环供油量则是在喷油器中计量的。

PT 喷油器有两种基本形式。第一种是具有安装法兰的 PT 喷油器，用于早期康明斯柴油机上，现已停产。第二种是圆柱形喷油器，其特点是用安装板或夹箍固定在汽缸盖上,喷油器进、回油管均在汽缸盖内所钻的暗孔中,柴油机外部无油管,干净、简单,并减少了因管路损坏泄漏所引起的故障。

圆柱形喷油器有四种类型:PT 型、PT(B)型、PT(C)型、PT(D)型。这里介绍目前使用较多的 PT(D)型喷油器。

（一）喷油器结构与驱动机构

图 6-85 所示为 PT(D)型喷油器结构与驱动机构。柱塞 5 受到凸轮 12 旋转产生的强压力(通过随动臂 16、推杆 17、摇臂 18、连接杆 1 驱动)和复位弹簧 4 的弹力作用,做往复运动。这种驱动机构类似顶置式气门驱动机构,但推杆与摇臂之间无间隙,柱塞下降到终点后,以强力压向喷油嘴头的锥形部分。

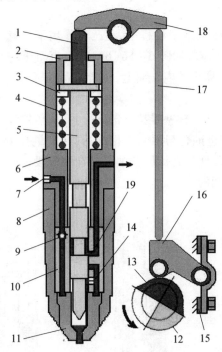

图 6-85　PT(D)型喷油器结构与驱动机构

1—连接杆;2—限位块;3—垫圈;4—复位弹簧;5—柱塞;6—喷油器体;7—进油量孔;
8—油杯保持器;9—单向阀;10—柱塞套;11—油杯;12—凸轮外基圆面;13—凸轮内基圆面;
14—计量量孔;15—正时调整垫片;16—随动臂;17—推杆;18—摇臂;19—回油孔。

柱塞端部是锥体,正好与油嘴喷头的内锥面相配合。柱塞上制有环形槽,只有当柱塞上升或下降至某一部位时,燃油方能从此通过。在喷油器体上设有进油量孔 7、柱塞套上设有计量量孔 14 和回油孔 19。量孔非常精密,维护时要特别注意。

量孔用于控制燃油流量和调节燃油压力。计量量孔 14 位于进油量孔 7 和回油孔 19 之间,如果这段油路内的燃油压力发生变化,则喷油量也会随着发生变化,而这段油路内的压力是随 PT 泵输送的油压和进油量孔的精确度而变化的。如进油量孔堵塞,这段油路内的油压就下降,流经计量量孔的燃油流量就减少,喷油量也就减少;反之若进油量孔扩大,回油孔堵塞,此段油路中的油压就上升,流经计量量孔的燃油流量就增大,喷油量也就增多。因此,喷油器量孔技术状况如何,对喷油量影响很大,如果量孔失准,则使已经调整好的 PT 泵供油压力被破坏,导致喷油量失常,故在使用中不得任意拆卸喷油器。

(二)喷油器工作原理

PT(D)型喷油器的工作过程一般分为计量、喷油、回油三个阶段,如图 6-86 所示。

1. 计量阶段

当曲轴旋转到进气行程开始时,柱塞 5 在复位弹簧 4 作用下迅速升起,计量量孔 14 被打开。此时回油孔被关闭,柴油经计量量孔进入喷油嘴头 11 的内腔。曲轴继续旋转,柱塞上升到最高位置,随后停住不动,如图 6-86(a)所示。当曲轴转到压缩行程接近终了时,柱塞在凸轮作用下开始下降,计量量孔关闭。计量量孔从开启到关闭的这段时间称为燃油计量阶段,此阶段进油量的多少与燃油的压力和计量时间长短有关。

2. 喷油阶段

在曲轴转到压缩行程接近终了过程中,在凸轮作用下柱塞 5 迅速下行,将喷油嘴头 11 内腔的柴油以高压喷入汽缸,如图 6-86(b)所示,直至压缩行程上止点后,喷油结束。此时,柱塞锥面紧压在喷油嘴头的内锥面上,使柴油完全喷出。

3. 回油阶段

当曲轴旋转到做功行程时,柱塞维持在最低位置,随后停住不动,直至排气行程结束,如图 6-86(c)所示。此时进油孔与回油孔相连通,计量量孔 14 被关闭,来自 PT 燃油泵的柴油直接经进油量孔 7 及回油孔流回柴油箱。在该阶段,柴油在喷油器内循环流动,有利于柱塞和油杯的冷却和润滑。

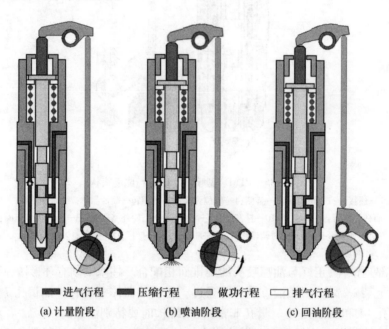

■ 进气行程　■ 压缩行程　■ 做功行程　□ 排气行程

(a)计量阶段　　　　(b)喷油阶段　　　　(c)回油阶段

图 6-86　PT(D)型喷油器工作过程

由上述可知,计量量孔的开启时间和 PT 泵的供油压力便确定了喷油器每循环的喷油量。当柴油机转速升高时,每个循环中量孔开启的时间将缩短(曲轴转角一定),为了在不同转速下使循环喷油量不变以保持扭矩不变,必须增加供油压力,以增加量孔处的流量。当外界负荷增加时,为了保持柴油机转速不变,也必须增加供油压力,以增加量孔处的流量。PT 泵的功用就在于泵和喷油器二者密切配合进行柴油压力的调节,从而改变喷油量的大小,这就是压力(Pressure)—时间(Time)系统调节喷油量的原理。

（三）分步喷油正时控制系统

为达到柴油机尾气排放要求,康明斯柴油机公司设计出一种液压驱动可变喷油正时控制系统,又称分步喷油正时控制系统(Step Timing Control),简称 STC 系统。在内燃机启动或小负荷工况下,采用"喷油正时提前方式",以减少排气管冒白烟和喷油器上产生积炭;而在中负荷及以上工况下采用"常态正时方式",即恢复常态正时喷射。下面以MTA11 内燃机为例,来阐述 STC 系统的工作原理。

1. STC 系统组成

图 6 – 87 所示为 STC 系统组成图。主要由 PT 泵 1、STC 控制阀 3、STC 喷油器 5、燃油管路 2 和 8、机油管路 4 和 10 组成。由 PT 泵 1 泵出的燃油流向 STC 控制阀 3,控制阀 3的作用是切断或接通流向 STC 喷油器 5 的机油。

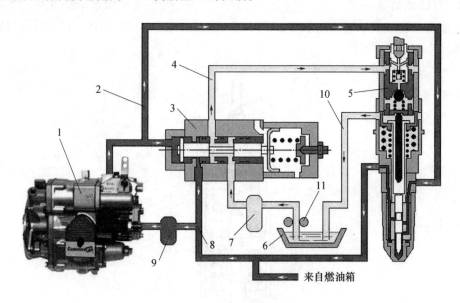

图 6 – 87　STC 系统组成
1—PT 泵;2,8—燃油管路;3—STC 控制阀;4,10—机油管路;5—喷油器;
6—油底壳;7—机油滤清器;9—燃油滤清器;11—机油泵。

2. STC 控制阀

STC 控制阀结构简图如图 6 – 88 所示。STC 喷油器提前正时方式是由 STC 控制阀输送出的机油来控制,STC 控制阀利用燃油压力和弹簧 9 弹力的平衡来控制 STC 柱塞 6 的位置。当内燃机处于启动或小负荷状态,燃油压力低于 221kPa 时,弹簧 9 克服燃油压力推动柱塞 6 向左移动,柱塞处于接通机油管路位置,如图 6 – 88(a)所示,机油流入喷油器,喷油器提前喷油。当内燃机处于中负荷及以上状态,燃油压力高于 221kPa 时(内燃机正常工作时,PT 泵输出的燃油压力一般在 700 ~ 1400kPa),燃油压力克服弹簧力推动柱塞向右移动,柱塞处于关闭机油通路位置,如图 6 – 88(b)所示,机油停止流入喷油器,喷油器恢复到常态正时方式。

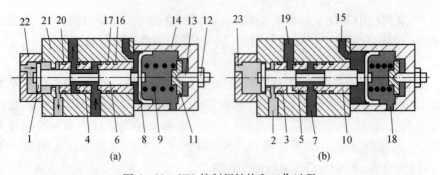

(a)   (b)

图 6 - 88 STC 控制阀结构和工作过程

1—阀盘;2—燃油出口;3,5,10—柱塞套;4,16,17,20—密封圈;6—柱塞;7—机油进口;
8—活塞;9—弹簧;11—弹簧座;12—锁紧螺母;13—调节螺钉;14—活塞室壳体;15,18—平衡孔;
19—机油出口;21—柱塞套壳体;22—阀盘盖;23—燃油进口。

3. STC 喷油器

安装有分步喷油正时控制系统的 PT(D)喷油器,称为 PT(D)STC 型喷油器,其结构简图如图 6 - 89 所示。

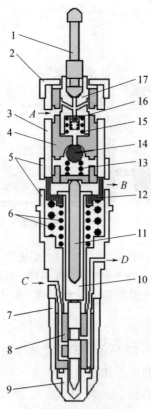

图 6 - 89 STC 控制阀结构

A—机油进口;B—机油出口;C—燃油进口;D—燃油出口。

1—喷油器连接杆;2—挺柱顶部限位帽;3—限位螺筒;4—STC 挺柱(外活塞);5—喷油器连接件;6—柱塞回位弹簧;
7—油杯护套;8—柱塞套;9—油杯;10—柱塞;11—柱塞连接杆;12—弹簧座;13—出油阀弹簧;14—出油单向球阀;
15—活塞回位弹簧;16— 进油单向球阀;17—STC 挺柱(内活塞)。

当凸轮由内基圆转至外基圆面时,凸轮顶动推杆,摇臂下压喷油器连接杆 1、内活塞 17、外活塞 4、柱塞连接杆 11,克服弹簧 6 的弹力驱动柱塞 10 向下运动进行喷油。当凸轮由外基圆转至内基圆面时,在弹簧 6 的弹力作用下,柱塞 10、柱塞连接杆 11、外活塞 4、内活塞 17 依次回位,完成一次喷油动作。

喷油器喷油正时的改变是由 STC 内活塞 2 和外活塞 3 之间产生的"液体挺柱"来实现,如图 6 - 90 所示。

当内燃机处于启动或小负荷状态时,STC 控制阀开启,流向喷油器的机油推开内活塞上的进油单向球阀 10,使机油充满内外活塞之间的空腔,并由进油单向球阀 10 和出油单向球阀 4 将机油密封在挺柱内。当摇臂下压喷油器连接杆 1、推动内活塞 2 下行时,机油在此瞬间来不及泄漏,形成"液体挺柱",使喷油器柱塞提前 ΔS 量进行喷油,如图 6 - 90(b) 所示。在上述过程中,喷油器柱塞被紧紧地压在油杯中,由于机油压力较高,外活塞上的出油单向球阀 4 随后被推开,"液压挺柱"消失,机油经喷油器连接件上的机油出口,回油通道流回油底壳,内活塞与外活塞产生机械接触,保持着喷油器柱塞的座合压力。

当内燃机处于中负荷及以上状态工作时,STC 控制阀关闭通往喷油器的机油,无法形成"液体挺柱",内活塞与外活塞呈机械接触,内活塞直接推动外活塞向下运动,如图 6 - 90(a) 所示,喷油器恢复到常态正时方式。

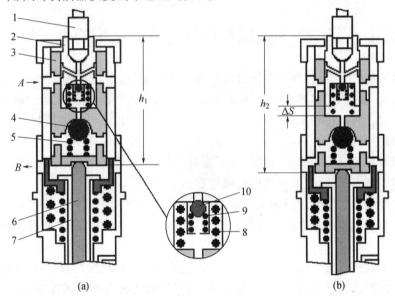

图 6 - 90　STC 液压挺柱

A—机油进口;B—机油出口;ΔS—液体挺柱提前量。

1—喷油器连接杆;2— STC 挺柱(内活塞);3— STC 挺柱(外活塞);4—出油单向球阀;
5—出油阀弹簧;6—柱塞连接杆;7—柱塞;8—活塞弹簧;9—进油阀弹簧;10—进油单向球阀。

四、PT 燃料系的特点

(一) PT 燃料系与一般柱塞式喷油系的主要区别

(1) PT 燃料系从主油箱→浮子油箱→PT 泵→喷油器→浮子油箱。其中从喷油器喷出的燃油约占 PT 泵供油的 20%，余下 80% 的燃油对喷油器进行冷却和润滑后，流回浮子油箱；而一般柱塞式喷油系，燃油从喷油泵压送到喷油器，几乎全部喷射，只有从喷嘴针阀泄漏的微量燃油流回油箱。

（2）在柱塞式喷油系统中，使燃油产生高压，定时分配，油量调节都在喷油泵中进行；而 PT 燃料系的油量调节则在 PT 泵中进行，产生高压和定时喷射则在喷油器中进行。

（3）柴油机停车时，PT 燃料系是切断电源，关闭断油阀以切断燃油的流动；而柱塞式喷油系统则是使喷油泵处于不供油位置。

（二）PT 燃料系的优点

（1）由于高压在喷油器中产生，PT 泵在较低压力下工作，燃油出口压力约为 0.7 ～ 1.4MPa。无高压油管，运转时减少漏油和不存在压力波问题，有较高的喷油压力，约为 100MPa 左右，比柱塞式喷油泵高 5 倍。因此，喷油雾化程度好，有利于燃烧。

（2）运转中不存在喷油提前角和供油均匀度调整问题，仅当在海拔超过 1000m 处工作时，须对供油提前角进行检查调整。

（3）PT 泵不需要经常调整，喷油器可单独更换，更换后不像柱塞式喷油系统需要在试验台上调整和进行供油的均匀性试验。

（4）PT 泵与内燃机无正时关系，安装时无需校对正时。

第十一节　柴油机燃料供给与调节系统的电子控制

随着对柴油机节能、排放与噪声方面日益严格的要求，除了要提高喷油压力以外，还必须在喷油量与喷油正时的控制以及喷油规律方面进行优化，以保证柴油机及其燃料供给与调节系统之间在各个工况下，实现合理与精确的匹配。在机械式控制方式中，尽管人们已在喷油泵与机械式调速器上采取了多种措施，但仍难以完全满足上述要求。为此，必须对柴油机及其燃料与调节系统实行电子控制（Electronic Diesel Control，EDC）。

与机械控制方式相比，柴油机电控喷射有以下优点：

（1）电控技术能使控制更为全面和精确，比之原有的机械或机—液控制更易实现性能优化并对相互矛盾的要求进行合理的折中，这样就能使燃油消耗率和有害物的排放量大幅度下降。

（2）由于机械或机—液控制在结构、工艺上的复杂性和局限性，很多已被证明是有效的改善性能的措施，如预喷射或多次喷射、喷油率与喷油压力的精确控制等均难以实现，采用电控后有助于满足这些控制要求。

即便机械或机—液控制能实现的项目，如油量正、负校正，增压补偿，供油提前等，也因每一项都得增加附属装置而使成本上升、可靠性下降，远不如电控软件增减来得简便。

（3）采用电控技术后，控制对象和目标大为扩展，除常规稳态性能调控外，还可扩展到各种过渡过程的优化控制、故障自动监测与处理、操作过程自动化以及自适应控制等，最终发展成为整机的电脑管理系统，从而使整机性能与可靠性得到大幅度提高。

柴油机电控喷射按控制方式分为两大类。一类是位移控制方式，它的特点是在原来机械控制循环喷油量和喷油正时的基础上，用线位移或角位移的电磁执行机构或电磁—液压执行机构来控制循环供油量（喷油泵齿杆位移），还可以用改变柱塞预行程的办法，改变喷油正时和供油速率,从而满足高压喷射中高速大负荷和低怠速工况对喷油过程的不同要求。其典型产品有直列柱塞泵电控系统、一部分 VE 分配泵电控系统以及电子调速器等。另一类是时间控制方式,该类电控高压喷射装置的工作原理与传统机械式的完全不同,是在高压油路中利用一个或几个高速电磁阀的启闭来控制喷油泵和喷油器的喷油过程。喷油量的多少是由喷油压力的大小与喷油器针阀的开启时间长短来决定的,而喷油正时(供油始点与持续期)由控制电磁阀的开启时刻确定,这样就可以实现喷油量、喷油正时和喷油速率的柔性和综合控制。其典型产品是带高速电磁阀控制的 VE 和 VR型分配泵、新型高压单体泵(UPS)、泵喷嘴(UIS)和共轨(CRS)电控系统。

不论是何种电控方案,均由传感器(Sensors)、电控器(ECU)与执行器(Actuators)三部分组成,其框图如图6-91所示。

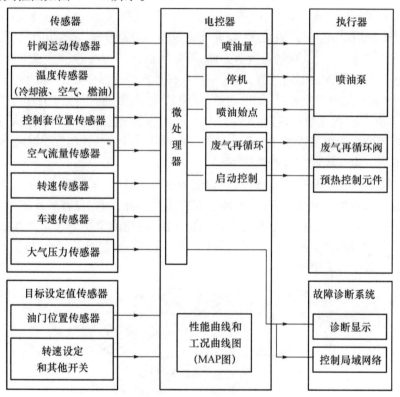

图6-91 柴油机电子控制(EDC)系统框图

图6-91左边所示为传感器与工况设定部分,传感器的功用是检测柴油机及车辆运行时的各种信息,如进气与环境压力、冷却液、机油与燃油温度、进气流量、喷油泵油量调节机构(直列泵中的齿杆或 VE 分配泵中的溢流环套)的位移、曲轴转角信号与柴油机转速、车辆的行驶速度、喷油器针阀的升程等。目标设定则应包括柴油机转速与负荷(加速踏板或操纵杆的位置)等。反映上述各种信息的信号多数是模拟信号,有的是数字信号或脉冲信号,在送入 ECU 以后,尚需经过滤波、整形及放大处理,模拟信号还要经过 A/D转换,全部转变成计算机能够接受且量程合适的数字信号。

图6-91中部所示的电控器(ECU)是柴油机电控的核心部分。它的硬件部分包括微处理器(Microprocessor),各种存储器(RAM,ROM,EPROM,EEPROM),输入/输出接口

(I/O)以及上述各部分之间传递信息的数据总线,地址总线和控制总线以及产生时间节拍脉冲的计时器等。ECU软件的核心内容是柴油机的各种性能调节曲线、图表和控制算法,其作用是接收和处理传感器的所有信息,按软件程序进行运算,然后发出各种控制脉冲指令给执行器或直接显示控制参数,其中,喷油量和喷油正时脉冲是ECU发出的最重要的控制指令。为了实现对柴油机喷射过程控制的优化,存储在ECU中的曲线和图表包括一些在产品开发过程中通过大量试验总结出的综合各方面要求的目标值,如喷油量与喷油正时随转速与负荷变化的三维曲面图,这种图形一般称为脉谱(MAP)图。图6-92所示为一台柴油机喷油正时的脉谱图,它表示了喷油始点随柴油机转速与负荷变化的目标控制量。当ECU接收到从针阀升程传感器送来的实时喷油始点信号时,就能对实际值与目标值两者之间进行比较与计算,并发出控制指令,以保证两者之间差别为最小,从而实现理想的喷油正时。至于循环供(喷)油量的控制,原理也是一样。但它除了转速与负荷以外,还与柴油机一系列其他因素(如进气流量,冷却液、机油与燃油的温度,增压压力与环境大气压力等)有关。在转速调节方面,若采用以转速为反馈信号的闭环控制,则不难实现调速率为零的恒速调速过程,而这一点在机械式调速器中是不可能做到的。

此外,如果整车的各种装置(如传动系、制动系等)均分别有各自的ECU,则电控喷油系统的ECU还具有相互数据传输、交换以及根据其他系统信息修正本系统执行指令等功能。进一步可发展为整机或整车的所有控制任务统由一个中央ECU来实现,这就成为整机或整车的统一电子控制与管理系统。

图6-91右部所示为执行器部分,其功能为接收ECU传来的指令,并完成所需调控的各项任务。执行器的种类很多,并视调节方式不同而异,如在位移式控制方案中,有使喷油泵齿杆达到油量控制目标位置的电磁控制线圈,使喷油泵达到预定供油提前角的控制阀,在时间式控制方案中,有控制喷油器针阀启闭的电磁阀或压电伸缩机构,等等。

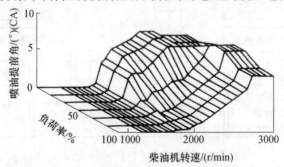

图6-92 柴油机喷油正时控制的脉谱(MAP)图

以下简要介绍几种典型的柴油机电控喷射系统。

一、直列泵的滑阀式电控系统

图6-93所示为直列泵的滑阀式电子控制系统,由图可见,包括曲轴转速、针阀运动、进气压力与温度等传感器的信号均传给电控器,电控器在加工处理以上信息并进行分析比较与计算后,给出油量控制与供(喷)油始点控制两个信号,并推动相应的执行器。

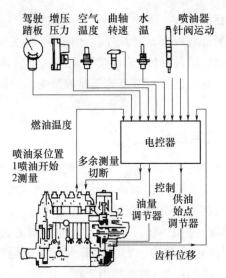

图 6-93　电控滑阀式直列泵的系统图

图 6-94 所示为通过滑阀运动来控制供油正时的工作原理。滑阀 4 套在柱塞 7 的外面，但布置在柱塞套筒 3 的进油腔内。供油开始前，当柱塞处于下止点时（图 6-94(a)），柱塞顶部空间 2 通过柱塞上的斜槽 5 和油孔 6 与进油腔相通，随着柱塞的上升，当滑阀下部边缘将柱塞上的油孔 6 全部盖住以后，柱塞顶部压力升高，供油开始（图 6-94(b)），这时的柱塞升程 h_{ps} 即为预行程，柱塞继续上升，至柱塞上控制斜槽与滑阀上的溢流孔 11 相通以后（图 6-94(c)），柱塞顶部空间卸压，供油结束，柱塞在其间上升的距离为有效行程 h_e，柱塞继续上升，走完剩余行程 h_1 以后即达到上止点（图 6-94(d)），再沿凸轮下降段回到下止点完成一次供油过程。这时，若通过电子控制，使滑阀上下移动，便改变了滑阀

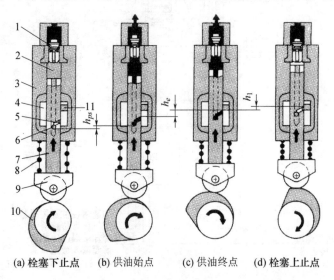

(a) 柱塞下止点　　(b) 供油始点　　(c) 供油终点　　(d) 柱塞上止点

图 6-94　用滑阀控制供油正时的工作原理图

1—出油阀；2—柱塞顶部空间；3—柱塞套筒；4—滑阀；5—控制斜槽；6—油孔（控制供油始点）；
7—柱塞；8—柱塞弹簧；9—挺柱滚轮；10—凸轮。

与柱塞上油孔和斜槽的相对位置,从而改变了柱塞的预行程与供油始点,滑阀上移,预行程增加,供油推迟;反之,预行程减小,供油提前。前已说明,在 ECU 中存储的脉谱(MAP)图为喷油提前角,即喷油始点的目标值(最佳喷油正时),而针阀传感器反馈给 ECU 的又是实际喷油始点的信号,因此虽然直接调节的是喷油泵的供油提前角,但却能实现最终优化喷油正时的目标。

二、分配泵的时间式电控系统

至于分配泵的电控,早期的 VE 泵在油量控制方面也曾采用类似于直列泵的位移控制方式(控制溢流环套的轴向位移),但目前已逐渐为时间式控制方式所取代。后者与前者相比,取消了溢流环套及其操纵机构,直接采用高速强力电磁阀来控制喷油(油量的多少取决于喷油压力与电磁阀开启时间的长短),不仅使控制更为精确,也进一步简化了结构。图 6-95 所示为时间控制式 ECD - V3 型 VE 分配泵电控系统图。这种系统的油量控制,采用了两级阀机构。由图可见,两级阀由上部小电磁阀(导向阀)1 和下部液压自动阀(主阀)7 两部分组成。当导向阀关闭(电磁线圈断电),VE 泵低压腔通往主阀的低压油路被切断时,主阀上、下两部分均与柱塞顶部的高压腔相通,由于主阀上方承压面较大,

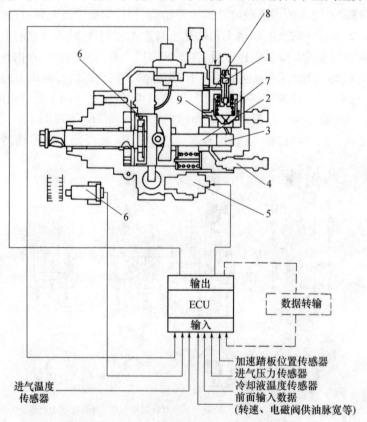

图 6-95 ECD - V3 型 VE 分配泵电控系统图
1—电磁溢流导向阀;2—柱塞;3—柱塞腔;4—出油阀;5—供油正时控制阀;
6—相对转角位置传感器;7—主阀;8—低压油路;9—旁通阀。

因此在上下压差与弹簧力的作用下处于关闭状态,VE 泵实现高压供油;如果导向阀通电开启,主阀上腔与 VE 泵低压腔相通,压力迅速下降,主阀便在下方高压油的作用下迅速开启,燃油经旁通阀 9 泄流,柱塞顶部卸压,供油中止。这种结构方案的优点是导向阀的质量小,响应快,主阀及旁通油道流通面积大,泄流畅通,两种阀配合工作,可以提高控制精度与喷油质量。ECD – V3 型 VE 泵的喷油正时仍属于位移式控制方式,它是借助于电磁阀 5 来实现的,按照 ECU 的指令,电磁阀控制输油泵的液压油路,利用液压柱塞的运动来转动分配泵的滚轮圈,以改变端面凸轮与滚轮之间的相位角,从而改变了供油始点(参见图 6 – 96 所示 VR 分配泵的调节)。

图 6 – 96 所示为 VR 型径向柱塞分配泵(VP44 型)的电控系统示意图。这种电控系统的特点是将柴油机电控器与喷油泵电控器功能适当分开并有机搭配,其目的是防止一部分电子元件过热和强电流产生的干涉信号,以提高整个系统的控制精度与可靠性。控制油量的高压电磁阀 6 与控制喷油正时的电磁阀 8 均由分配泵电控器控制,其数据部分来自油泵内部的传感器(转角信号传感器 4 以及泵内的燃油温度传感器),大部分柴油机与外界环境条件的信息则来自柴油机电控器,两个电控器中均存有相应的脉谱图。两个电控器相互协调,共同工作,其间的数据交换通过博世公司专门为汽车电控技术开发的数据总线,即控制局域网络(Controller Area Network,CAN)进行。作为示意图,图 6 – 96 没有标出布置在外围的大量传感器,但它们对于整个控制系统也是至关重要的。

新型的高压单体泵系统(UPS)和泵喷嘴系统(UIS)目前也大多采用时间式电控方式,这些控制系统的原理与前面直列泵与分配泵的控制系统相似,此处不再重复。

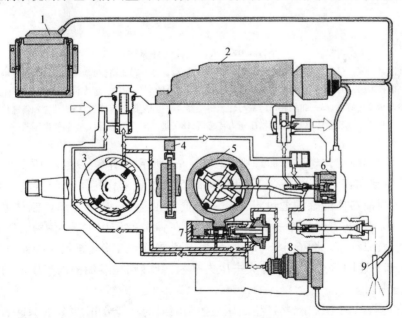

图 6 – 96　VR 型径向柱塞分配泵的电控系统示意图

1—柴油机电控器;2—分配泵电控器;3—滑片式输油泵;4—转角信号传感器;5—径向柱塞高压部分;
6—控制喷油量的电磁阀;7—喷油正时调节装置;8—控制喷油正时的电磁阀;
9—喷油器(为了便于观察,图中 3、5、7 部分均为旋转 90° 后的视图)。

三、电控共轨系统

图6-97所示为博世公司为Daimler-Crysler公司的奔驰(Benz)轿车柴油机提供的高压共轨系统图。在该系统中,转子式高压油泵将油箱5送来的低压燃油泵入高压共轨腔8中,并由油泵上的压力调节阀3调节到喷油器所需的高压。共轨中的高压燃油经电控喷油器11喷入汽缸。

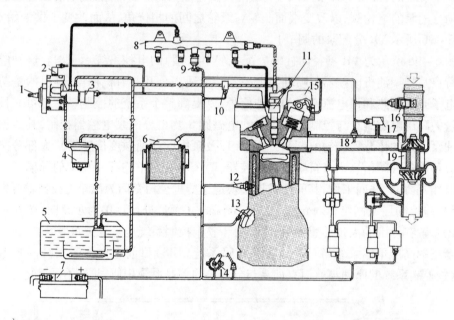

图6-97　电控高压共轨系统

1—高压泵;2—油量控制阀;3—压力调节阀;4—燃油滤清器;5—燃油箱(包括粗滤器与电动输油泵);
6—电控器(ECU);7—蓄电池;8—蓄压器(共轨);9—压力传感器;10—温度传感器;11—喷油器;
12—冷却液度传感器;13—曲轴转角信号与转速传感器;14—加速踏板传感器;15—凸轮轴转速传感器;
16—空气流量传感器;17—增压压力传感器;18—进气温度传感器;19—涡轮增压器。

电控喷油器的结构与工作原理则如图6-98所示。图6-98(a)所示为停止喷油状态,这时电磁阀在ECU的指令下断路,球阀5在弹簧的作用下关闭溢流孔6,从高压共轨腔进入喷油器体的燃油通过进油孔7与高压油道10同时充满控制柱塞的上腔8与针阀的盛油槽,两者保持平衡,这时针阀11在弹簧的作用下关闭喷孔,喷油器处于待喷即停止喷油状态。图6-98(b)所示为电磁阀通电工作,球阀5控制柱塞上腔卸压,控制柱塞9连同整个针阀组件失去压力平衡,针阀则在盛油槽内高压油的作用下打开喷嘴进行喷射。

由于在电控共轨系统中,将产生高压与控制喷射的功能分开,共轨腔只起着蓄压器的作用,共轨中的燃油压力可以由ECU与压力调节阀控制,不受柴油机转速的影响,因而在低速下也能保证良好的喷雾,而喷油正时、喷油持续时间(喷油量)与喷油规律则由ECU与电控喷油器上的高速电磁阀实现柔性控制,从而增大了调节自由度并改善了控制精度,这也是目前电控高压共轨系统日益受到青睐的重要原因。

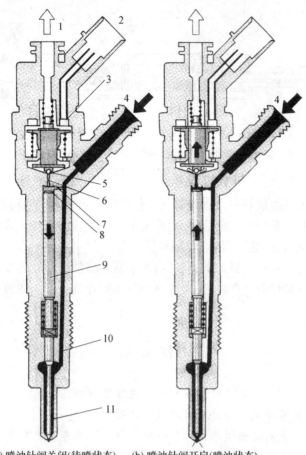

(a) 喷油针阀关闭(待喷状态)　　(b) 喷油针阀开启(喷油状态)

图 6 - 98　电控喷油器

1—回油;2—电缆接口;3—电磁阀;4—高压进油(来自共轨);5—球阀;6—溢流孔;
7—进油孔;8—柱塞上腔;9—控制柱塞;10—高压油道;11—针阀。

在上述各种电控喷射系统中,以电控泵喷嘴与电控共轨系统最有发展前途,两者均能实现高压喷射(目前,泵喷嘴系统已达 160 ~ 180MPa,并可望达到200MPa,共轨系统已达130 ~ 150MPa),且均采用高速电磁阀实现时间式控制方案,控制比较灵活、精确。因此,这两种高压喷射系统均可望在未来的新型直喷式轿车柴油机上得到广泛的应用,而与其相关的新技术也不断涌现。例如,在小缸径的高速柴油机上,喷油压力高达 150 ~ 180MPa,喷油持续期短至 1 ~ 2ms,全负荷的循环喷油量只有 40 ~ 50mm³,预喷射或先导喷射的油量又需控制在 1 ~ 2mm³ 的范围内,这就要求开发响应速度更快,对于针阀升程、循环喷油量与喷油正时控制得更为灵活与精确的电控喷油器,图 6 - 99 所示即为一种利用压电晶体在电场作用下能够迅速产生变形的原理来控制针阀运动的外开式电控喷油器。

不论是直立泵、分配泵,还是 PT 泵供油系统,其共同的特点之一是含有一对或多对精密偶件,这对柴油的清洁度提出了较高的要求,特别是从国外引进的一些柴油机更是如此。所以,柴油机燃油系与汽油机燃油系相比,一般设有油水分离器和多道燃油滤清装置。此外,在向柴油机加注柴油前,还规定了柴油需沉淀24h 或 48h 的要求。

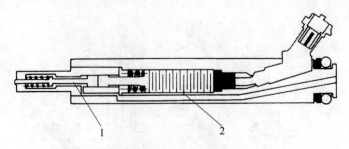

图 6 - 99　压电晶体直接作用的外开式电控喷油器
1—针阀;2—压电执行器。

对柴油机燃油系中最后一道滤清装置的作用也不可轻视,其作用是滤去柴油管路中的杂质和拆装过程中带进去的杂质外,更重要的一点是滤去在柴油管路安装时,因管路在紧固过程中受挤压而被"啃"下的金属颗粒。

但在战场环境下往往不具备上述条件,为了减少柴油机的故障发生,除了在平时要做好柴油滤清器的维护保养工作外,还要求在柴油的贮存、运输、加注的过程中,要格外注意不能混入杂质。

作 业 题

1. 柴油机燃油混合气是怎样形成的? 形成方法有哪几种?
2. 简述柱塞式喷油泵泵油过程以及减压环带的作用。
3. 什么是柴油机的供油提前角? 供油提前角的调节方式有哪些?
4. 柴油机为什么要装调速器? 简述调速器工作过程。
5. 比较化油器式汽油机和柱塞式柴油机供油过程的异同点。
6. 典型 PT 供油系由哪几部分组成? 各部分的作用是什么?
7. PT 供油系是怎样实现各种工况下供油量调节的?
8. 简述 PT(D)型喷油器工作过程。
9. MTA11 内燃机喷油正时是通过哪些手段实现的?
10. 简述 STC 阀的作用和工作过程。
11. 简述柴油机增压器工作特点及使用中注意事项。

第七章 润滑系

第一节 润滑系的作用和润滑油

一、润滑系的作用

内燃机工作时,运动零件以很高的速度做相对运动,接触表面之间存在摩擦。润滑系的任务是不断地输送清洁的、数量足够的、具有一定压力的、温度适宜的润滑油到各摩擦表面,以降低摩擦系数,保证内燃机的正常工作。润滑系具有以下作用。

(1)润滑作用——在摩擦表面之间形成一层油膜,降低摩擦系数,提高机械效率。

(2)清洁作用——冲洗摩擦表面的磨屑和脏物,减少零件磨损,延长机件的寿命。

(3)冷却作用——吸收摩擦表面的热量,降低摩擦表面的温度。

(4)密封作用——提高汽缸的密封性。

(5)保护作用——把金属表面与腐蚀性气体隔开,保护金属表面,减少或避免腐蚀。

内燃机各摩擦表面所需的润滑强度与其工作条件(载荷、相对运动速度等)有关。例如,曲柄连杆机构所需的润滑强度最大,配气机构较小,其他辅助机构更小。因此润滑系还应根据各摩擦部位的实际需要分配润滑油。

二、润滑油的主要性能指标

润滑油又称机油、曲轴箱油。润滑油的性能指标主要有以下几个方面。

1. 黏度

机油黏度的大小随温度的变化而变化,温度升高,黏度降低,反之则增大。黏度大的机油容易形成油膜,润滑可靠,但摩擦阻力增加,使内燃机启动困难,冷却作用也差。黏度小的机油摩擦阻力小,冷却作用好,但不易建立足够厚度的油膜,润滑不可靠,零件磨损增加。因此,应根据内燃机不同的工作条件,选用适当黏度的机油。柴油机的机械负荷和热负荷比汽油机大,因此柴油机机油的黏度也相应较大。

2. 酸值

酸值是机油腐蚀性的一个指标。机油中不允许有水溶性酸碱,因为它对机件有强烈的腐蚀作用。

3. 闪点

闪点是指机油加热后,其油汽和空气混合物遇火焰时能瞬时闪火的最低温度。闪点是评价机油蒸发性的指标,低闪点机油易于蒸发,因此在机油性能指标中规定了最低闪点温度。

4. 凝点

凝点是指机油在玻璃试管中完全丧失流动性的温度。

5. 热氧化安定性

热氧化安定性评价机油在高温时抵抗氧化能力的指标。氧化变质的机油色泽暗黑、黏度高、酸性大、有沉淀物。热氧化安定性好的机油使用寿命长。

6. 其他指标

在机油性能指标中还规定了残炭、灰分和机械杂质(如尘土、砂子等)的含量应低于允许值,否则易于堵塞机油滤清器,加速零件的磨损。

第二节　润滑原理、润滑方式和润滑系的组成

一、润滑原理

润滑的实质是在两个相对运动的机件之间送入润滑油而形成油膜,用液体间摩擦代替固体间摩擦,从而减少机件的运动阻力和磨损。

1. 轴的转动

如图7-1所示,轴颈处于充满润滑油的滑动轴承中,当轴静止不动时,由于轴的重力作用,轴颈与轴承只在最下方接触,接触面没有或只有极薄的润滑油存在。当轴刚开始转动时,轴下方与轴承接触的部位为干摩擦。当转动达一定速度时,由于润滑油的黏性,黏附在轴颈表面的润滑油将随轴一起转动,轴颈将润滑油不断带入右侧的楔形空间。由于从轴颈右侧到下方的断面不断缩小,导致右侧下方空间内的润滑油压力增大。随着轴转速的提高,轴右下方楔形空间内的压力不断增大。当压力达到一定程度时,轴被向左上方顶起,轴颈下方与轴承之间就形成了足够厚的油膜,从而将固体间的摩擦转变为液体间的摩擦。

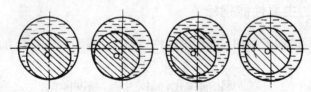

图7-1　轴与轴承间油膜形成示意图

2. 机件的直线运动

如图7-2所示,当附有润滑油的两机件做直线相对运动时,只要机件前部有倒角且达到一定的运动速度,可以使润滑油进入摩擦表面而形成油膜。

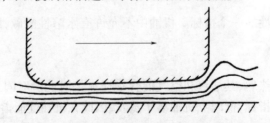

图7-2　相对直线运动两机件间的油膜形成示意图

二、润滑方式

内燃机工作时由于各运动零件的工作条件不同,所要求的润滑强度也不同,因而需采取不同的润滑方式。内燃机常见润滑方式如下。

1. 压力润滑

曲轴轴承、连杆轴承及凸轮轴轴承等处所承受的载荷及相对运动速度较大,需要以一定的压力将机油输送到摩擦部位,这种润滑方式称为压力润滑。其特点是工作可靠,润滑效果好,并且具有较强的冷却和清洗作用。

2. 飞溅润滑

对于机油难以用压力输送到承受负荷不大的摩擦部位,如汽缸壁、正时齿轮、凸轮表面等处,可利用运动零件飞溅起来的油滴来润滑其摩擦表面,称为飞溅润滑。

3. 掺混润滑

摩托车及其他小型曲轴箱扫气的二冲程汽油机摩擦表面的润滑,是在汽油中掺入 4% ~ 6% 的机油,通过化油器或燃油喷射装置雾化后,进入曲轴箱和汽缸内润滑各零件摩擦表面,这种润滑方式称为掺混润滑。

4. 复合式润滑

润滑系统是压力润滑、飞溅润滑等润滑方式的复合,称为复合式润滑。

5. 加注润滑

对于运动载荷较小和采用上述润滑方式较困难的摩擦面,采用定期加注润滑脂的方法进行润滑,如水泵、发电机、启动机的轴承等部位。

三、润滑系的组成

润滑系主要由以下几部分组成。

(1)供给装置——由提高机油压力的机油泵、贮存机油的油底壳、输送机油的管路和限制机油压力的限压阀等组成。

(2)滤清装置——由集滤器、粗滤器、细滤器、安全阀等组成,用以清除润滑油中的杂质与胶质,保证机油的清洁。

(3)冷却装置——由机油散热器、旁通阀等组成。

(4)仪表与信号装置——由油路堵塞指示器、压力感应塞、油压警报器、指示灯、压力表等组成,以便驾驶员能及时掌握内燃机润滑系的工作情况。

第三节　内燃机润滑油路

一、基本润滑油路

不同的内燃机润滑油路,在布置上随着实际需要各有差异,但其流动路线基本相同。现以图 7 - 3 所示的基本润滑油路进行分析。

内燃机工作时,机油泵 1 被带动开始工作,将贮存在油底壳内的机油吸出并经集滤器初步除去大颗粒杂质后,沿油管泵入机油散热器 3,机油冷却后进入粗滤器 5。随后分成两路,一路是大部分机油送入主油道,随后分送至各润滑部位;另一路是少量机油进入细滤器10,经滤清后回到油底壳内。粗滤器与主油道是串联,细滤器与主油道是并联。这种安排是考虑到送往润滑部位的机油既要清洁又要充分,而细滤器的阻力很大,如果机油全部通过细滤器,则驱动机油泵的功率消耗将大大增加,且难以保证主油道有充足的流量。在这样的安排下,既可保证良好的滤清质量和充分可靠的润滑,又能减小功率损耗。

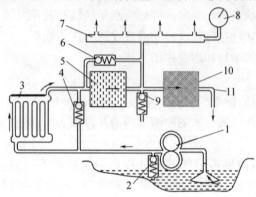

图 7-3　基本润滑油路示意图

1—机油泵;2—限压阀;3—散热器;4—恒温阀;5—粗滤器;

6—安全阀;7—主油道;8—油压表;9—溢油阀;10—细滤器;11—回油道。

在图 7-3 所示的循环油路里,机油的流向是先经过散热器,冷却后再送往滤清器。这种安排对于机油的散热较好,但是散热器容易脏,清洗困难。较多数的循环油路是机油先经过滤清器后再冷却,这样既能改善散热器的清洁条件,又对冷态启动润滑和减小流阻有一定帮助。在油路中还设有油压表8。油压表的传感器一般都接在主油道或与主油道直接畅通的管道上,以指示进入各润滑表面的机油油压是否正常,即检查整个润滑系的工作是否正常。送往各摩擦表面润滑后的机油,流入油底壳内汇集,如此构成循环。

为保证润滑系工作可靠,对于机油泵的供油量、供油压力、机油的温度和清洁度等,都有一定的要求。

1. 供油量与供油压力

供油量是保证润滑可靠的首要问题。机油泵的输油量随内燃机的类型不同而有所差别,机油泵的输油量与转速和磨损程度有关。输油量大小的要求不仅取决于摩擦表面的润滑需要,而且应使机油流过摩擦表面时带走的摩擦热与生成的摩擦热保持平衡,以保证摩擦表面始终在正常温度下工作。输油量过少,润滑不可靠,摩擦表面所产生的热量不能及时带走,使得摩擦副温度越来越高,以致最终被烧坏;输油量过多,则驱动机油泵的功率增加,机油耗量也增加。

合适的输油量要求油底壳有相应的贮存量。贮油量过少,则机油泵"吃不饱",输油量也就减少(内燃机在大倾斜度情况下工作时,机油向一侧集中,机油泵有可能露出油面而"吃不饱"甚至"吃不上");贮油量过多,则增大曲轴搅油阻力,且容易引起机油上窜燃烧室而燃烧,并使排气带烟,活塞环结焦。油底壳贮油量可由油标尺检查。内燃机运转过程中,机油量随着上窜燃烧室、蒸发、渗漏等原因而逐渐减少,因此应及时检查和添加机油,以避免事故发生。

146

机油油压过低时(由于摩擦副磨损配合间隙增大而泄漏、机油泵工作不正常和机油滤清器堵塞等原因造成),则位置高或远处的摩擦表面润滑不足。

机油油压过高时(如新机器,各摩擦副的配合间隙较小,泄漏损失较小时可能发生),说明输油量过多,如不及时泄油降压,则可能损坏润滑系的各机件和密封装置。为此,与主油道并联一个溢油阀9,以限制最高油压。当油压超过允许值时,溢油阀被打开,主油道中部分机油自溢油阀泄回油底壳,使油压维持在允许范围内。

主油道的油压是靠机油泵的输出压力建立的,但是机油泵的输出压力除应满足主油道要求的油压外,还应克服机油滤清器、散热器和油管的阻力。因此,输出压力总是高于主油道的压力。如果输出压力过低(如当机油泵磨损过甚)则润滑不可靠;过高(例如冬季冷启动时机油黏度过大所引起)则增加了驱动油泵的功率损耗和油泵本身的机械负荷,使机油泵加速磨损,润滑系中机件和密封可能遭到损坏。为此,在机油泵出口处设限压阀2,当机油泵输出压力超过允许值时,限压阀被顶开,使部分机油流回油底壳,从而限制了润滑系的最高压力。

2. 机油温度

在润滑系中设有机油散热器,以便对机油温度进行调节。有时在通往散热器的管道上还设有转向开关或恒温阀,以便控制机油是否通过散热器。恒温阀与散热器并联,它的作用是根据机油的温度来控制流入散热器的油量,以便自动调节机油温度。当机油温度较低时,由于黏度大,通过散热器的阻力增加,油压升高,因此恒温阀便被推开,机油经此阀流过不再冷却。当机油温度升高到一定程度,机油黏度减小到油压不足以推开恒温阀时,机油便流入散热器进行冷却。转向开关则是靠人工控制的使机油通过或不通过散热器的阀门。

3. 机油的滤清

机油在内燃机运转中不断产生的磨屑和外界的尘土所污染,又因热氧化的作用会产生可溶于机油中的酸性物质和不可溶的胶状沉淀物,如不除掉这些杂质,必将加速零件磨损、堵塞油道,甚至使活塞与活塞环、气门与气门导管等零件之间发生胶结而影响内燃机的正常运转,机油的使用期也会缩短。

滤清器的滤清效果与通过能力对于过滤式滤清器来说是互相矛盾的。若滤清效果好,则通过阻力必大,以致润滑不可靠;反之,通过能力好的滤清器则其滤清效果差。因此在润滑系中常采用粗、细两种滤清器。若欲简化结构采用一种滤清器,也必须增大其过滤面积,以提高通过能力,或采用非过滤式滤清器,以确保正常供油。

当机油很脏、滤清器滤芯被杂质粘附堵塞或机油黏度很大时,滤清器的通过能力将降低,润滑表面将会缺油甚至断油,这是很危险的。所以在润滑系中常与粗滤器并联一个安全阀,又称旁通阀。在发生上述情况时,粗滤器前面管道中的油压升高,安全阀被推开,于是机油不经过滤清器而由安全阀直接流向主油道,以避免损坏机件。但是采用安全阀来保证润滑不中断只是应急措施,使用中不允许机油长期不经过滤清,否则会引起机件的早期磨损。为此在使用中应定期清洗滤清器和更换机油。

在上述油路中,介绍了限压阀、恒温阀、溢油阀和安全阀的作用,这些阀都是在油压作用下自动开启或关闭的。油路中油压的大小可借助于弹簧和螺塞进行调整,厂家在调整完毕后常加铅封,以防随意调节而影响润滑系的正常工作。但是并非所有内燃机的润滑系都完全具备这些阀,一些内燃机往往只设置必须具备的限压阀和安全阀。

二、典型内燃机的润滑油路

(一) NT/NTA855 型柴油机润滑油路

康明斯柴油机润滑系统可分为全流量冷却式润滑系统和用于大凸轮轴颈 N 系列的变流量冷却式润滑系统。

1. 全流量冷却式润滑系统

如图 7-4 所示。机油被吸入机油泵加压后从机体前端油道横穿过去,进入机油散热器。经冷却后,一部分机油送到机油细滤器回到油底壳;另一部分机油进入机油粗滤器,再经机油散热器前座返回而分成四路。第一路到增压器,而后回油底壳;第二路去润滑附件传动及空压机;第三路到冷却喷嘴,用来冷却活塞内顶部,喷出的机油回油底壳;第四路流到主油道,进入主油道的机油通过汽缸体上设有的油道前往各主轴承,然后经曲轴上的孔道进入各连杆轴承,再通过连杆身上钻的油道流向活塞销和连杆小头的衬套。主油道的机油还通过汽缸体上油道流向凸轮轴轴承、随动臂轴、各摇臂轴、摇臂前后端和推杆等处。上述各处的机油润滑后均流回油底壳。汽缸壁、活塞、活塞环、凸轮靠飞溅润滑。

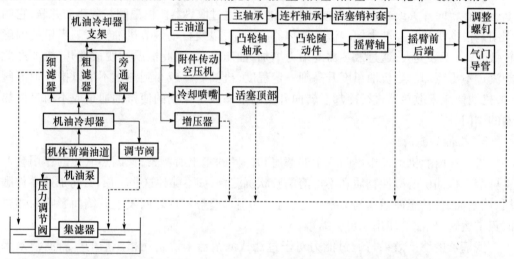

图 7-4　NT/NTA855 型柴油机全流量冷却式润滑油路

2. 变流量冷却式润滑系统

如图 7-5 所示。变流量冷却式润滑系统可根据柴油机的需要来调节机油流量和冷却作用,而不是一直以最大流量运转。工作时,与全流量冷却式润滑系统不同的地方是机油被吸入机油泵后,因变流量式的机油泵内设有限压阀和与主油道连通的调压阀,所以变流量冷却式润滑系统主油道压力较低(0.241 ~ 0.310MPa),机油流量较小(151.4L/min),而且还控制进入柴油机主油道之前冷却的机油量。

机油流量是通过两个独立的回路来控制。一个回路是具有内部调节机构和外部反馈信号软管的低流量机油泵回路;第二回路是包括机油散热器中的温度控制旁通阀的回路。工作时与全流量冷却式润滑系统一样,机油被吸入机油泵后,从机体前端横穿油道,进入柴油机左侧的机油散热器,散热器的旁通阀根据机油的温度来控制进入散热器的机油量,以调节机油的冷却作用。冷却后的机油进入机油细滤器,滤清后的机油流向与全流量冷却式润滑系统相同。

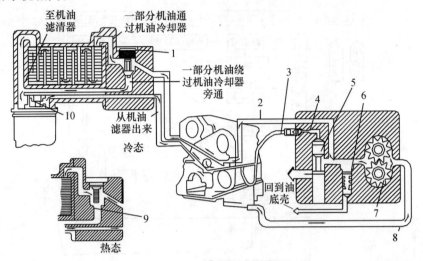

图 7 - 5　NT/NTA855 型柴油机变流量冷却式润滑系统

1—旁通阀;2—机油泵排出口;3—主油道压力信号软管;4—阻尼量孔;5—主油道调节阀;6—限压阀;

7—齿轮泵;8—机油泵进口;9—主机油旁通;10—机油细滤器旁通阀。

(二) F6L912/913 风冷柴油机的润滑油路

F6L912/913 风冷柴油机的润滑方式是压力、飞溅综合润滑。压力润滑的部位有主轴承、连杆轴承、凸轮轴承、齿轮室齿轮、配气机构、喷油泵总成、增压器轴承等。而活塞销、凸轮和挺杆、活塞环和缸套等则靠飞溅润滑。压力润滑油路循环如图 7 - 6 所示。

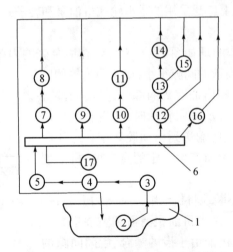

图 7 - 6　FL912/913 柴油机压力润滑简图

1—油底壳;2—集油器;3—机油泵;4—机油散热器;5—机油滤清器;6—主油道;7—冷却喷油嘴;

8—活塞(压力油冷却活塞内表面);9—喷油泵总成;10—主轴承;11—连杆轴承;12—凸轮轴轴承;

13—挺杆和推杆;14—气门摇臂;15—空气压缩机;16—齿轮室齿轮;17—机油压力表。

149

（三）WD615.68 系列柴油机润滑油路

WD615.68 系列柴油机润滑油路如图 7 - 7 所示。

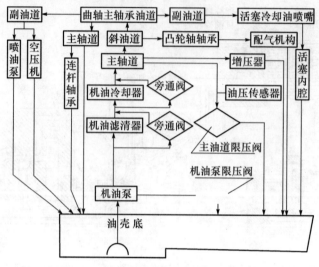

图 7 - 7 WD615.67 型柴油机润滑途径

第四节 润滑系主要零部件

一、机油泵

机油泵的作用是以一定压力和流量向润滑系统循环油路供油,以使内燃机得到可靠的润滑。目前,在内燃机上广泛采用的是齿轮式机油泵和转子式机油泵。

1. 齿轮式机油泵

齿轮式机油泵的工作原理如图 7 - 8 所示。在油泵壳的内腔装有一对齿轮(主动和从动齿轮),齿轮与壳体内壁的间隙很小,由于两齿轮的啮合,把内腔分成进油腔 1 和出油腔 2 两部分,并使两部分隔开。当齿轮按图 7 - 8 所示方向转动时,两齿轮的齿间分别将进油腔 1 的油不断地输送到出油腔 2 中。进油腔内由于油量减少、空间增大而产生一定的真空度,机油便不断地被吸入。

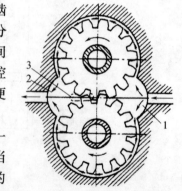

图 7 - 8 齿轮式机油泵工作原理
1—进油腔;2—出油腔;3—卸压槽。

出油腔内由于齿轮不断地将机油输入而压力升高,一定压力的润滑油便不断地流入机油粗滤器和主油道。当两齿轮进入啮合时,齿间机油由于齿的啮合、齿间间隙的容积由大变小而将产生很大压力,以阻止齿轮旋转。因此在进入啮合区的机油泵盖上铣出了一道油槽 3,使齿轮啮合过程中挤压的油从此槽流至出油腔。由于该油槽卸去了啮合齿间的压力油,所以称为卸压槽或卸油槽。齿轮式机油泵结构简单,制造容易,工作可靠,因此在内燃机上得到了广泛的应用。

150

齿轮式机油有单级和多级之分。图 7-9 所示为 NTA855 柴油机所用单级齿轮式机油泵。机油泵输出的压力油将有 5% 左右通过细滤器过滤后流回油底壳。机油泵安装在柴油机前部右侧、空压机的下方。为了保证机油泵和润滑系统各部件的工作安全可靠，机油泵出油压力必须限制在一定范围内，因此在机油泵上安装有限压阀。

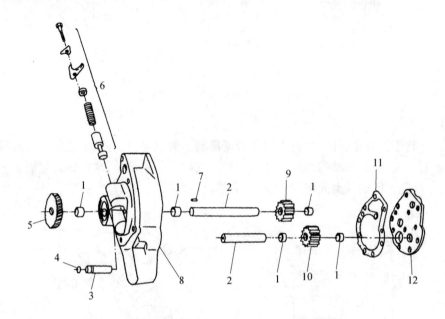

图 7-9　NTA855 柴油机单级齿轮式机油泵

1—衬套；2—轴；3—机油管；4—O 形圈；5—驱动齿轮；6—调压阀；7—定位销；

8—泵体；9—主动齿轮；10—从动齿轮；11—垫片；12—泵盖。

WD615 型柴油机采用两级齿轮式机油泵。两组齿轮分为主泵和副泵，主泵的作用是保证润滑系统循环油路的机油供应；副泵把后集油槽的机油泵到前集油槽，以保证主泵工作。主泵在前副泵在后，安装在曲轴箱第一道主轴承盖上，由曲轴齿轮通过中间齿轮驱动。

2. 转子式机油泵

转子式机油泵在我国已形成了系列产品，其优点是结构简单、紧凑、体积小、吸油真空度高、泵油量大。当机油泵安装在曲轴箱外且位置较高时，更能显示它的优越性。

转子式机油泵的工作原理如图 7-10 所示。当内燃机工作时，机油泵的内转子旋转并带动外转子旋转。内转子有 4 个凸齿，外转子有 5 个凹齿，可以看作是一对只相差一个齿的内啮合齿轮传动，且内、外转子转速不等（速比 $i=4/5$），内转子快于外转子。当机油泵工作腔转至图 7-10(a) 所示位置时，容积由小变大，产生真空，将机油吸入进油腔 1；当工作腔转至图 7-10(b) 所示位置时，油腔接近最大；当工作腔再转至图 7-10(c) 所示位置时，容积由大变小，产生压力。油压升高，将机油压出，送至内燃机的润滑主油道。

如图 7-11 所示为 F6L912 型风冷柴油机转子式机油泵，其由两个偏心内啮合的转子（内、外转子）以及壳体组成。内转子用半圆键固装在主动轴上，由曲轴齿轮通过传动齿

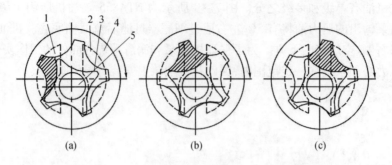

图 7 - 10　转子式机油泵工作原理示意图

1—进油腔;2—出油腔;3—内转子;4—外转子;5—驱动轴。

轮驱动。外转子松套在壳体中,由内转子带动旋转。为保证内、外转子之间以及外转子与壳体之间有正确的相对位置,油泵壳体与盖板之间用定位销定位,并用螺钉紧固。为保证内、外转子与壳体间的端面间隙,在盖板与壳体之间装有耐油纸调整垫片。

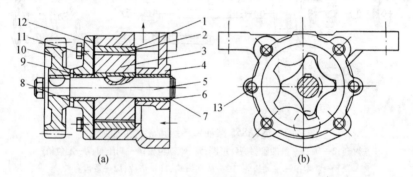

图 7 - 11　F6L912 柴油机转子式机油泵

1、12—调整垫片;2—外转子;3—内转子;4—外壳;5—主动轴;6,9—轴套;
7—卡环;8—止推轴承;10—传动齿轮;11—盖板;13—定位销。

二、机油滤清器

机油滤清器的作用是滤除机油中的各类杂质,提高机油的清洁度,降低内燃机的机械磨损。一般在内燃机的润滑系中装用几个不同滤清效果的滤清器,并分别与主油道串联或并联。同主油道串联的称为全流式,同主油道并联的称为分流式。目前,轿车及其他中小型内燃机多采用全流式机油滤清器,而工程装备内燃机多采用分流式机油滤清器。滤清器有集滤器、粗滤器和细滤器三种。

（一）集滤器

集滤器的作用是滤除机油中较大的机械杂质,防止机油泵的早期磨损。集滤器装在机油泵之前,按其安装方式的不同,可分为浮子式和固定式。

固定式集滤器滤网的安装位置相对于油底壳是固定不变的,只能固定吸取油池中层或中下层的机油。固定式集滤器与机油泵进油管口的连接是靠法兰盘紧固的。

浮子式集滤器结构如图 7 - 12 所示。其工作时漂浮在润滑油面上,以保证机油泵能吸入最上层的清洁机油。浮子式集滤器的固定油管安装在机油泵上,吸油管一端与浮筒焊接,另一端与固定油管活络连接,这样可使浮筒自由地随着润滑油液面上升或下降。

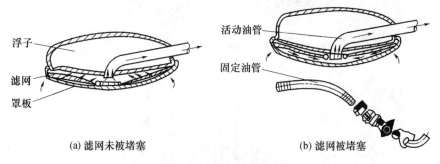

(a) 滤网未被堵塞　　　　　　　　　(b) 滤网被堵塞

图 7 – 12　浮子式集滤器

当机油泵工作时,润滑油被从罩板与浮子间的狭缝吸入,经滤网滤去粗大杂质后进入机油泵。当滤网被堵塞时,机油泵所形成的真空度会迫使滤网上升,并使滤网的环口离开罩板,此时润滑油便被直接从环口吸入进油管,以保证机油的供应不致中断。

浮子式集滤器能保证吸入较清洁的机油,但易吸入泡沫,使机油压力降低,润滑欠可靠。固定式集滤器装在油面以下,吸入机油的清洁度稍逊于浮子式,但可防止泡沫吸入,润滑可靠且结构简单。

（二）粗滤器

粗滤器用于滤去机油中粒度较大(直径 0.05 ~ 0.1mm 以上)的杂质,它对机油的流动阻力较小,一般串联在机油泵与主油道之间,属于全流式滤清器。

机油滤芯是用经过树脂处理过的微孔滤纸制成,为了增大滤芯的面积,减小滤芯阻力,滤纸常折成百褶裙状。滤芯的结构如图 7 – 13 所示。它是一次性滤芯,具有较好的抗水性,成本低,滤清效果好,过滤阻力小,在内燃机上得到了广泛应用。

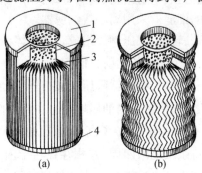

(a)　　　　　　　　(b)

图 7 – 13　机油粗滤器纸质滤芯的构造
—上端盖;2—芯筒;3—微孔滤纸;4—下端盖。

粗滤器构造如图 7 – 14 所示。它的外壳是由上盖和冲压成形的壳体组成。滤芯的两端用环形密封垫密封,夹持在上盖的止口与托板之间。机油由进油孔流入,通过滤芯滤清后,从出油孔流入主油道。当滤芯被杂质堵塞、内外压差达到一定值时,旁通阀被顶开,机油不流经滤芯而直接进入主油道。

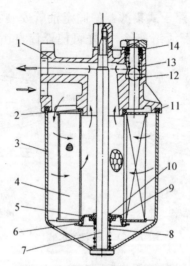

图 7 - 14　纸质滤芯机油粗滤器

1—上盖；2,6—滤芯密封圈；3—外壳；4—纸质滤芯；5—托板；7—拉杆；8—滤芯压紧弹簧；9—压紧弹簧垫圈；
10—拉杆密封圈；11—外圈密封圈；12—球阀；13—旁通阀弹簧；14—密封垫圈。

（三）细滤器

细滤器用以清除直径在 0.001mm 以上的细小杂质。由于它对机油的流动阻力大，所以多采用分流式，即与主油道并联。内燃机工作时，只有少部分机油从细滤器通过。

细滤器按滤清方式，可分为过滤式和离心式两种。

1. 过滤式细滤器

其滤芯有纸质、硬纸板和锯末纸浆结构，都是一次性滤芯，应在二级保养时更换。

2. 离心式细滤器

图 7 - 15 所示是离心式细滤器是一种永久性的滤清器，可通过维修保养的方法来恢复其滤清能力。具有滤清能力强、不易堵塞、使用寿命长等优点。缺点是对胶质滤清效果较差。目前，大多数内燃机的细滤器采用离心式细滤器。

离心式细滤器由壳体、盖、转子、限压阀等组成。转子体内有两个出油管，其上口罩有滤网，下端与水平喷嘴相通，两个喷嘴的喷射方向相反。

当主油道内油压大于一定值时，细滤器限压阀被推开，机油经转子轴的中心孔和径向孔流入转子内，充满转子内腔，致使转子内油压增高。在压力作用下，机油通过出油管，从水平喷嘴喷出，在喷射反作用力作用下，转子高速旋转，转速可达 5000r/min 以上。转子内的机油在离心力作用下，将杂质甩向四周，并积存在转子内壁上。这样，当转子旋转速度达到一定程度后，从喷嘴喷出的机油就变成清洁的机油了。从喷嘴喷出的清洁机油直接流回油底壳。当机油压力过低时，进油限压阀关闭，机油不进入细滤器而全部进入主油道。

在清洗离心式细滤器时，禁止用金属刮除转子内壁的沉积物，以防破坏转子的平衡。在正常状况下，内燃机熄火后，由于转子的惯性，在细滤器侧面应能听到转子持续旋转声，约 1 ~ 3min。若听不到此声音，则说明转子不转，应及时维修。

154

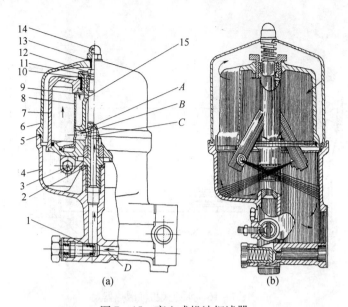

图 7 - 15　离心式机油细滤器

A—导流罩油孔；B—转子轴油孔；C—转子体进油孔；D—细滤器进油孔。

1—低压限压阀；2—转子轴止推片；3—喷嘴；4—底座；5—外罩密封圈；6—外罩；7—转子罩；8—导流罩；

9—转子轴；10—止推片；11—垫圈；12—紧固螺母；13—垫片；14—盖形螺母；15—转子体。

三、机油散热器

内燃机工作时，机油温度不断升高，黏度降低，润滑性能变坏，因此，应设法维持一定的机油温度。在润滑系中设置机油强制冷却装置，以加强机油的冷却作用。大多数内燃机将机油冷却装置串联在润滑系主油道中，因为它比采用并联方式要安全。

机油散热器分为风冷式和水冷式两种。

1. 风冷式机油散热器

机油散热器一般由带散热片的扁管构成，结构与冷却水散热器相类似。机油在管中流动，将热量通过散热片传给周围的空气带走，使机油得到降温。机油散热器一般与冷却水散热器一起装在内燃机的前端，并利用风扇来加强冷却。对于汽车来说，因有迎风气流的作用，并且内燃机与车厢内部是隔开的，所以风扇是吸风式。但是对于工程机械来说，内燃机通常位于车厢内部，所以往往采用排风式风扇

2. 水冷式机油散热器

水冷式散热器的散热效果较好，故常用在工程机械上，因为工程机械常在满负荷工况下工作，热负荷严重，且多为固定作业或行驶速度较低、散热条件差。

图 7 - 16 所示为水冷式机油散热器。外壳内装有一组带散热片 8 的冷却管 6 所构成的散热器芯，散热器芯的两端与散热器前后盖内的水室相通。工作时，冷却水在管内流动，而机油则在管外受隔片 7 的阻碍而曲折流动，高温机油的热量通过散热片传给冷却水而被带走，机油得到降温。在冷态启动暖车期间机油温度较低时，则机油从冷却水吸热，以加快提高温度而有利于润滑。

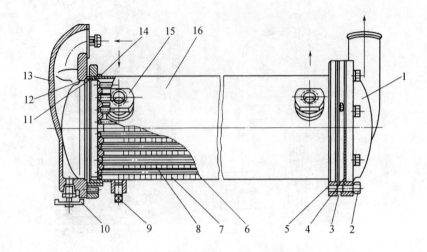

图 7 – 16　水冷式机油散热器

1—散热器前盖;2—螺钉;3—垫片;4—散热器芯法兰;5—外壳法兰;6—冷却管;

7—隔片;8—散热片;9—螺塞;10—放水阀;11—封油圈;12—油封垫片;

13—散热器后盖;14—散热器芯底板;15—进油管接头;16—散热器外壳。

第五节　曲轴箱通风

内燃机工作时在压缩和膨胀冲程中,汽缸内的一部分可燃混合气和废气不可避免地会经过活塞环的间隙漏入到曲轴箱中,必须将这部分气体排出,这就是曲轴箱通风。如果不将这部分气体导出,则会产生以下不良后果:

(1)曲轴箱内的气压增高,高于环境大气压力时,会引起机油从曲轴两端油封处漏出,以及油雾从油底壳密封面漏出。

(2)曲轴箱中的机油被漏气所污染。

(3)当曲轴箱内温度过高并存在有飞溅的油雾和燃气的情况下,遇到某些热源的引燃时,可能发生爆炸。

曲轴箱通风装置的结构形式分为自然通风式和强制通风式两大类。自然通风是将曲轴箱内的气体直接导入到大气的一种通风方式;强制通风则是将曲轴箱内的气体导入内燃机的空气滤清器或进气管内,然后送入汽缸内燃烧的一种通风方式。

自然通风一般是利用机油加入口和加油管作为曲轴箱的通风装置。加油管安装在曲轴箱侧面或气门室盖的上方,机油加入口处装有滤清材料,防止外界尘土倒流入曲轴箱而污染机油。这种通风方式常用于柴油机(如 F6L912 型柴油机)。

强制通风装置是利用内燃机工作时的进气吸力,强制地把曲轴箱内的废气吸到进气管中,并随新鲜可燃混合气一起进入汽缸。这样的通风方式,可减少废气对大气的污染,同时把曲轴箱内的润滑油蒸气(机油温度较高时)吸入汽缸,也改善了汽缸上部的润滑条件(如大部分汽油机、WD615.67 型等柴油机采用强制通风装置)。

第六节 机油的分类与选用

一、机油

内燃机机油分为汽油机机油、柴油机机油、船用柴油机机油等。机油的品种较多,不同品种和牌号的机油其物理、化学性能各有差异,适用的范围也各不相同(详见附录一)。内燃机机油按其理化性能的不同,用两个指标来分类:黏度和油品。

1. 黏度分类

黏度分类是指机油在其标定温度下的稀稠程度。目前国际上通常采用 SAE(Society of Automotive Engineers,美国汽车工程师协会)分类。该分类分为:

夏用机油:SAE0、SAE5、SAE30、SAE40、SAE50 等级别(标定温度:98.9℃);

冬用机油:0W、5W、10W、15W、20W、25W 等级别(标定温度: -17.8℃)。

W 表示冬季用机油,以上的机油称为单级油。

将有 W 标号与无 W 标号的机油搭配,组成各种多级油,如 SAE5W30 机油,其理化性能在 -17.8℃时满足 5W 机油标准,在 98.9℃时满足 SAE30 机油标准。

使用多级油不仅是解决机油冬夏通用问题,而且有显著的节能效果和良好的抗磨损性,在发达国家尤其是军方普遍采用多级油。

2. 油品分类

油品主要指机油的性能等级指标,如分散性、抗氧化性等。其分类通常采用 API(American Petroleum Institute,美国石油协会)分类法。汽油机机油为"S"类油(服务站用油),该类有 SC、SD、SE、SF、SG、SH、SJ、SL 等级别。柴油机机油为"C"类油(商业车辆用油),该类有 CC、CD、CE、CF - 4、CG - 4、CH - 4、CG - 4 等级别,级别越靠后的质量要求越高。

二、机油的牌号

内燃机机油牌号由黏度分类和油品分类两部分组成,如:牌号为 15W/40 SF 的机油,其中 15W/40 是黏度分类,SF 是油品分类。部分机油牌号分类见表 7 - 1。

通常汽油机机油不能用于柴油机,柴油机机油也不能用于汽油机。为了解决汽、柴混编车队用油混乱问题,生产出汽/柴通用的通用油,其标志为二者都标,如 SF/CD(汽油机机油配方为主)、CD/SG(柴油机机油配方为主)等。

表 7 - 1 内燃机机油牌号分类

机油 符号分类	汽油机机油	柴油机机油
油品分类	SC、SD、SE、SF、SG、SH、SJ、SL 等	CC、CD、CE、CF - 4、CG - 4、CH - 4 等
黏度分类	30、40、5W30、5W40、10W30、10W40、15W40、20W40 等	
牌 号	30SD、10W30SF、15W40SF、40SF 等	30CC、15W40CD、15W40CF - 4 等

157

三、机油的选用

选择使用内燃机机油要考虑两个方面。首先根据气温条件确定黏度级别,见图 7–17。如 –15℃ 气温,可选 15W 油,兼顾高温条件时使用多级油,可选 15W/40 多级油。再根据油品分类确定,用 SD 或 SF 油,最后完整的表示方式为 15W/40 SF 油。

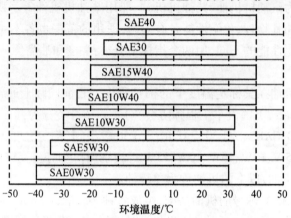

图 7–17　不同环境温度下选择机油参考图

四、机油使用注意事项

（1）除非是通用油,汽油机机油"S"类和柴油机机油"C"类不能互用及混用。
（2）严禁不同牌号、不同生产厂家的机油混用。
（3）严禁新油、旧油混合使用。
（4）应按内燃机生产厂家要求的牌号用油,并尽可能选用较高级别的油,不得已使用低挡油时要缩短换油周期。
（5）正常情况下应严格按内燃机生产厂家所提供的换油周期进行换油。
（6）严禁机油中混入水、杂质等污物。
部分内燃机用油情况见表 7–2。

表 7–2　部分内燃机用油情况

车　型	内燃机	装车用油	容量/L	换油里程/km
EQ Ⅱ 41G EQ Ⅲ 8 EQ2102	6BTA 系列柴油机	15W40CD	15	8000～10000
EQ1168 GJW111	6CTA8.3 系列柴油机	15W40CF–4	24	8000～10000
GJT112 GJZ112	MTA11 柴油机	$t > -15℃$,用 15W40CF–4/CH–4 $t > -20℃$,用 10W30CF–4/CH–4	26～34	16000km 或 250h
TY160 TY220	NTA855 柴油机	$t > -25℃$,用 5W30CF–4/CH–4 $t > -40℃$,用 0W30CF–4/CH–4		或 6 个月 （符合上述之一）

作 业 题

1. 润滑系的作用是什么？润滑方式有哪几种？
2. 基本润滑油路由哪些主要机件组成？各起什么作用？
3. 机油是如何分类的？机油使用注意事项有哪些？
4. 油底壳内的机油油面升高,可能的故障原因有哪些？
5. 从使用角度分析,如何降低内燃机运动部件间的磨损？
6. 什么是内燃机的早期磨损？如何避免？

第八章 冷 却 系

第一节 冷却系的功用和形式

一、冷却系的功用

内燃机工作时,汽缸内的最高燃气温度可达 2500℃。燃气燃烧所产生的热量可分为三部分:一部分转变为机械能对外输出;一部分热量随废气排出;还有一部分热量被内燃机零件吸收。因而与燃气直接接触的汽缸盖、汽缸套、活塞和气门等零件受热最为严重,必须采取相应的冷却措施。否则,会产生下述各种不良现象:

(1)汽缸内温度过高,吸进的工质因高温而膨胀,使汽缸充气系数下降,从而导致内燃机功率下降。

(2)汽缸内可燃气温度过高,易发生早燃和爆燃。

(3)温度过高导致机油黏度下降,摩擦表面之间因机油过稀而不能保持正常的润滑油膜,导致润滑条件恶化;高温还会导致机油氧化变质。

(4)受热零件由于温度过高而破坏了正常的配合间隙,使其无法正常工作。

(5)温度过高使金属材料的力学性能下降,易发生变形甚至破裂,以致承受不了正常的负载。

上述现象最终将导致内燃机不能正常工作。因此,内燃机必须进行冷却,使其维持在适宜的温度范围内。但若冷却过度则会使内燃机温度过低,也会产生不良后果:

(1)由于汽缸内温度过低,燃油雾化蒸发性能变差,燃烧品质变坏,从而使内燃机耗油量增大。

(2)由于温度过低,机油黏度增大,摩擦表面之间不能形成良好的润滑油膜,使摩擦损失增大。内燃机若在 40~50℃温度下工作,其零件由于温度低而加重了汽缸的腐蚀磨损比正常工作温度下增加 1.6 倍。

(3)废气中的水蒸气和硫化物在低温下会凝结成亚硫酸、硫酸等酸性物质,造成零件的腐蚀和磨损。

(4)汽缸内温度过低,会使热量损失增大,内燃机热效率和输出功率降低。

综上所述,内燃机的工作温度过高或过低,都会影响内燃机的动力性、经济性以及它的使用寿命。因此,冷却系的功用就是及时地将零件所吸收的过多热量散走,以保持它们在正常的温度范围内(80~90℃)工作。实验证明,当冷却系的水温在 80~90℃时,内燃机的工况处在最佳状态,内燃机启动后,机体应迅速达到这个温度并持久保持在这个温度范围内。

二、冷却系的形式

根据冷却介质的不同,内燃机冷却系可分为水冷式和风冷式。

(一)水冷式冷却系

水冷式冷却系按冷却水的循环方式可分为自然循环与强制循环两种。按冷却水是否直接与大气相通,又可分为开式循环与闭式循环两种。

自然循环冷却系是利用水的密度随温度变化的特点,使冷却水在系统中进行自然循环,通过水的蒸发带走热量,它属于开式循环。自然循环冷却系的优点是结构简单,缺点是耗水量大。由于散热,水不断被蒸发,必须及时补充冷却水才能保持内燃机正常工作,这对于车用内燃机是不方便的,因此它一般仅用于单缸内燃机或小型内燃机上。

强制循环冷却是利用外来的动力迫使冷却水在冷却系内流动。强制循环的冷却效果比自然循环好,绝大部分内燃机采用强制循环冷却。

图 8-1 所示是典型强制循环式水冷却系示意图,它具有较完善的冷却调节和控制功能。当内燃机冷车启动时,工作温度偏低,节温器 4 的主阀门关闭,副阀门开启,冷却水由水泵 3 进入分水管 7,经水套 6 由上出水口通过节温器的副阀门直接流向水泵(不经散热器 11),由水泵提高水压后再进入分水管,这一循环称为冷却系的小循环。内燃机在进行这种循环时温度会迅速升高,当水温升到一定值时,节温器的主阀门开启,副阀门关闭,水套中的冷却水由上出水口经节温器主阀门流向散热器上储水箱,经散热器 11 冷却后进入散热器下储水箱,从下水管被吸入水泵,提高压力,再泵入分水管 7,这一循环称为冷却系的大循环。冷却系还利用风扇 1 的强力抽吸,使空气从前向后高速吹过散热器,提高散热能力。

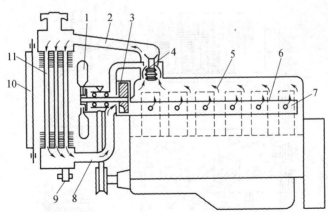

图 8-1 强制循环式水冷却系示意图

1—风扇;2—上水管;3—水泵;4—节温器;5—汽缸盖水套;6—机体水套;7—分水管;
8—下水管;9—散热器放水开关;10—百叶窗;11—散热器。

为了克服冷却系中水的溢出和蒸发,目前多用封闭式水冷却系统。如 NTA855、WD615.67、12V150 柴油机等冷却系均采用闭式水冷却系统。

典型闭式水冷却系冷却水循环途径见图 8-2。

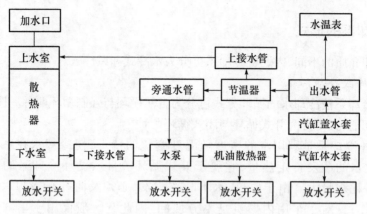

图 8-2　冷却水循环途径

（二）风冷式冷却系

风冷式冷却系是利用空气做冷却介质,空气高速吹过机件表面时,把汽缸体、汽缸盖等机件的热量带走,从而保证内燃机在正常的温度范围内工作。

为了提高内燃机主要受热机件的散热能力,风冷式冷却系的汽缸体和汽缸盖的表面上设置了很多散热片,从而增大了散热面积。为保证铸造质量,一般都把汽缸体和曲轴箱分开铸造,加工后再组装为一体。

内燃机最热的部分是汽缸盖,为加强冷却,内燃机的缸盖通常用铝合金铸造。为了更充分有效地利用气流,加强冷却,一般都装有高速风扇和导风罩,有的还设有分流板等进行强制冷却,以保证各缸冷却均匀。考虑各缸背风面的冷却需要,有些内燃机还装设有挡风板,以使空气流经汽缸的全部圆周表面,如图 8-3 所示。

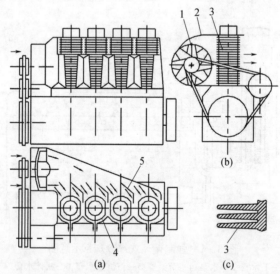

图 8-3　风冷式柴油机冷却系示意图
1—风扇;2—导流罩;3—散热片;4—汽缸导流罩;5—分流板。

风冷内燃机具有如下的特点:

（1）结构简单,使用维修方便,制造成本低。

（2）对环境温度适应性强。风冷内燃机缸体的温度较高，一般为 150~180℃，当温度低到 -50℃时，也能正常工作，对地区条件要求也不严，严寒无水的地区也能正常工作。

（3）由于内燃机工作温度高，燃烧物中的水分不易凝结，因此不易形成硫酸性物质，故对汽缸等机件的腐蚀性小。

（4）暖机时间短，容易启动。

（5）重量轻，内燃机的总长比水冷式内燃机短。

其缺点是冷却不够可靠，热负荷较高，消耗功率大。对内燃机的材质要求高，噪声大，应用不如水冷式普遍。

一般情况下风冷机和水冷机的优缺点对比见表 8-1。

表 8-1　一般情况下风冷机和水冷机的对比

对比指标	风冷机	水冷机
可靠性	较好	较差
维修和保养工作量	较少	较多
环境温度的适应性	好	差
结构复杂程度	简单	复杂
整体质量和体积	较小	较大
系列化生产的方便程度	好	较差
强化程度	低	高
机油消耗量	大	小
噪音	大	小

三、冷却水和防冻液

水冷式内燃机采用水作为冷却液，水分为硬水和软水。硬水中含有大量的矿物质（$MgCl_2$，$Ca(HCO_3)_2$等），高温时这些矿物质会沉析出来形成水垢，造成管道堵塞和运动机件的磨损，从而影响冷却系的散热效果；水垢还会附着在冷却系管件的内壁，影响热量由水向散热机件的传递效果，使内燃机易于过热；另外，溶解于水中的某些盐类（$MgCl_2$）受热时发生水解，产生 $Mg(OH)_2$ 和 HCl。其中 HCl 是一种具有腐蚀性的物质，对冷却系是很不利的。为此，部分现代内燃机上安装有冷却水过滤装置（如 NTA855 型柴油机），以保证冷却水的清洁。

冷却液应使用软水，如果只有硬水，则需要经过软化。常用方法有：在 1L 水中加入碳酸钠（纯碱）0.5~1.5g，或加入 0.5~0.8g 氢氧化钠（烧碱）、或加入 10% 的重铬酸钾（红矾）溶液 30~50mL，待生成沉淀后，取上面的清洁水使用。

在寒区的冬季，当汽车较长时间停车时，必须将发动中的冷却水放净，否则会因冷却水结冰而造成汽缸体和汽缸盖等零件被胀裂。因此，为了防止内燃机冬季使用过程中零件冻裂事故的发生，并减少加水、放水工作，理想的办法是采用防冻液，即在冷却水中加入一些有机物质，以降低冷却水的冰点。

目前常用的防冻液有酒精、乙二醇或甘油等分别与水配合而成，配方见表 8-2。

在使用乙二醇配制的防冻液时应注意:①乙二醇有毒,切勿用口吸;②乙二醇对橡胶有腐蚀作用;③乙二醇吸水性强,且表面张力小,易渗漏,故要求冷却系密封性好;④使用中切勿混入石油产品,否则在防冻液中会产生大量泡沫。

在防冻液中加少量的添加剂(如亚硝酸钠、硼砂、磷酸三丁酯、着色剂等)可以配制成长效防锈防冻液。

表8-2 防冻液的成分、冰点和比重

冰点/℃	洒精—水		乙二醇—水		甘油—水	
	洒精%	混合液比重	乙二醇%	混合液比重	甘油%	混合液比重
−5	11.3	0.98	—	—	21	1.05
−10	19.7	0.97	28.4	1.03	32	1.08
−15	25.5	0.96	32.8	1.04	43	1.11
−20	31.0	0.95	38.5	1.05	51	1.13
−25	35.5	0.94	45.3	1.06	58	1.15
−30	41.1	0.93	47.8	1.06	64	1.16
−35	48.1	0.92	50.9	1.07	69	1.18
−40	54.8	0.90	54.7	1.07	73	1.19
−45	62.2	0.89	57.0	1.07	76.5	1.20
−50	70.0	0.87	59.9	1.08	—	—

第二节　强制循环水冷系主要机件

强制循环冷却系的主要部件有散热器、水泵、风扇、节温器和膨胀水箱等。

一、散热器

(一) 散热器的功用、结构组成

散热器的作用是将循环水从水套中吸收的热量散布到空气中,用来降低冷却水的温度,以便再次循环对内燃机进行冷却。

散热器又称水箱,它由上贮水箱(进水室)、下贮水箱(出水室)和散热器芯等组成。上贮水箱的上部有加水口并装有水箱盖,后侧有进水管,用橡胶管与汽缸上的出水管相连。下贮水箱的下部有放水开关,后侧有出水管,也用橡胶管与水泵的进水管相连,并用卡箍紧固。这样,散热器与内燃机机体就形成了活络柔性连接,可防止工作中因振动而损伤散热器。

按照散热器中冷却水流动的方向不同,散热器可分为纵流式和横流式,如图8-4所示。

(二) 散热器芯

散热器芯用导热性好的材料(铜或铝)制作,而且还要有足够的散热面积。散热器芯的结构形式很多,管片式散热器芯(图8-5)具有制造工艺简单、刚性好、散热效果佳、成

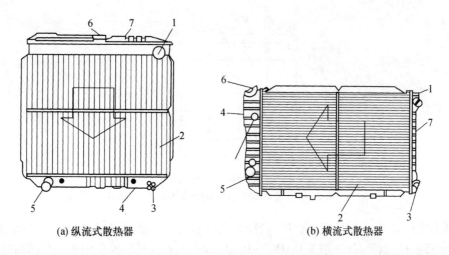

(a) 纵流式散热器　　　　　　　　　　(b) 横流式散热器

图 8 - 4　散热器的结构形式

1—进水口;2—散热器芯;3—放水开关;4—出水室;5—出水口;6—散热器盖;7—进水室。

本低等优点,广泛地被内燃机所采用。管片式散热器由许多冷却管和散热片组成,冷却管是焊在上下贮水箱间的直管,是循环水的通道。当空气吹过管子的外表面和散热片时,管内流动的水得到冷却,冷却管的断面采用扁圆形。在冬季,当管内的水结冰膨胀时,扁管可以产生横断面变形而不易破裂。在冷却管外横向套装了很多金属片(散热片),散热片的安装除增加散热面积、提高散热效率外,还提高了散热器的刚度和强度。

图 8 - 6 所示为管带式散热器芯示意图。波纹状的散热带 2 与冷却管 3 相间排列。在散热带上一般开有形似百叶窗的缝孔 A,以破坏空气流在散热带表面的附面层,提高散热能力。这种散热器芯与管片式散热器芯相比,散热能力较高、制造工艺简单、质量小,但结构刚度不如管片式好。

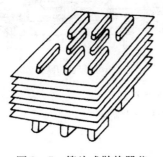

图 8 - 5　管片式散热器芯

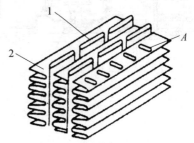

图 8 - 6　管带式散热器芯

1—冷却管;2—散热带;A—缝孔。

当散热器尺寸较大时,为了提高冷却水的流速,在上、下水室中增加隔板,使冷却水在散热器中流经几个来回(图 8 - 7)。

二、水箱盖(散热器盖)

水箱盖是散热器加水口的盖子,用以封闭加水口,防止冷却液溅出和散发。水箱盖由空气阀和蒸气阀组成(图 8 - 8)。其结构和工作原理同油箱盖。

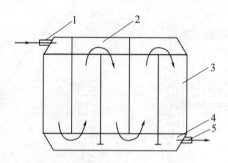

图 8 - 7　散热器中水流循环简图

1—进水口;2—上水室;3—芯部;4—下水室;5—出水口。

其工作过程是:当内燃机工作时,若冷却水的温度上升至沸点,散热器中蒸气压力高于大气压力到一定数值时(一般为 0.0245 ~ 0.0372MPa),在内外压差作用下,蒸气阀开启使水蒸气排出(图 8 - 8(b))。这样,就避免了因冷却系中水蒸气压力增大可能使散热器破裂的可能。当水温下降,冷却系中压力低于大气压力到一定数值时(一般为 0.0098 ~ 0.0118MPa),内外压差使空气阀开启,空气便进入冷却系(图 8 - 8(a)),以防胶皮管及散热器上下贮水箱被大气压瘪。一般情况下,两个阀均在弹簧力的作用下处于关闭状态,避免了冷却水的散失。因此,水箱盖又被称为空气—蒸气阀。

内燃机工作时,空气—蒸气阀的存在可使冷却系内的气压稍高于外界气压,从而提高了冷却水的沸点,提高内燃机热效率,这一性能对在热带和高原地区工作的内燃机特别有利。目前闭式水冷系广泛采用具有上述特性的水箱盖。但应注意,在内燃机热机状态下,不宜立即取下水箱盖,以免烫伤。

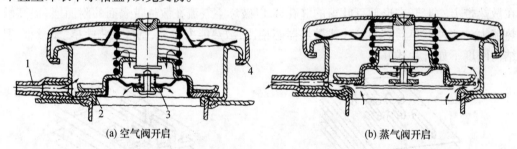

(a) 空气阀开启　　　　　　　　　　　　　(b) 蒸气阀开启

图 8 - 8　具有空气—蒸气阀的水箱盖

1—蒸气排出管;2—蒸气阀;3—空气阀;4—散热器盖。

三、膨胀水箱

随着汽车工业的飞速发展和内燃机的不断强化,对冷却系散热能力的要求也逐渐提高。目前多数汽车采用的闭式冷却系已不能满足需要,这是由于闭式冷却系的水、气不能分离,而造成冷却系中机件的氧化腐蚀和导致冷却效果的降低的缘故。为解决这个问题,在冷却系统中增设了膨胀水箱。

采用膨胀水箱的目的:减少空气进入冷却系;使水、气分离;保持水箱内蒸气压力稳定;减轻机件腐蚀损坏。

图 8 - 9 所示为膨胀水箱示意图。它是在封闭式冷却系统中增设了一个水箱,其上部

空间由两根细管分别与最易产生蒸气的部位(汽缸盖出水管口和散热器上水箱盖蒸气阀)相连,其底部用水管与水泵进水口相接。当水箱内温度升高,压力大于蒸气阀的开启压力时,空气和蒸气被引到膨胀水箱里,进行水气分离。蒸气冷凝成水后再流到水泵进水口,提高了水泵入口处的水压力,减少了气蚀现象。

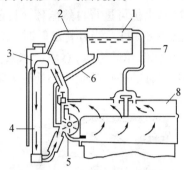

图 8 – 9　装有膨胀水箱的冷却系

1—膨胀水箱;2,7—泄流管;3—散热器上贮水室;4—散热器芯体;5—水泵;6—补偿管;8—汽缸盖。

有的轿车还采用了类似的变形结构,将膨胀水箱(静水室)置于上贮水箱内的上半部。

四、装有贮液罐的冷却系

随着长效冷却液或防冻液的广泛采用,现代汽车(尤其是轿车)的冷却系结构也产生了相应的变化。由于有机质液体的膨胀系数比水大,当冷却液温度变化时体积也有较大的变化。如在行车前加满冷却液,在行驶中会因受热膨胀而溢出,停车后又会造成"缺水"。为解决这个问题,在散热器旁增设贮液罐(又称补偿水桶),用橡胶软管与散热器加水口座的出气口相连。

图 8 – 10 是设有贮液罐的装置图,贮液罐随时为冷却系补充或贮存冷却液。这种冷却系所用的水箱盖既可采用普通形式的,也可用半封闭式的(即进气阀只在系统压力高于大气压力时才被关闭,有利于系统升压)。散热器的蒸气引出管接在贮液罐的底部,罐顶另装一蒸气引出管通大气。内燃机首次启动前,罐中液面应处于满刻度线位置,不得低于下刻线。当系统温度升高时,散热器内液体将推开排气阀,沿引出管进入贮液罐暂存。系统温度降低时,散热器内气压低于外界气压,在内外压力差作用下冷却液又会沿原路线经水箱盖"进气阀"流回到系统中(散热器)。

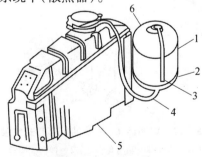

图 8 – 10　散热器和贮液罐

1—贮液罐的上刻线;2—贮液罐下刻度线;3—蒸气引出管;4—连通管;5—散热器;6—贮液罐。

五、水泵

水泵的功用对冷却水加压,迫使其在冷却系中循环流动,以增强冷却效果。汽车内燃机广泛采用离心式水泵。原因是它体积小、输水量大、结构简单、维修方便,工作可靠,尤其是当水泵因故停止运转时,冷却水仍可进行自然循环。目前在内燃机中得到广泛应用。

离心式水泵的工作原理是(图8-11):当叶轮旋转时,水泵中的水被叶轮带动一起旋转,并在本身离心力的作用下,甩向叶轮的边缘,然后沿水泵壳内腔与叶轮成切线方向的出水管压送到汽缸体的水套中。与此同时,叶轮中心处压力降低,散热器下贮水箱的水便从进水管被吸到叶轮中心部位。

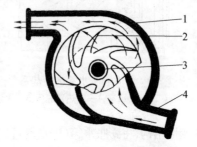

图8-11 离心式水泵工作原理
1—水泵壳体;2—叶轮;3—进水管;4—出水管。

图8-12是WD615.67型柴油机的离心式水泵结构。皮带轮、叶轮及水泵为过盈配合,水泵盖铸在汽缸体上,出水口与汽缸体右侧进水道相连通,水泵由皮带传动,水泵工作时,水封随叶轮转动,而水封总成不转动。

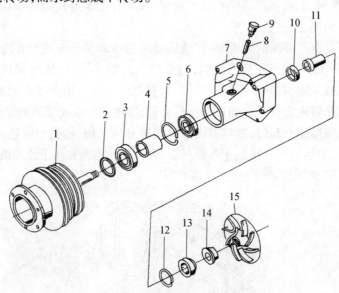

图8-12 WD615.67型柴油机离心式水泵
1—皮带轮;2—挡环;3、6—轴承;4—隔离套管;5、12—弹性挡圈;7—泵壳;8—油杯座;
9—油杯;10—油封;11—衬套;13—水封;14—水封挡圈;15—叶轮。

六、水套和分水管

内燃机的水套由汽缸体和汽缸盖内的空腔组成。汽缸体和汽缸盖的接合面间有相对应的孔道相通，以便冷却水循环。水套下部装有放水开关，可放出水套内的水。

在多缸内燃机上，冷却水流过前面汽缸后再对后面的汽缸进行冷却，因此前面汽缸冷却效果好，后面的汽缸冷却效果差。为了保证各个汽缸冷却效果一致以及温度较高的机件(如排气门座)能优先得到冷却，在水套内装有分水管。

分水管是用铜皮或不锈钢皮制成，从汽缸前端进水口处插入水套内。分水管的上部及两侧在对准各缸的排气门座与汽缸外壁处均开有孔眼，从水泵压入的冷却水从这些孔眼中流到排气门座与汽缸周围，使其优先得到冷却，然后再冷却其他部位。由于汽缸下部温度并不很高，因此主要依靠水的对流进行冷却。

七、冷却强度调节装置

为使内燃机适应转速、负荷、环境和气候环境的变化(转速、负荷、环境和气候)，保证其经常处在最佳温度状况下工作，在冷却系统中可通过改变通过散热器的空气流量和冷却水流量两种方法来调节。

(一) 风扇和风扇皮带

风扇的作用是增大流经散热器的空气流速和流量，以提高散热器的散热能力。

风扇叶片一般用薄钢板冲压而成，其断面多采用圆弧形，也有的采用塑料或铝合金铸成翼形断面。叶片的数量通常为4片或6片。为减少风扇叶片旋转时的振动和噪声，叶片之间的夹角不是均匀排列的。有些汽车内燃机风扇的叶片，将外缘端部冲压成弯曲状以增加风量。为提高风扇的效率，在风扇的圆周外装一圆形挡风圈。目前应用较多、较先进的风扇是带有辅助叶片的导流风扇，在叶片表面铸有凸起，如图8-13所示。其优点是增加了空气的径向流量，防止在叶片表面产生附面层和涡流现象，从而改善了冷却性能，降低了噪声。

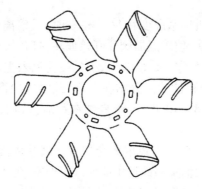

图8-13 有凸起辅助叶片的导流风扇

风扇一般安装在散热器后面，由曲轴皮带轮通过三角皮带驱动，也可以用电动机来驱动。在工程机械冷却系统中，风扇通常与水泵同轴安装，并通过皮带直接由曲轴来驱动。这种机械驱动方式结构简单、工作可靠，但不能很好地调节内燃机的温度。因此，目前在轿车上多采用电动风扇。电动风扇由直流低压电动机驱动并由蓄电池供电，采用传感器和电器系统来控制风扇的工作。其优点是结构简单、布置方便,并可以根据内燃机的温度来控制风扇的转速,以使内燃机在最适宜的温度范围内工作。

（二）硅油风扇离合器

对于风扇直接安装在水泵轴上的内燃机来说,其扇风量是随内燃机转速的变化而变化,不是根据冷却水温度的变化而变化的,这样使风扇的冷却效率大大降低。若采用硅油风扇离合器,则可以使扇风量随冷却水温度的变化而变化,从而降低了功率消耗,可以使内燃机保持在比较适宜的工作温度范围内。目前已较普遍地应用在汽车上,尤其是风扇功率消耗比较大的重型车辆应用更广。

图 8-14 是 WD615.67 型柴油机采用的硅油风扇离合器。硅油风扇离合器的离、合是靠散热器后面的温度感应双金属片控制的。

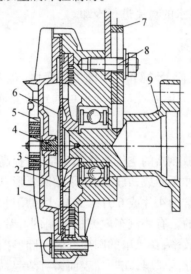

图 8-14　硅油风扇离合器

1—前盖;2—主动板;3—从动板;4—阀销;5—双金属感温器;6—阀片;7—锁止块;8—锁止螺钉;9—主动轴。

其工作原理是:当柴油机出水温度在 86℃ 左右时,风扇离合器双金属片周围温度在 65℃ 左右,双金属片开始卷曲,使感温器阀片开始偏转,打开从动板上的进油孔,这时储油室内硅油经过进油孔流入工作室,又经主动板上的油孔流入主动板和壳体沟槽的间隙内,由于硅油的黏性把主动部分和被动部分粘在一起,此时风扇离合器结合,风扇转速可达 2650～2850r/min,扭矩为 8.8～10.8N·m,硅油在贮油室和工作室之间进行不间断的闭式循环。

当柴油机出水温度低于 75℃ 时,风扇离合器双金属片周围温度在 45℃ 左右,此时阀片关闭从动板上的进油孔,贮油室内硅油不能流入工作室,但工作室内的硅油继续从回油孔返回贮油室,最后受离心力的作用,工作室内的硅油被甩空,风扇离合器呈脱离状态,风扇随离合器壳体在主动轴上打滑,这时转速较低,一般在 800r/min 左右。

当硅油风扇离合器发生故障失效时,可将风扇后面两个螺栓松开,把锁止块插到主动轴内再拧紧螺栓,这样使风扇离合器的壳体体、风扇和主动轴锁成一个整体,变为直接驱动,以保证风扇在离合器失效时仍能正常工作。

170

(三) 百叶窗和挡风帘

在散热器的前面装有百叶窗或挡风帘,用以调整控制通过散热器的空气流量,来达到调节冷却强度的目的。当水温度过低时,可将百叶窗部分或完全关闭,减少流经散热器的空气量,使冷却水温度升高。

百叶窗或挡风帘一般由驾驶员通过装在驾驶室的手柄控制。挡风帘一般安装在汽车头部,多用于北方寒冷地区。冬季使用时部分或全部放下,以保证内燃机机体温度保持在正常工作温度范围。

(四) 节温器

节温器安装在汽缸盖出水口座中。节温器的作用是随内燃机水温的变化,自动改变冷却水的循环路线,实现冷却系的大小循环,以达到自动调节冷却强度的目的。

节温器分为蜡式节温器、折叠筒式节温器和金属热偶式节温器三种。蜡式节温器因具有对压力的影响不敏感、工作性能稳定、水流阻力小、结构坚固、使用寿命长等优点,目前得到了广泛的应用。

蜡式节温器是以白蜡作为传感物质,将其装于封闭的金属筒内,利用石蜡在82.5~83℃时由固体熔化为液体而体积膨胀的特点,控制阀门的开、闭。其结构组成见图8-15。

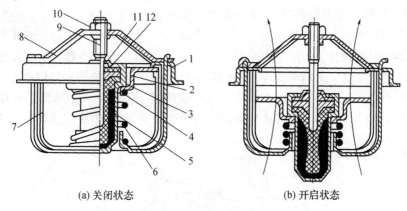

(a) 关闭状态   (b) 开启状态

图8-15　蜡式节温器

1—阀座;2—弹簧;3—节温器外壳;4—橡胶管;5—石蜡;6—弹簧;7—下支架;
8—上支架;9—反椎杆;10—螺母;11—节温器盖;12—密封圈。

蜡式节温器的工作原理:

(1) 当冷却水温度低于76℃时,石蜡呈固态,此时,弹簧6将阀门2压在阀座1上,主阀门关闭、副阀门打开,冷却水从汽缸盖出水口经旁通阀直接进入水泵进水口进行小循环。

(2) 当内燃机水温升高时,石蜡逐渐融化呈液态,体积随之增大,迫使橡胶管4收缩,而对反推杆9的锥状头部产生上举力,同时固定不动的反推杆9对橡胶管4和节温器外壳3产生向下的反推力。

随着温度的不断升高,推杆的反推力克服了弹簧6的预紧力而向下移动,主阀门慢慢打开,当温度达到86℃时,主阀门完全打开,达到最大升程,从汽缸盖出水口出来的水则经主阀门和进水管进入散热器上贮水箱,经冷却后流到下贮水箱,再由出水口被吸入水泵

171

的进水口,经水泵加压送入汽缸体分水管或水套中而进行大循环。

国外有些柴油机装有两个以上的节温器,其目的是为了避免水压和水温的急剧变化,防止由于其中一个节温器失效而引起内燃机过热。

装有三个节温器的某型号柴油机,一个是在水温76℃时开启,达到90℃时全开;另一个是82℃时开启,95℃时全开;当水温超过95℃时第三个节温器才开启,冷却系的小循环通道才全部关闭,冷却水全部流经散热器,实现冷却系的大循环。

第三节　空气中间冷却器

空气中间冷却器,是将增压后的空气在进入汽缸前进行冷却的装置,简称中冷器。其作用是克服因增压后空气温度升高、密度减小而产生的不良影响,使增压后的空气降低到适宜的进气温度,以增加空气密度,提高充气效率。它可以使柴油机功率提高8%~10%。

中冷器的冷却介质有水、机油和空气。与此相应的有水对空气中冷系统、油对空气中冷系统、空气对空气中冷系统三种类型。

斯太尔 WD615.67/77 柴油机中冷器采用空气对空气冷却系统,其结构如同水散热器,中冷器芯管壁上带有散热片,位于水散热器前部,并与其安装在一起。

如图 8-16 所示为典型的水对空气型中冷器,它由中冷器壳及中冷器芯 4 等组成。

中冷器壳由铝板摸压而成。中冷器壳分为中冷器盖 7 和中冷器体 1 两部分,中冷器盖通过进气接管与空气压缩机相连,中冷器还将进气歧管与汽缸盖进气口相连,中冷器芯由铜合金管子组成。内燃机冷却水从中冷器后端的进水接头进入中冷器芯 4 中,然后由前端出水口 9 流向节温器。空气由增压器压送到中冷器,流过中冷器受到冷却水的冷却,降温后而进入汽缸。

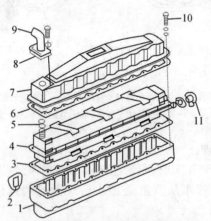

图 8-16　中冷器分解图

1—中冷器体;2—进气歧管;3—垫片;4—中冷器芯;5—O 形圈;
6—中冷器盖垫片;7—中冷器盖;8—垫片;9—出水接头;10—螺钉;11—进水接头。

康明斯 NT/NTA855 型柴油机采用的具有横向螺钉的水对空气型中冷器,如图 8-17 所示。

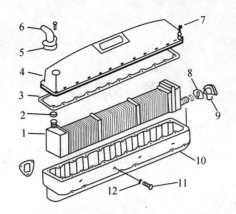

图 8-17　NT/NTA855 型柴油机中冷器

1—中冷器芯;2—O 形圈;3—中冷器盖垫片;4—中冷器盖;5—垫片;6—出水接头;7—螺钉;

8—进水接头垫片;9—进水接头;10—中冷器体;11—横向螺钉;12—淬硬垫圈。

　　学习了内燃机的燃油系、润滑系和冷却系后,综合所学的知识,考虑这样一个问题:在冬季情况下,若通过火车或航空运输方式将装备从南方调往北方执行任务,对柴油机和汽油机分别需要做哪些方面的维护和保养? 亦或反过来,从北方调往南方,对内燃机需要做哪些方面的维护和保养?

作 业 题

1. 冷却系的作用是什么? 冷却方式有几种?
2. 冷却液温度过高或过低对柴油机各有什么危害?
3. 水冷式冷却系包括哪些主要部件? 各部件的作用是什么?
4. 节温器一般安装在什么部位? 它是怎样控制冷却水的大、小循环的?
5. 中冷器的作用是什么?

第九章 启动系

第一节 启动系的功用及启动方式

一、启动系的功用

内燃机由静止状态转变为运转状态的过程称之为启动。内燃机启动时需要有一定的外来动力克服它本身运动件的摩擦阻力矩、惯性阻力矩、活塞压缩气体时的压缩阻力矩以及辅助机构和附件的各种阻力矩（统称为启动阻力矩），使曲轴得以加速旋转。当转速达到一定数值时，汽缸内压缩终了的温度和压力足够高、燃料达到一定程度的雾化，便具备了着火条件，这时，汽油机是在电火花的点燃下、柴油机是柴油自燃而着火启动并自行连续运转。在这一过程中能够开始着火启动的最低转速称为启动转速，汽油机通常在 50 ~ 70r/min，柴油机通常在 80 ~ 150r/min。

提供启动能量，驱使飞轮、曲轴等运动件开始旋转，实现内燃机启动的一套装置称为启动系。启动系的性能对内燃机的工作有很大影响。

启动可靠性是内燃机工作可靠性的重要表征之一，为发挥内燃机的功能必须保证这一点。在寒冷地区或野外条件下，要求工程机械用内燃机在或 -40℃ 下也能顺利启动。

启动系应具备启动迅速方便，操作简单易行，启动后很快转入正常工作的性能。这不仅能提高工作效率、减轻劳动强度，而且也保证了工程机械的机动性。启动过程，特别是寒冷季节的启动，其磨损量在内燃机的总磨损量中占很大比例。改善启动条件、保证迅速可靠启动是减少磨损的重要途径之一。

启动性能的好坏直接影响内燃机的使用经济性。启动性能不良会降低内燃机的使用寿命，增加燃料消耗。总之，启动系应具备工作可靠、启动迅速方便、适应于使用环境、经济耐用等良好性能。

二、常用启动方式

内燃机按其机种（汽油机或柴油机）、功率大小、使用场合等条件选择启动方式和有关辅助装置。

（一）人力启动

小型内燃机一般用人力启动，功率不超过 14.7kW，汽缸不多于两个，缸径在 110mm 以下的柴油机几乎都采用人力启动。对于汽油机，除了小功率的以人力启动为主要方式外，一般汽车用汽油机都以人力启动为备用手段。

人力启动的方法多数以手摇把插入与曲轴相连接的凸爪用人力摇动曲轴使之启动。手摇把与凸爪的连接，从设计上要保证单方向传递扭矩，以防内燃机反转时伤人。摇把一般为 0.2~0.3m，人力不超过 200N。有的四行程柴油机是通过驱动凸轮轴实现的，这样可获得较高的转速，利于启动。人力启动的另一种方法是用绳索缠绕在内燃机的绳轮上，拉动绳索拖转曲轴，每拉动一次，绳索都自行脱开，直至实现启动。

人力启动柴油机要有减压措施，并利用飞轮、曲轴等转动机构的惯性力来克服阻力。所以，小型柴油机不仅从转速均匀性上，而且从启动上都要求装有转动惯量足够大的飞轮。

人力启动具有装置简单、工作可靠等优点，但因操作不便、力量有限，缸数多于两个的内燃机基本不用。

（二）电动机启动

现代内燃机绝大多数采用串激低压直流电动机作为启动机，由蓄电池供给电能。电动机启动的优点是启动迅速、操作方便、启动结构紧凑、外形尺寸小，且电动机具有很大柔性的扭矩特性，由静止状态开始转动时有最大的驱动扭矩，正适合克服较大的静摩擦阻力矩。电启动的主要缺点在于目前常用的铅酸蓄电池使用寿命短、耐震性差、使用麻烦（需经常充电）、温度低时放电能力急剧下降。为保证蓄电池的使用寿命，每次启动通电不超过 15s，连续使用不超过 3 次，且各次之间的间歇时间不少于 1min。

汽油机用启动电动机的功率大小为

$$N_q = (0.015 \sim 0.025) N_e$$

式中：N_e 为汽油机有效功率。蓄电池容量为 50~150A·h，电压 12V。

柴油机用启动电动机的功率为

$$N_q = (0.05 \sim 0.1) N_e$$

式中：N_e 为柴油机有效功率。蓄电池容量为 100~200A·h，电压 12V 或 24V。

（三）辅助汽油机启动

有些主要用于农业、矿山、工程机械的柴油机，经常在严寒、野外等困难条件下工作，常常采用辅助小汽油机作启动装置。这种汽油机用人力启动，它可以连续拖动主柴油机达 10~20min 之久，并可能用其冷却水和废气预热主机，因而在 -40℃ 下仍能可靠启动。这种启动方式的缺点是操作不便、结构复杂庞大、启动时间长、机动性差，且需备有两种燃油，给使用带来麻烦。

（四）变换式启动

柴油机通过机构、燃油的变换，转变为汽油机进行启动，待预热充分、转速稳定后再变换为柴油机。在变换为汽油机时，采用启动电机或手摇启动。

柴油机变换为汽油机要做到三点：①设置减压室，以阀门控制它与燃烧室的通道，两者相通时压缩比降低，以适应汽油机要求；②增设汽油供给装置以及相应的进气道、阀门等，以提供可燃混合气；③增设电火花点火系统。

汽油机易于启动，所以这种启动方式比较可靠。然而，其结构复杂、操作要求高，目前只在个别柴油机上使用。

（五）压缩空气启动

利用压缩空气，由气阀控制，以 1.5~5MPa 的压力，通过空气分配器，按照柴油机着火顺序，依次经由高压空气管路和汽缸上的单向阀进入处于工作行程的汽缸内，推动活塞使曲轴旋转实现启动，称为压缩空气启动。其优点是启动扭矩大、迅速可靠、对于大气温度不敏感、可在低温下工作。缺点是需有一套贮气瓶、分配器、高压气管及阀等设备,且其结构庞大、复杂且昂贵,当贮气瓶内高压空气用完后还需压气机予以充气,启动时空气在汽缸内膨胀,温度降低,加剧汽缸的冷态磨损。

这种启动方式一般用于缸径在 150mm 以上较大排量的固定式或船用柴油机。另外,个别内燃机用惯性启动、液压马达启动,启动可靠性强,但结构复杂,制造成本高。

第二节　电动机启动

一、电启动机总体结构

现代机械车辆广泛采用由蓄电池供电的电启动机,它一般由直流电动机、传动机构(或称离合机构)、操纵装置三部分组成。

二、启动电机的特性

启动电机大都使用串激式直流电动机,它具有以下特性:

(1)启动扭矩大。电磁扭矩 M 等于 $K_m \Phi I_s$,由于串激式电动机中,电枢电流 I_s 等于励磁电流 I_l ,亦等于负载电流 I_f ,所以

$$\Phi = KI_l = KI_s$$

于是

$$M = K_m \Phi I_s = KI_s^2$$

从上式看出,串激直流电动机的电磁扭矩在磁路未饱和时与电枢电流 I_s 的平方成正比。因此在供给同样的电枢电流时,串激式直流电动机可获得比并激式直流电动机大得多的电磁扭矩。

(2)串激直流电动机具有轻载转速高、重载转速低的特性。

$$n = \frac{U - I_s \sum R}{K_e \Phi}$$

式中:$\sum R$ 包括电枢电阻、励磁电阻、电源内阻、电刷电阻等。

当 I_s 增加时(即负载增加时),电压降增加,在磁路未饱和时,磁通 Φ 也增加。因此电动机转速将急剧下降。而轻载时,I_s 小,Φ 也很小,由公式可以看出,转速 n 就很高。

串激直流电动机的这种机械特性称为软特性。这个特性使它在启动时很平稳安全。但在轻载(或空载)时,转速很高,易造成飞车,应在使用中注意。

在结构上,启动电机有以下特点:

(1)为了保证有足够的功率和启动力矩,电启动机通常做成四极或六极的。

(2)由于启动时电枢须通过很大的电流(高达几百安),所以启动电机的电枢绕组通常用粗大的矩形截面铜线绕制而成。

(3)由于启动机的电流较大,为了减少电阻,故电刷采用含铜石墨制成。换向器铜片间的绝缘云母片不凹下,以免电刷磨下的铜末聚集在凹槽中而造成短路。

(4)由于启动机短时工作的特点,所以电枢的轴承多采用滑动轴承。

以上几点都与直流发电机的结构不同。

三、直流电动机

（一）直流电动机的结构组成

电动机的作用是产生转矩。它的结构与直流发电机相似，也是由磁场、电枢、电刷装置等部分组成。

1. 磁场部分

（1）磁极铁芯：用硅钢片冲制叠压而成。为了尽可能在较小体积内获得较强磁场，直流电动机的磁极铁芯一般由四个组成。四个磁极铁芯相对地用螺钉固定在启动机的内壁上，即南极对南极、北极对北极。

（2）磁场绕组：由扁而粗的铜质导线绕成，匝间用复合绝缘纸绝缘。外部用无碱玻璃纤维带包扎，并经浸漆烘干，套装在铁芯上。励磁绕组的线匝绕向，必须保证通电后产生N、S交叉排列的极性，并经机壳形成磁路。

四个绕组的连接方式有两种，即串联和并联。相互串联（图9-1（a）），绕组的一端接在外壳绝缘接柱上，另一端和两个正电刷相连，通过电枢线圈、负电刷而后搭铁。因此，在工作中磁场线圈和电枢线圈是串联的，故称这种电动机为串激式电动机。

有的启动机将四个磁场绕组每两个串联一组，然后再与电枢绕组串联（图9-1（b）），这样可以在导线截面尺寸相同的情况下增大启动电流，从而增大转矩。

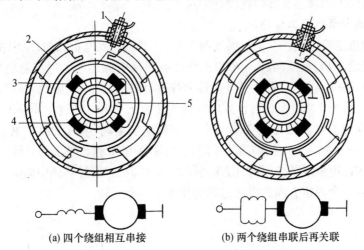

(a) 四个绕组相互串接　　　　(b) 两个绕组串联后再关联

图9-1　启动机励磁绕组的接法

1—绝缘接线柱；2—磁场绕组；3—绝缘电刷；4—搭铁；5—换向器。

目前汽车上普遍采用的启动机是串激式直流电动机。因为它在低转速时扭力很大，并且随转速升高逐渐减小，这一特性非常符合内燃机的启动要求。

2. 电枢部分

（1）电枢绕组：为了通过较大的电流以获得大的功率和扭矩。电枢绕组也采用扁而粗的铜质导线绕成。由于电枢导线采用裸体用线，为防止短路，导线铁芯之间、导线与导线之间均用绝缘性能较好的绝缘纸隔开。电枢绕组各线圈的端头都焊接在换向器铜片的凸缘上，通过电刷将蓄电池的电流引入，如图9-2（a）所示。

（2）换向器：其构造与发电机整流器基本相同，只是由于换向片通过电流较大，每块换向器片的截面稍大。片与片之间的绝缘物(云母片)不割低,而与换向器片同高,以免铜质电刷磨落下来的铜粉造成换向器片间短路。如图9-2(b)所示。

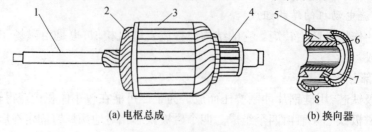

(a) 电枢总成　　　　　　　　(b) 换向器

图9-2　启动机电枢的结构

1—电枢轴;2—电枢绕组;3—铁芯;4—换向器;5—换向片;6—轴套;7—压环;8—焊线凸缘。

(3) 电枢轴:启动机电枢轴比发电机电枢轴长,并且轴上制有传动键槽,用以与启动机离合器配合。电枢轴一般采用前后端盖和中间支撑板三点支撑,其轴承是采用石墨青铜制成的平轴承。为防止轴向窜动,轴尾端肩部与后端盖之间装有止推垫圈。

3. 电刷与电刷架

电动机有四个电刷,正负相间排列。电刷是铜粉和石墨粉压制而成,呈棕红色。其截面积较大,引线也应加粗或采用双引线。刷架多制成框式,正极刷架与端盖绝缘固装,负极刷架直接搭铁。刷架上装有弹性较好的盘形弹簧。

(二) 直流电动机的工作原理

直流电动机是将电能转变为机械能的设备,其结构与发电机相似,原理相逆。处于磁场中的电枢绕组 abcd,经换向器 A、B 和正负极电刷与电源连接。当接通电源时,绕组中的电流方向为 a→b→c→d(图9-3(a)),同时磁场绕组也接入了电流,从而产生磁场,于是线圈 abcd 受到一个绕电枢反时针方向旋转的转矩。当电枢转过半周,处于图9-3(b)所示位置时,换向器 B 转向正电刷,换向器 A 则转向负电刷,电枢绕组中电流的方向则改变为 d→c→b→a。但是由于换向器的作用,使处于 N 极下和 S 极上的导体中的电流方向并没有改变,因此电枢继续按反时针方向转动。这样,由于流过导体中的电流保持固定方向,使电枢轴在一个固定方向的电磁力矩的作用下不断旋转。

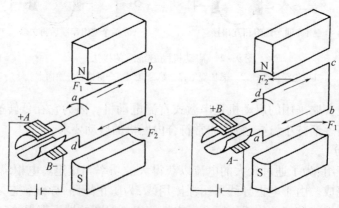

(a) 线匝中电流方向为a→b→c→d　　　(b)线匝中电流方向为d→c→b→a

图9-3　直流电动机工作原理

四、传动机构

启动机传动机构的作用是：启动时使驱动齿轮与飞轮齿环啮合，将启动机转矩传给内燃机曲轴；启动后，使电动机和飞轮齿环自动脱开，防止电动机因超速旋转而损坏。

对于大功率启动机，当内燃机阻力矩过大不能启动时，传动机构应能自动打滑，防止启动机因超负荷而引起损坏。

启动机上常用的传动机构有单向滑轮式、摩擦片式和弹簧式三种。最常用的是单向滑轮式离合器，如 EQ6100、CA6102 汽油机的启动机均采用此种离合器，而 CA6110、6BTA 等柴油机的启动机等采用摩擦片式离合器。

（一）单向滑轮式离合器

1. 结构组成

单向滑轮式离合器，简称啮合器。如图 9-4 所示，单向滑轮的圆形外座圈 2 与传动导管 1 的一端固装在一起，外坐圈内部制成"十"字形空腔。驱动齿轮 7 的尾部成圆柱形，伸在外座圈的空腔内，使四周形成四个楔形小空腔室。腔室内放置滚柱 3，在腔室较宽的一边的座圈孔内，还装有弹簧和压帽。平时，弹簧经压帽将滚柱压向楔形室较窄的一面，座圈的外面包有铁壳，起密封和保护作用。

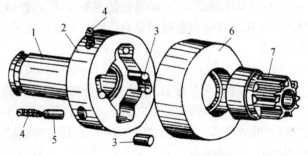

图 9-4　单向滑轮式离合器构造

1—传动导管；2—单向滑轮外座圈；3—滚柱；4—弹簧；5—压帽；6—铁壳；7—驱动齿轮。

由于单向滑轮内部工作时要发生摩擦，故在出厂前内部已加足黄油，使用中不需补充，修理时不可将其放在汽油、煤油中清洗，以免将内部润滑油洗掉。

单向滑轮传动导管内有键槽，套在启动机轴的花键部分，而驱动齿轮则套在轴的光滑部分，它们可以随轴转动，又可以在轴上前后移动，以便驱动齿轮和飞轮能够啮合与分离。为了控制驱动齿轮的前后移动，在启动机后端盖上又装有移动叉。移动叉下端叉在传动导管外面的滑环上。在滑环与单向滑轮之间又装有缓冲弹簧。移动叉中部的销钉上装有弹力较大的回位弹簧，在它的作用下，驱动齿轮与飞轮保持分离状态。

2. 工作情况

启动时，驾驶员控制操纵装置，使移动叉下端后移，将驱动齿轮推出与飞轮啮合。当解除操纵后，在回位弹簧作用下，两齿分离，一切复原。

在两齿啮合过程中，单向滑轮的工作情况是：

1）启动机带动内燃机时

此时，电枢轴是主动的，而飞轮和与飞轮相啮合的驱动齿轮及其尾部处于静止状态。

在驱动齿轮尾部的摩擦力和弹簧7的推动下,滚柱处在楔形室较窄的一边,使外座圈和驱动齿轮尾部之间被卡紧而结合成一体;于是驱动齿轮便随之一起转动并带动飞轮旋转,使内燃机开始工作(图9－5)。

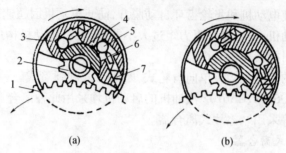

图9－5　单向滑轮工作原理

1—飞轮;2—驱动齿轮;3—外座圈;4—驱动齿轮尾部;5—滚柱;6—压帽铁壳;7—弹簧。

2）内燃机启动后飞轮带动驱动齿轮运转时

此时,飞轮是主动的,电枢轴是被动的,即驱动齿轮是主动的,外座圈是被动的。在这种情况下,驱动齿轮尾部将带动滚柱克服弹簧力,使滚柱向楔形室较宽的一面滚动,滚柱在驱动齿轮尾部与外座圈间发生滑摩,使驱动齿轮随飞轮旋转,内燃机的动力并不能传给电枢轴,起到自动分离的作用。此时电驱轴只是自己空转从而避免了超速的危险。

（二）摩擦片式离合器

1. 结构组成

摩擦片式离合器的构造如图9－6所示,花键套筒套在电枢轴的螺旋花键上,在花键套筒的外表面上有三条螺旋花键,内接合鼓（主动鼓）就套在其上。内接合鼓上有四个轴向槽用来插放主动摩擦片的内凸齿。被动摩擦片的外凸齿插在与驱动小齿轮相固联的外接合鼓（被动鼓）的切槽中。

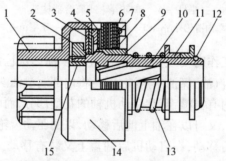

图9－6　摩擦片式离合器

1—驱动齿轮;2—止推螺母;3—弹簧垫圈;4—压环;5—调整垫圈;6—被动摩擦片;7,12—卡环;8—主动摩擦片;9—内结合鼓;10—离花键套筒;11—移动衬套;13—缓冲弹簧;14—外接合鼓;15—挡圈。

2. 工作情况

当启动机驱动轴带动花键套筒10旋转时,内接合鼓9在花键套筒10上左移而将主动摩擦片8和被动摩擦片6压紧,此时离合器处于接合状态,启动机转矩依靠摩擦片间的摩擦传给驱动齿轮,从而带动飞轮旋转。

180

内燃机启动后,驱动齿轮 1 由主动齿轮变为从动齿轮,且转速超过花键套筒 10。此时,内接合鼓 9 在花键套筒 10 上右移,摩擦片松开,离合器处于分离状态,故内燃机转矩便不能传给电动机电枢,防止了电动机超速。此外,利用调整垫圈 5 可以改变内结合鼓端部与弹簧垫圈 3 间的间隙,以控制弹簧垫圈 3 的变形量,从而调整离合器所能传递的最大摩擦力矩。

（三）拨叉

拨叉的作用是使离合器做轴向移动,使驱动齿轮啮入或脱离飞轮齿环。现代启动机多采用电磁式拨叉,如图 9 - 7 所示。它用外壳封装于启动机客体上,由可动和静止两部分组成。可动部分包括拨叉和电磁铁芯,两者之间用螺杆活络地连接,静止部分包括绕在电磁铁芯铜套外的线圈、拨叉轴和复位弹簧。

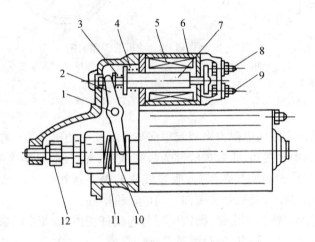

图 9 - 7　电磁式拨叉

1—拨叉轴;2—拨叉;3、4—弹簧;5—线圈;6—外壳;7—电磁铁芯;8、9—接线柱;
10—拨环;11—啮合齿轮;12—驱动齿轮。

内燃机启动时,驾驶员只需按下启动按钮,线圈通电产生电磁力将铁芯吸入,于是带动拨叉转动,由拨叉头推出离合器,使驱动齿轮啮入飞轮齿环。

内燃机启动后,松开启动按钮,线圈断电,电磁力消失,在复位弹簧的作用下,铁芯推出,拨叉返回,拨叉头将打滑工况下的离合器拨回,驱动齿轮脱离飞轮齿环。

五、操纵装置

操纵装置的作用是操纵离合器和飞轮齿环的啮合与分离,控制启动机电路的接通与切断。按操纵方式的不同,操纵装置可分为机械式和电磁式两种,现在普遍采用电磁式操纵装置。

（一）电磁式操纵强制啮合装置

1. 结构组成

图 9 - 8 是 ST614 型电磁操纵式启动机的结构图。它是具有两对磁极的串激直流电动机,额定功率为 5.14kW,额定电压为 24V,由电磁铁机构、启动机开关和启动按钮等组成。

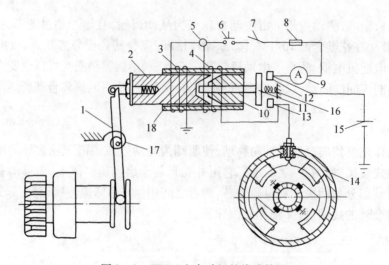

图 9－8　ST614 电启动机的线路简图

1—拨叉杆；2—衔铁；3—保持线圈；4—吸拉线圈；5—保持、吸拉线圈接线柱；
6—启动按钮；7—电源开关；8—保险丝；9—电流表；10—固定铁芯；11—触盘；12、13—接线柱；
14—启动机；15—蓄电池；16—触盘弹簧；17—回位弹簧；18—铜套。

电磁铁机构的作用是用电磁力来控制单向离合器和电动机开关。在电磁铁的黄铜套上绕有两个线圈，其中导线粗、匝数少的称为吸拉线圈；导线细、匝数多的称为保持线圈。两线圈的绕向相同，其一端均接在保持、吸拉线圈的公共接线柱上。保持线圈的一端搭铁，吸拉线圈另一端接在启动机开关接柱上与电动机串联。

在铜套内装有固定铁芯和衔铁，衔铁尾部与连接杆相连，以便衔铁带动拨叉运动。

启动机开关由接线柱、触盘、触盘弹簧及推杆组成。开关的两个接线柱固定在绝缘盒上，其外端分别接电源和启动机电路，内端与开关的两个固定触头相连，活动触盘装在推杆上并与推杆绝缘，推杆装在固定铁芯的孔内。

启动按钮和开关的作用是接同或断开保持、吸拉线圈电路，以操纵启动机启动或停止。

2. 工作情况

当接通电源开关后，按下启动按钮，两线圈同时接通，由于两线圈的电流方向相同，产生的磁力叠加，吸力增强，衔铁在电磁力的作用下，克服回位弹簧的拉力而被吸入，于是衔铁连接拉杆拉动拨叉杆，将离合器和小齿轮推出。同时，流过吸拉线圈的电流经电机的磁极线圈和电枢绕组，启动电机开始缓慢旋转，使驱动小齿轮在缓慢旋转中与飞轮齿圈啮合。

在花键套筒沿电枢轴上的螺旋花键向左移动时，同时转动，这样就防止了小齿轮齿牙与飞轮齿圈顶住而不能啮合的弊病。

当驱动齿轮全部与飞轮齿圈啮合后，触盘正好将接线柱 12、13 接通，使启动机的主回路接通。大电流立即流入电机的电枢产生正常转矩，电机迅速旋转。这时启动机的扭矩由电枢轴通过螺旋花键传递给花键套筒。因为此时离合器主动盘与花键套筒之间有一定转速差，使主动盘靠惯性沿三线花键向左移动，使被动摩擦片与主动摩擦片压紧，将扭矩传递给启动机小齿轮，带动内燃机飞轮齿圈旋转。此过程中，主触头的闭合仅靠保持线圈吸引而维持,吸拉线圈已被短路。

当内燃机启动后,在松开按钮的瞬间,吸拉线圈和保持线圈形成串联。这时吸拉、保持线圈中虽有电流通过,但两线圈中的电流产生的磁场方向相反,电磁力迅速减弱,于是衔铁在回位弹簧的作用下退出,触盘在其弹簧作用下左移,使触盘与触头分离,电路被切断,启动机停止转动。与此同时拨叉在回位弹簧作用下,带动离合器右移,使驱动小齿轮与飞轮齿圈脱离。

(二)启动机驱动保护电路

内燃机启动后未及时放松启动开关,若启动机仍继续工作,则将造成单向滑轮长时间滑摩而加速损坏;内燃机启动后误将启动开关接通时,若启动机进行工作,则将使驱动齿轮与高速旋转着的飞轮齿圈碰击,必然把齿轮打坏。为了避免这两种错误操作所造成的危害,在电磁式操纵装置中,都利用一定的保护电路,以延长启动机的使用寿命。由于启动机的驱动保护电路是依靠发电机来完成工作的,所以其电路分为直流发电机驱动保护电路和交流发电机驱动保护电路。

图9-9为交流发电机驱动保护电路。将充电指示继电器和启动继电器联合,形成组合继电器保护。启动继电器用来接通启动机电磁铁开关,由点火开关控制;充电指示控制继电器有两个功能:一是控制电源指示灯的通路,二是实现启动自动保护。

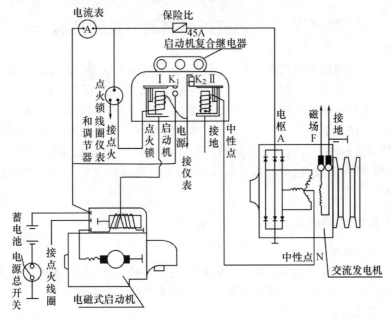

图 9-9 EQ6100 型汽油机启动保护电路

启动继电器具有一对常开触点 K_1,它的线圈经充电指示继电器常闭触点 K_2 搭铁。充电指示继电器的线圈由发电机中性点 N 供电。由图9-10中看出,当点火开关置于启动位置时,便将组合继电器中的启动继电器线圈电路接通。电流路径是:蓄电池→K_1→启动机电磁开关,启动机即转动而工作。

内燃机启动后,发电机工作,其中性点发出一定大小的电压,该电压经组合继电器的接线柱 N,加于充电指示控制继电器线圈的两端,使常闭触点断开,从而将启动继电器线圈电路自动切断,使启动机电磁开关释放,防止了驾驶员未及时放松点火启动开关而造成启动机电枢"飞转"事故的发生。

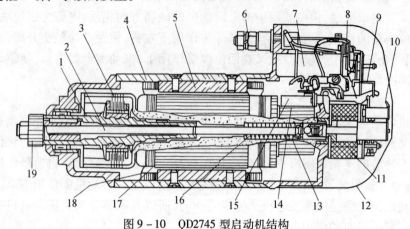

图 9 - 10   QD2745 型启动机结构

1—驱动轮导向轴;2—啮合推杆;3—离合器;4—外壳;5—磁极;6—接线柱;
7—启动继电器;8—锁止臂;9—移动臂;10—解脱凸缘;11—联动继电器;12—防护罩;
13—换向器;14—电刷;15—电刷架;16—电枢轴;17—电枢;18—磁场线圈;19—驱动齿轮。

第三节   内燃机低温启动的辅助措施

环境温度对内燃机的启动影响很大,低温(一般指 0℃ 以下)给启动带来困难。启动性较好的柴油机启动极限温度一般在 -10℃ 左右,性能优良的机型可低达 -15℃,个别机型甚至更低。这就是说,即使性能好的柴油机在 -10 ~ -15℃ 以下使用也往往需要增设辅助启动装置。在低于 -30℃ 严寒条件下,内燃机必须要加热启动。在 -40℃ 以下为极寒,内燃机的启动和使用会出现更严重的困难。改善柴油机低温启动性能的途径很多,如安装减压机构、预热装置、启动加浓装置、综合启动加热器以及喷入易着火的启动液和使用低温机油等。

一、低温启动的必要措施

(一)使用防冻液

低温时为保证水冷内燃机的正常启动和停放时不被冻坏,必须选用适合的防冻液做冷却剂。防冻液的配制和应具备的性质以及选用条件参阅有关资料。

(二)采用低温油料

低温时柴油黏度增加,流动性差,当气温低至一定温度时,其中的石蜡和水分结晶成颗粒析出,甚至堵塞油路,影响正常供油。低温下燃油蒸发性差,雾化不良,不利于着火。

低温时润滑油、润滑脂黏度增加,甚至凝固,失去润滑性能,也使启动阻力矩急剧增大,难于启动。

基于以上原因,在低温条件下,必须要选用符合使用条件的防冻液、燃油、润滑油、润滑脂、蓄电池,只有这样才能保证内燃机的正常启动和工作。

(三)蓄电池的保温加热和低温蓄电池的应用

普通铅酸蓄电池的电解液比重在低于或超过 1.29 时其冰点都急剧升高。当充足电时比重为 1.27~1.29,其冰点低于 -60℃,放完电后比重为 1.15~1.16,其冰点仅为 -15℃左右。因此,寒冷时要求电解液具有足够的比重,以免蓄电池被冻结。低温下蓄电池的化学反应不活跃,放电能力大大下降,以致启动电动机的输出功率不足而造成启动困难。为使蓄电池不被冻结并具有足够的放电能力,必须对蓄电池采取保温或加热措施,有的用隔热材料做成保温箱保温,有的用电热元件加热保温,也有的以综合加热器提供热气加热蓄电池。

目前已研制出一种低温干荷蓄电池,可以在 +40~ -40℃气温下使用。这种蓄电池在首次使用时加入电解液后 10~15min 不需充电即可投入使用。

二、减压机构

减压机构的功用是在柴油机启动时将气门保持在开启位置,使汽缸内空气能够自由进出而不受压缩,以减小压缩阻力。减压机构的结构形式很多,但一般都是用专门机构直接压下气门摇臂的长臂端,或抬升气门摇臂端,或直接抬升气门推杆等三种方法来使气门不受配气凸轮的控制而保持在开启位置上的(图 9-11)。

图 9-11(a)所示是用专门机构压下气门摇臂的长臂端来开启气门的减压机构。当启动时,将减压推杆 4 放到减压位置,调整螺钉 2 随着减压轴 1 旋转并压下气门摇臂 3 的长臂端,使气门 7 开启。当内燃机启动后,将调整螺钉 2 旋回到非减压位置,此时减压机构不起作用。

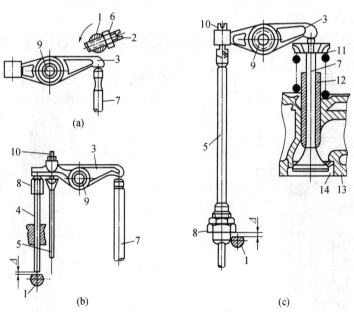

图 9-11 减压机构

1—减压轴;2—调整螺钉;3—气门摇臂;4—减压推杆;5—气门推杆;6—锁紧螺母;7—气门;8—调整螺母;
9—摇臂轴;10—气门间隙调整螺钉;11—气门弹簧;12—气门导管;13—汽缸盖;14—气门座。

图 9-11(b)所示机构是通过专门的推杆顶起气门摇臂的短臂端来开启气门的减压机构。当启动时,减压轴 1 将减压推杆 4 向上顶起,减压推杆 4 又将气门摇臂 3 的短臂端顶起,从而使气门 7 开启,实现减压。在启动后,应扳动操纵手柄转动减压轴,使减压推杆

4 的位置下降,此时减压机构不再起作用,内燃机开始正常工作。

图 9-11(c)所示机构是通过减压轴 1 直接顶起气门推杆 5 来开启气门的,其工作原理与上述相似。

三、预热装置

预热装置的功用是加热进气管或燃烧室中的空气,以改善可燃混合气形成和燃烧的条件,从而使柴油机易于启动。预热的方法和类型很多,常用的有电热塞和电火焰预热器两种。

(一) 电热塞

电热塞通常安装在分隔式燃烧室、涡流室或预燃室中,启动时接通电路,以预热燃烧室中的空气。目前,这是应用最为广泛的一种预热方法。

电热塞可分为电热丝包在发热体钢套内的闭式电热塞、以及电热丝裸露在外的开式电热塞。闭式电热塞如图 9-12 所示。

电热塞中心杆用导线并联在蓄电池上。电阻丝 8 用铁镍铅台金制造,其上端焊在中心螺杆 2 上,下端焊在发热体钢套 9 的底部。当柴油机启动时,先用专设的开关接通电热塞的电路,使电阻丝 8 产生高温,并使发热体钢套 9 红热,加热周围空气,从而使喷入汽缸的柴油可加速蒸发且易于着火。当实现了内燃机的启动后,应立即将电热塞断电。

(二) 电火焰预热器

电火焰预热器(图 9-13)通常安装在进气管上,对流经进气管的空气进行加热。

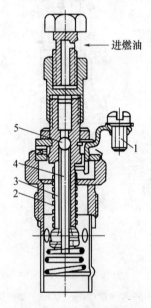

图 9-12 闭式电热塞
1—固定螺母;2—中心螺杆;3—胶黏剂;
4—绝缘体;5—垫圈。

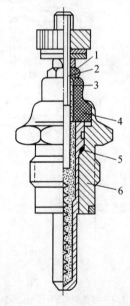

图 9-13 电火焰预热器
1—接线螺柱;2—电阻丝;3—热膨胀阀管;
4—球阀杆;5—球阀。

186

当球阀杆 4 装入热膨胀阀管 3 中后,其上端的球阀 5 与阀管座上的阀座密合,下端的扁截面螺栓头的两侧与阀管间形成通道,使阀管内径与外部相通。电阻丝 2 上端经接线螺栓 1 通过启动开关与蓄电池相连接。由于热膨胀阀管 3 热膨胀量大于球阀杆 4,在电阻丝通电炽热时,阀管受热伸长带动球阀杆 4 下移,使球阀 5 打开,柴油便沿球阀和阀座之间的缝隙流入阀管内腔受热而汽化,并在膨胀压力作用下从扁截面螺栓头两侧的通道喷出,被炽热的电热丝点燃形成火焰喷入进气管而加热进气。这样可使压缩终了时的空气温度提高,有助于柴油机的启动。蓄电池电路断开时,火焰熄灭,阀管变冷收缩,使球阀重新落座,柴油不再流入。

WD615 系列柴油机低温启动火焰预热装置结构如图 9 - 14 所示,它主要是靠安装在进气管上的两个预热塞对进气预热。

当柴油机水温低于 23℃时,启动前应先将钥匙开关旋至"预热"位置,待 50s 后预热指示灯闪烁即可启动柴油机。此时按下启动按钮后,电磁阀接通,来自燃油滤清器的燃油经燃油管后,通过电磁阀进入燃油管并喷向两个红热的电热塞而燃烧着火。由于两个电热塞安装在柴油机进气歧管上,进入汽缸内的空气得到了预热,从而使柴油机能够迅速启动。

WD615 内燃机厂家一般根据用户提出要求还可以加装冷启动装置(选装部件)。

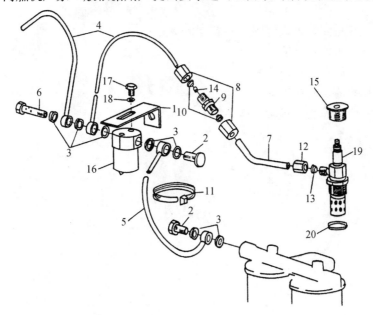

图 9 - 14　WD615 柴油机火焰预热装置

1—角形支架;2—空心螺栓;3—密封垫圈;4、5、7—燃油管;6—空心螺栓;8—管接头螺母;
9—卡套式直通接头体;10,13—卡套;11—塑料紧箍带;12—弹簧螺母;14—衬套;15—内六角螺塞;
16—电磁阀;17—六角头螺栓;18—弹簧垫圈;19—电热塞;20—密封垫圈。

(三) 冷启动装置

图 9 - 15 所示为 WD615 系列柴油机采取的向汽缸喷射启动液的冷启动装置。

冷启动液是由乙醚为主的易爆混合燃料,启动前向汽缸内喷射少量冷启动液,以起到低温助燃作用。值得注意的是:冷启动液燃烧粗暴,因此使用中要注意控制喷射量,并注意启动后不能立即增加柴油机转速和负荷,否则会严重影响柴油机寿命。

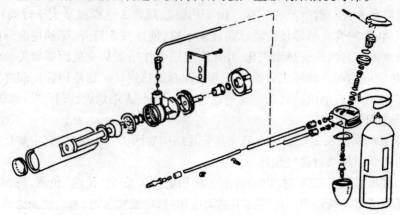

图 9–15　冷启动装置

作 业 题

1. 内燃机常用启动方式有哪些? 各有何特点?
2. 启动电动机的特性有哪些?
3. 低温启动的主要措施有哪些?
4. 减压机构的工作原理是什么?
5. 启动系的保养措施通常有哪些?

第十章 汽油机点火系

第一节 概　述

一、点火系的作用

点火系可分为蓄电池点火系和电子点火系。其作用是将蓄电池(或发电机)的低压电变为高压电,按照汽油机汽缸的工作顺序,适时地由火花塞发出电火花点燃可燃混合气,使汽油机工作。

二、电压制与线路制

内燃机使用的电源有6V、12V、24V。一般汽油机用12V,柴油机用24V,6V多用于摩托车上。内燃机电源与用电设备的连接常采用单线制,即一根导线连接电源,另一根导线由机体来代替,习惯上称为"搭铁",目前内燃机基本采用负极搭铁。

第二节 电源设备

内燃机的电源设备主要有发电机和蓄电池,蓄电池起着储放电能的作用。

一、蓄电池

(一)蓄电池的作用

(1)启动内燃机时,供给启动机大电流(汽油机约200~600A,柴油机约800~1000A),故称为启动型蓄电池。柴油机启动机的电压为24V,故常将两个12V的蓄电池串联使用。

(2)在发电机不发电或电压较低的情况下向用电设备供电。

(3)在用电设备短时间耗电超过发电机供电能力时,协助发电机向用电设备供电。

(4)当蓄电池存电不足,而发电机发电有余时,将多余电能转变为化学能储存起来(即充电)。

(5)蓄电池相当于一个大电容器,它可随时将发电机产生的过电压吸收掉,起到保护电器设备的作用。

蓄电池按照电解液成分和极板材料的不同,可分为酸性蓄电池和碱性蓄电池。其中常用的是酸性蓄电池,即铅蓄电池。铅蓄电池以其内阻小,能迅速供给内燃机启动所需的较大电流、制造简单、成本低和寿命长等优点而得到广泛应用。

从技术发展和使用角度,蓄电池又可分为普通型、干荷电型和免维护型。

干式荷电铅蓄电池,就是蓄电池在干燥条件下,能够长期保存其极板具有的干荷电性能。这种电池在规定的两年保存期内,如果急需,只要对它灌注密度为 1. 285g/cm³ (30℃)的电解液,静置 0.5h(不得少于 20min),不需进行初充电,即可启动车辆。

铅蓄电池在使用中需要经常维护,因而在现代内燃机上广泛使用一种新型蓄电池,称为免维护蓄电池,又称 MF 蓄电池。这种蓄电池的电解液由制造厂在出厂前一次性注入,并密封在壳体内,故不会因电解液泄露而腐蚀机体和接线柱。这种蓄电池在规定的条件下不需补加蒸馏水可使用 3 ~ 4 年,市内短途车可行驶 8 万 km,长途车可行驶 40 万 ~ 48 万 km 不需维护。

(二)蓄电池的构造

蓄电池的构造如图 10 - 1 所示。它主要由极板、隔板、电解液和外壳等部分组成。

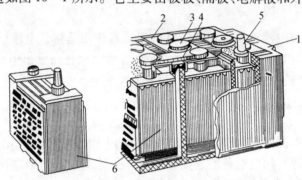

图 10 - 1　铅蓄电池的结构

1—外壳;2—盖子;3—加液孔盖;4—连接板;5—接柱;6—极板组。

每个单格电池都有正、负两个极柱,分别连接正、负极板组,连接正极板组的叫正极柱,连接负极板组的叫负极柱。

极柱连接板用来连接相邻单格电池的正、负极柱,使单格电池相互串联成多伏的电池。一只 12V 的蓄电池由 6 个单格电池串联而成。两端剩余的极柱,正极柱接启动机开关接柱,负极柱接车架(接铁)。

(三)蓄电池工作原理

铅蓄电池的化学反应过程是可逆的。蓄电池的充放电过程可以用下式表示:

$$PbO_2 + Pb + 2H_2SO_4 \Leftrightarrow 2PbSO_4 + 2H_2O$$

可以看出,在反应过程中有水析出而蒸发,所以要经常检查液面高度,不断补充蒸馏水,保持电解液应有的高度。

(四)蓄电池的型号标志

解放 CA1091 车用的蓄电池型号 6 - Q - 100。含义为:6 表示由 6 个单格电池组成,电压为 12V;Q 表示启动用铅蓄电池,100 表示额定容量 100A · h。

(五)蓄电池的正确使用

普通蓄电池的使用寿命一般为 1 ~ 2 年,要延长其使用寿命,应该正确使用蓄电池。

(1)大电流放电时间不宜过长。使用启动机每次启动时间不要超过 5s,相邻两次启动时间间隔应在 15s 以上。

(2)充电电压不要过高。充电电压增高 10% ~ 20% 时,蓄电池寿命将会缩短 2/3 左右。

190

（3）冬季要注意蓄电池保持充足电状态，以免电解液密度降低而结冰。

（4）尽量避免蓄电池过放电和长期处于欠充电状态下工作，放完电的蓄电池应该在24h内充电。在存放期内每月进行一次补充充电，正常使用时每3个月进行一次补充充电。

（5）购买蓄电池时，应注意不要超过出厂日期2年。

（6）蓄电池电解液的液面高度应超出极板上缘10~15mm，绝不能露出极板，以防极板发生不可逆的硫酸盐化。若液面不足10mm，则应添加蒸馏水，添加蒸馏水只能在充电前进行。

（7）拆装蓄电池时，为保证用电设备的安全，应先拆下搭铁线，然后拆电源线。装蓄电池时应最后装搭铁线。

二、交流发电机

（一）作用

交流发电机是工程机械的主要电源，由内燃机驱动。其作用是在交流发电机正常工作时，除向启动机以外的所有用电设备供电外，还向蓄电池充电。

（二）分类

1. 按总体结构分

（1）普通交流发电机。既无特殊装置，也无特殊功能和特点的交流发电机。

（2）整体式交流发电机。内装电子调节器，它又可区分为：

① 无刷交流发电机。没有电刷和集电环（滑环）。

② 永磁交流发电机。转子磁极采用永磁材料制成。

2. 按整流器结构分

（1）六管交流发电机。整流器由六只整流二极管组成三相桥式全波整流电路。

（2）八管交流发电机。整流器总成由八只整流二极管组成。

（3）九管交流发电机。整流器由九只整流二极管组成。WD615型柴油机采用JFZ2518A型28V27A交流发电机。

3. 按磁场绕组搭铁形式分

（1）内搭铁型交流发电机。发电机磁场绕组的一端与发电机壳体连接。

（2）外搭铁型交流发电机。发电机磁场绕组的一端经调节器后搭铁。

（三）交流发电机的构造和工作原理

1. 构造

交流发电机的结构基本相同，只是由于使用条件不同，在局部结构如皮带轮尺寸、槽型、槽数、整流管数、转子以及接线方式等方面有所差异外，均由转子、定子、整流器和端盖四部分组成。斯太尔汽车装配的JFZ2301A型28V35A，EQ2102越野汽车装配的JFW2621型28V45A都属于爪极式无刷交流发电机。下面以JFW2621型28V45A交流发电机来说明其构造与工作原理，如图10-2所示。

1）转子

转子的作用是产生磁场，由磁轭、磁场绕组和爪极等组成。爪极式无刷交流发电机的结构原理和磁路如图10-3所示。

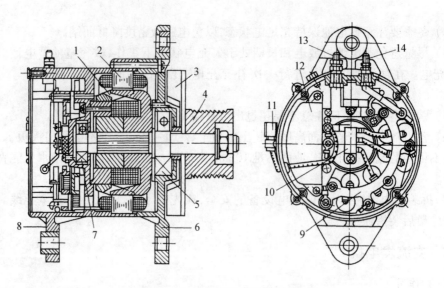

图 10 - 2　JFW2621 交流发电机

1—转子;2—定子总成;3—风扇;4—皮带轮;5、7—轴承;6—前端盖;8—后端盖;9—整流板;
10—激磁二极管总成;11—D + 插头;12—调节器;13—"B"接线柱;14—"N"接线柱。

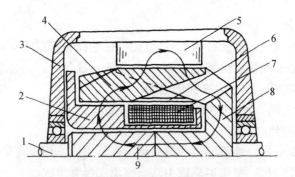

图 10 - 3　爪极式无刷交流发电机结构原理及磁路

1—转子轴;2—磁轭托架;3—后端盖;4—左爪极;5—定子铁芯;
6—非导磁材料;7—磁场绕组;8—右爪极;9—磁轭。

　　磁场绕组 7 装于磁轭托架 2 上,该托架用螺钉固定在后端盖 3 上。左边爪极 4 用非
导磁材料 6 与固定于转子轴 1 上的右爪极 8 相连接。当转子轴旋转时,右爪极 8 带动左
爪极 4 一起在定子和磁轭托架间的空间内转动,即只转动爪极,而磁场绕圈是固定不动
的。对有刷式交流发电机而言,磁场绕组与爪极随转子轴一起转动。

　　当磁场绕组中有电流通过时,便产生轴向磁通,使爪极磁化,从而形成六对相互交错
的磁极。其主磁通路径是从转子磁轭出发,经附加气隙→磁轭托架 2 →附加气隙→左爪
极 4 的 N 极→主气隙→定子铁芯 5 →主气隙→右爪极的 S 极→转子磁轭 9,形成闭合回
路。由主磁通路径可见:爪形磁极的磁通是单向通道,即左边的爪极全是 N 极,右边的爪
极全是 S 极;要使磁感线穿过定子,必须保证相邻异性磁极间的气隙大于转子与定子间的
气隙,才能使定子绕组切割磁感线而发电。

　　2) 定子

　　定子的作用是产生交流电,由定子铁芯和定子绕组组成。定子铁芯由相互绝缘的内

圆带嵌线槽的圆环状硅钢片叠成,紧夹于两端盖间。嵌线槽内嵌入三相对称定子绕组,以使三相定子绕组产生频率相同、幅值相等、相位互差120°(电角度)的三相对称电动势。绕组一般采用星(Y)形接法,即三相绕组的三个线圈首端与整流器的硅二极管相接,三相绕组的尾端连接在一起,形成中性点(N)。图10-4为定子绕组结构和星形连接图。

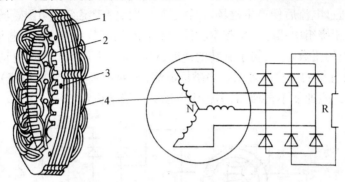

图10-4 定子绕组结构和星形连接图
1—定子铁芯;2—定子槽;3—铆钉;4—定子绕组;N—中性点;R—负载。

3) 整流器

整流器的作用是将定子绕组产生的交流电变成直流电。车用硅整流二极管的特点是电流大、反向电压高。二极管的引线是一个极,外壳是一个极,引线为正极的二极管安装在一个称为正整流(或正元件)板上;引线为负极的二极管安装在一个称为负整流(或负元件)板上,正负整流板间用绝缘垫隔开,且紧固整流板的螺钉必须与正整流板绝缘,同时将负整流板紧压于外壳上,即负整流板必须与端盖保持良好接触和搭铁。正整流板上制有一个螺孔,通过该孔并与端盖绝缘的螺钉将整流后的直流电引至端盖外,称此接线柱为"B"接线柱(或"电枢"、"输出"接线柱,有的发电机标"A")。

整流器总成装于后端盖的外侧,以利冷却和便于维修。整流器外面加装防护盖。二极管通过焊接(如JFW1521型交流发电机)或压装(如JFW2621型交流发电机)方式装于整流板上,图10-5为安装示意图和电路图。

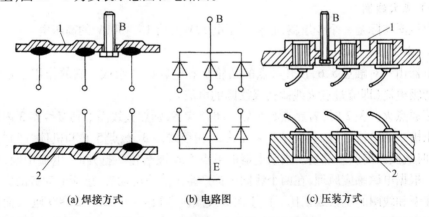

(a) 焊接方式   (b) 电路图   (c) 压装方式

图10-5 二极管安装示意图和电路图
1—正整流板;2—负整流板。

4）端盖

前端盖的前面有通过半圆键装于转子轴上的风扇、皮带轮，由内燃机通过传动皮带驱动皮带轮使转子旋转。发电机的通风散热是靠风扇完成的。

2. 发电原理

磁场绕组通过电流后便产生磁场，当转子旋转时，定子绕组就切割磁场组产生磁感应线，并在定子三相绕组中感应产生频率相同、幅值相等、相位互差120°（电角度）的交流电动势。定子绕组的匝数越多，转子旋转的速度越快，绕组内产生的感应电动势也越高。图10-6为交流发电机的工作原理图。当磁场电流（即通过磁场绕组的电流）增大到使磁场磁轭达到饱和时，磁通便不再增加，则感应电动势也趋于稳定。

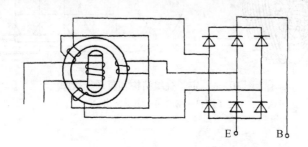

图 10-6　交流发电机工作原理

爪极制作成鸟嘴形是因其磁通密度近似于正弦规律分布，则在三相定子绕组中感应产生的交流电动势波形也近似于正弦波形。

第三节　汽油机点火系组成与工作原理

一、点火系工作原理

点火系的工作原理如图10-7所示，其中电源1包括蓄电池和发电机。

（一）点火线圈

点火线圈实际是一个变压器，它将低压电12V变为15~30kV的高压电。

（二）断电器

断电器由一对触点5、6，顶开触点的凸轮9和电容器7组成。它的作用是定时接通与切断初级电流（即流过点火线圈初级线圈的电流）。

当接通点火开关2时，若触点5、6处于闭合状态，则点火线圈的初级线圈3内便有从蓄电池正极来的电流通过，电流经点火开关2、初级线圈3、触点5、6和机体，回到蓄电池负极，这时线圈四周产生磁场。当断电器的触点5、6被凸轮9打开时，电流中断，磁场迅速消失。根据电磁感应原理，在两个线圈中都产生了感应电动势，感应电动势的大小与磁场衰减速率和线圈的匝数成正比。由于次级线圈匝数很多（11000~23000匝），而初级线圈匝数很少（240~370匝），故在次级线圈中产生很高的感应电动势（1万~3万V）。此时分火头正好与某一旁电极接通，这个高电压就加在某一缸的火花塞电极上，使火花塞产生电火花。这时高压电流的路线是：次级线圈→分电器上的分火头10→旁电极11→火花

194

塞→机体→蓄电池→初级线圈3→次级线圈(次级电压虽然很高,但次级电流平均值却非常微小,故对蓄电池并无任何不利影响)。可见,低压电流到高压电流的转变是由点火线圈和断电器共同完成的。

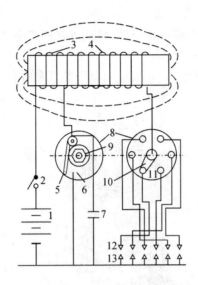

图 10 - 7　点火系的工作原理

1—电源;2—点火开关;3—点火线圈的初级线圈;4—点火线圈的次级线圈;
5—活动触点;6—固定触点;7—电容器;8—分电器;9—断电器凸轮;
10—分火头;11—分电器侧触点;12—火花塞中心电极;13—火花塞侧电极。

（三）附加电容器

在断电器触点打开,磁场消失过程中,初级线圈本身也产生感应电动势,称自感电动势,达 200~500V。根据电磁感应原理可知,初级线圈的这个自感电流方向和原来的初级电流方向相同,因此,它妨碍了初级电流的衰减和磁场的衰减速率,使次级线圈产生的次级电压降低,火花塞中的火花减弱,可能难以点燃混合气。同时自感电流在触点张开的瞬间,将在触点间产生强烈的火花,会使触点烧坏,影响断电器的正常工作。为了消除自感电流的有害作用,在断电器的触点旁并联一个电容器7。这样,当触点打开时,自感电流便充入电容器,触点间不致产生强烈的火花,保护了触点。并且随后(在触点尚未闭合时)电容器即开始放电,此时反向的电流从电容器进入初级线圈,加速了初级电流和磁场的衰减,从而提高了次级电压。

（四）附加电阻

要使汽油机在高速时有足够大的初级电流,初级线圈中的电阻应尽量小。但若初级线圈的电阻减小,则在转速低时,由于触点闭合时间较长,使初级电流增大,容易引起点火线圈过热而损坏。为了解决这一矛盾,在点火线圈的初级电路中串联一个附加电阻,它的电阻值有随温度升高而增大的特性,故常称为热变电阻。可见,附加电阻的作用是自动调节低压电路的电流。

在启动汽油机时,流过启动电动机的电流极大,使蓄电池端电压急剧降低。此时,为了保证足够大的初级电流,应立即将附加电阻暂时短路。

二、蓄电池点火系

（一）蓄电池点火系组成

1. 分电器

分电器的作用是接通和切断低压电路,使点火线圈产生高压电,并按汽油机的工作顺序将高压电流分配给各缸的火花塞。

分电器主要由断电器、配电器、点火提前调节装置和电容器等组成,如图10-8所示。

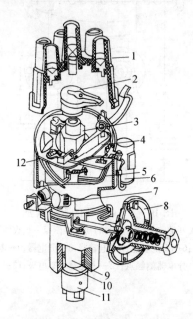

图10-8 FD25型分电器总成

1—分电器盖;2—分火头;3—断电器凸轮;4—断电底板总成;5—离心调节器总成;
6—电容器;7—油杯;8—真空调节器总成;9—分电器轴;10—分电器轴承;11—联轴节;12—分电器外壳。

1) 断电器

如图10-9所示,断电器总成装在断电器的底板上,底板又固装在外壳上。断电器的一对触点由钨合金制成,坚硬并耐高温。活动触点装在具有胶木顶块的断电臂上,断电臂绝缘地套装在断电臂轴上。

2) 配电器

配电器的作用是按汽油机的工作顺序将高压电分配给各个汽缸。它由分火头和配电器盖所组成,如图10-10所示。配电器盖由胶木制成,盖上有数量与汽油机汽缸数相等的旁电极,它和盖上的座孔相通,以备连接高压线。盖的中间有中心电极,其内座孔安装着带弹簧的炭精柱,弹性地压在分火头的导电片上。

分火头装在凸轮顶端,与凸轮同步旋转。当其旋转时,其上的导电片与旁电极之间有0.25~0.80mm 的间隙,并掠过各旁电极。当断电器触点打开时,导电片正对盖内某一旁电极,因此高压电便由中心电极经带弹簧的炭精柱、导电片到旁电极。旁电极由高压线和火花塞连接。

196

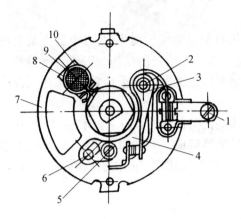

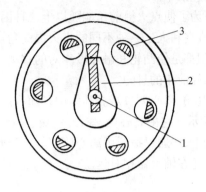

图 10-9　断电器
1—接线柱;2—断电臂轴;3—断电臂;
4—固定触点支架;5—固定螺钉;6—偏心调整螺钉;
7—断电器底板;8—油毡;9—夹圈;10—油毡支架。

图 10-10　配电器
1—中心电极及带弹簧的碳精柱;
2—分火头;3—旁电极。

3）点火提前调节装置

为使汽油机获得最大的动力和最好的经济性,点火时间要有适当的提前。所谓点火提前,即在活塞未到达上止点前点燃混合气,待混合气完全燃烧产生最大压力时,活塞正好到达上止点稍后一点。

点火提前角是指火花塞开始点火至活塞到达上止点的时间内,曲轴转过的角度。点火提前角过大(点火过早)或过小(点火过迟),对汽油机工作都有很大影响。

若点火过早,混合气的燃烧在压缩行程中进行,汽缸内的燃烧压力急剧上升,使正在上行的活塞受到阻力,不仅使汽油机功率降低,而且可能引起爆燃或曲轴反转,加速机件的磨损。当用手摇柄启动汽油机时,有打伤手臂的危险。

若点火过迟,活塞到达上止点后混合气才开始点燃,活塞边下行,混合气边燃烧,即燃烧过程在容积增大的情况下进行,致使汽缸压力降低,汽油机过热,功率下降,燃料消耗率增加。

可见,点火提前角存在一个最佳值,但最佳点火提前角不是固定不变的,它应随着汽油机的转速、负荷和汽油辛烷值的变化而改变。

汽油机转速升高,点火提前角应相应增大,即点火时间应提前。这是因为,当汽油机转速升高时,在相同的时间内活塞移动的距离较大,曲轴将转过较大的角度,使混合气燃烧所占的时间减小。为了燃料充分燃烧,点火提前角应相应地增大。

当汽油机负荷增大,即节气门开度增大时,点火提前角应该相应地减小。这是因为汽油机负荷增大时进入汽缸内的混合气量增加,妨碍混合气燃烧的残余废气相对减小,混合气的燃烧速度相对加快。另外,由于进入汽缸的混合气量增加,致使压缩行程终了时的压力和温度升高,燃烧速度也加快。因此,负荷增大,点火提前角应减小;反之,负荷减小,点火提前角应相应增大。

燃油辛烷值对点火提前角也有影响。由于燃油的辛烷值不同,其抗爆性也不同,点火提前角亦应不同。燃油辛烷值越高,其抗爆性越好,点火提前角可相应增大;反之,点火提前角应减小。

为了使点火提前角能随以上三种因素的变化而相应地发生变化,在分电器上装有离心、真空和人工三种不同的点火提前角调节装置。这三种装置的结构和工作情况虽然不同,但都是使凸轮和触点做相对的移动,使凸轮顶开触点的时间提前或延迟,来达到改变点火提前角的目的。

(1)离心调节器。其作用是随汽油机转速的变化而自动调节点火提前角,如图 10 - 11 所示。它由离心块、弹簧、托板、拨板和分电器轴等组成。装配时,应使凸轮活络地装在轴上,并通过拨板由离心块驱动。为此轴上端的螺钉紧定后,应有稍许轴向间隙,以保证凸轮在轴上做相对运动。

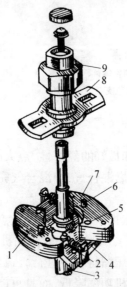

图 10 - 11　离心调节器
1,7—离心块;2—弹簧;3—分电器轴;4—托板;5—柱销;6—销钉;8—拨板;9—凸轮。

离心调节器的工作情况如图 10 - 12 所示。当汽油机转速逐渐增高时,自某一转速开始,离心块在其离心力的作用下,克服弹簧拉力向外张开,离心块上的销钉使拨板带着凸轮顺分电器轴转过一定角度,由于触点位置不变,所以凸轮便提前顶开触点,使点火提前一个角度。转速越高,离心力越大,离心块甩开的程度越大,点火提前角也就越大;反之,转速降低,点火提前角减小。

(2)真空调节器。其作用是随汽油机负荷的大小而自动调节点火提前角。它由真空调节器壳、膜片、弹簧、真空调节器拉杆和调节臂等组成。膜片将其壳体内部分成两个腔室,位于分电器一侧的腔室与大气相通。另一腔室由细铜管与化油器混合室节气门处相通,由化油器下部的压力大小控制真空调节器的工作。真空调节器的工作情况如图 10 - 13 所示。

当汽油机负荷小时,节气门开度小,小孔位于节气门之下,其压力(或吸力)较低,吸动膜片,克服弹簧张力,拉杆便拉动调节臂,带动分电器外壳,逆凸轮旋转方向移动,因而触点被提早顶开,使点火提前角变大。当节气门开度增大,即负荷增大时,小孔处的吸力降低,在弹簧作用下膜片推动拉杆向分电器一侧拱曲,推动外壳顺凸轮旋转方向转动,使点火提前角减小。

198

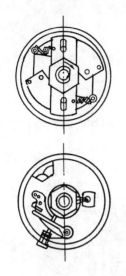
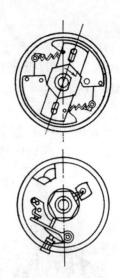

(a) 离心调节器未起作用时　　　　(b) 在离心调节器的作用下，凸轮提前顶开触点

图 10 – 12　离心调节器的工作

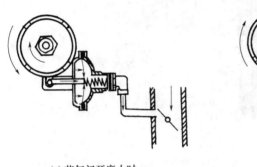
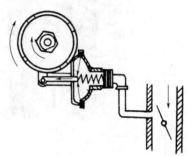

(a) 节气门开度小时　　　　　　(b) 节气门开度大时

图 10 – 13　真空调节器的工作

汽油机在怠速时,如果提前角较大,将使怠速运转不平稳,因此,化油器空气道中的小孔此时在节气门位置的上方,该处吸力极小,所以弹簧推动膜片,使点火提前角减小或基本不提前,满足怠速时的要求。

(3) 人工调节器。其作用是随燃油的辛烷值(抗爆性)不同,而由人工改变点火提前角的装置,所以也称辛烷值调节器。

一定压缩比的汽油机,应使用一定辛烷值的汽油。辛烷值低的汽油,抗爆性差,容易引起爆燃,点火提前角要小;辛烷值高的汽油,抗爆性好,点火提前角要适当增大。

人工调节器的构造随分电器的形式不同而异,但基本原理都是用转动分电器外壳来带动触点,使触点与凸轮做相对移动,而改变点火提前角的。因此,凡是分火头顺时针旋转(右旋)的分电器,如逆时针(左旋)转动外壳时,则点火提前角增大;反之,点火提前角减小。而分火头左旋的分电器,则与上述相反。

2. 附加电容

电容器与断电器触点并联,其作用是减小断电器触点间的火花,延长触点的使用寿命,增强高压电。它由两条带状的锡箔或铝箔,并用同样宽而长的两条绝缘蜡纸隔开,紧紧地裹卷而成。

3. 点火线圈

点火线圈主要由铁芯、初级(低压)绕组、次级(高压)绕组、外壳、接线柱和附加电阻等部件构成,如图 10-14 所示。

4. 附加电阻

装在壳体外面,接在接柱 19 和 20 之间(图 10-14)。附加电阻具有温度升高阻值增大,温度降低阻值变小的特点,所以也称热变电阻。

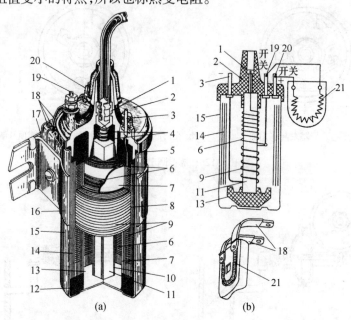

图 10-14 点火线圈的构造

1—高压线插座(接配电器中心插座电极);2—绝缘盖;3—初级绕组接线柱(接分电器低压接线柱);
4—高压绕组引出头及弹簧;5—橡胶密封圈;6—次级绕组;7—内层绝缘纸;8—外层绝缘纸;
9—初级绕组;10—铁芯硬纸套;11—铁芯;12—沥青封料;13—瓷绝缘体;14—磁场铁片;
15—外壳;16—点火线圈固定夹;17—附加电阻盖;18—附加电阻瓷绝缘体及接线片;
19—初级绕组接线柱(接启动机开关);20—初级绕组接线柱(接点火开关);21—附加电阻。

5. 火花塞

火花塞的结构如图 10-15 所示,主要由接线螺母、绝缘体、接线螺杆、中心电极、侧电极以及外壳组成。侧电极焊接在外壳上"搭铁"。

火花塞电极间的间隙对火花塞的工作有很大影响。间隙过小,则火花微弱,并且容易因产生积炭而漏电;间隙过大,所需击穿电压增高,汽油机不易启动,且在高速时容易发生"缺火"现象,故火花塞间隙应适当。我国蓄电池点火系使用的火花塞间隙一般为 0.6mm~0.8mm。但有些火花塞间隙可达 1mm 以上。

火花塞绝缘体裙部(指火花塞中心电极外面的绝缘体锥形部分)直接与燃烧室内的高温气体接触而吸收大量的热,吸入的热量通过外壳分别传到缸体和大气中。实验表明,要保证汽油机正常工作,火花塞绝缘体裙部应保持 773~873K(500~600℃)的温度(这一温度称为火花塞的自洁温度),若温度低于此值,则将会在绝缘体裙部形成积炭而引起电极间漏电,影响火花塞跳火。但是若绝缘体温度过高达 1073～1173K(800～900℃),则混合气与这样炽热的绝缘体接触时,将发生炽热点火,从而导致汽油机早燃,引起化油器回火现象。

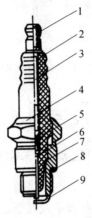

图 10 - 15 火花塞
1—接线螺母;2—绝缘体;3—接线螺杆;4—壳体;5—密封剂;6—中心电极;
7—紫铜垫圈;8—密封垫圈;9—侧电极。

由于不同类型汽油机的热状况不同,所以火花塞根据绝缘体裙部的散热能力(即火花塞的热特性)分为冷型、中型和热型三种,如图 10 - 16 所示。绝缘体裙部短的火花塞,吸热面积小,传热途径短,称为冷型火花塞。反之,绝缘体裙部长的火花塞吸热面大,传热途径长,称为热型火花塞。裙部长度介于二者之间的则称为中型火花塞。火花塞的热特性划分没有严格界限。一般来说,在国产火花塞中将火花塞绝缘体裙部长度为 16～20mm 的划为热型,长度在 11～14mm 者为中型,长度小于 8mm 则为冷型。在选用火花塞配汽油机时,一般功率高、压缩比大的汽油机选用冷型火花塞,相反功率低压缩比小的选用热型火花塞。但是一般火花塞的选用是工厂在产品定型实验确定的,一般不应更换。

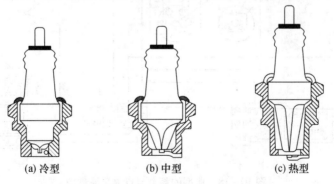

(a) 冷型   (b) 中型   (c) 热型

图 10 - 16 不同热值的火花塞

6. 点火开关

点火开关的作用是控制点火系电路的通断。在某些使用电磁操纵装置的启动机上,点火开关还控制启动继电器电路,省去了启动按钮,这种点火开关也叫点火启动开关。点火开关的结构种类很多,常用的有两接柱、三接柱和四接柱式的,如图10－17所示。

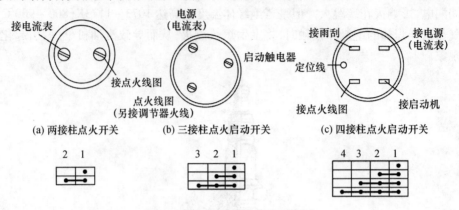

图 10－17　点火开关接线示意图

（二）典型蓄电池点火系

图 10－18 所示是典型的蓄电池点火系线路图。在连线时必须遵循两条原则:①低压电流必须受点火开关的控制;②启动时附加电阻必须短路,以保证产生较强的高压火花。为此点火线圈标有"＋"的接线柱须经启动机上的附加电阻短路开关的一个接线柱再与点火开关连接;而标有"开关"的接线柱,应直接与启动机上附加电阻短路开关的另一接线柱连接。这两条连线原则,也适用于其他车型点火系线路的连接。

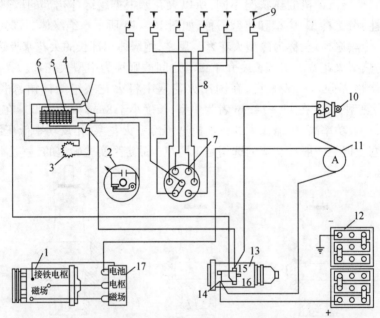

图 10－18　典型的蓄电池点火系原理图

1—发电机;2—分电器;3—附加电阻;4—点火线圈;5—次级线圈;6—初级线圈;7—配电器;

8—高压导线;9—火花塞;10—点火开关;11—电流表;12—蓄电池;13—启动机;14—启动机开关触点;

15,16—启动机辅助触点;17—发电机调节器。

三、电子点火系统

随着现代汽车内燃机向高转速、高压缩比、低油耗、低排放方向发展，传统点火系存在着触点易烧蚀、火花能量提高受限等难以克服的缺点。因此，传统点火系已逐渐被新型的电子点火系和微机控制点火系所取代。

（一）电子点火系统的组成

电子点火系统又称为半导体点火系统或晶体管点火系统，主要由点火电子组件、分电器以及安装在分电器内部的点火信号发生器、点火线圈、火花塞等组成，如图 10 – 19 所示。

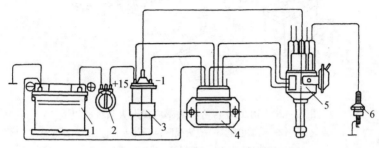

图 10 – 19　电子点火系统的组成

1—蓄电池；2—点火开关；3—点火线圈；4—电子控制组件；5—内装传感器的分电器；6—火花塞。

点火电子组件的主要作用是根据点火信号发生器产生的点火脉冲信号，接通和断开点火线圈的初级电路，其作用与传统点火系统中的断电器相同。

点火信号发生器又称为点火信号传感器，安装在分电器内，可根据各缸的点火时刻产生相应的点火脉冲信号，控制点火器接通和切断点火线圈初级电路的具体时刻。

（二）电子点火系统分类

按点火系统的储能形式，电子点火系统可分为电感储能式电子点火系统和电容储能式电子点火系统。

按点火信号传感器的结构型式，电子点火系统可分为霍耳式、磁感应式（北京 BJ2020）和光电式（猎豹吉普车）电子点火系统。

按初级电流的控制方式，电子点火系统又可分为点火控制器控制式和微机控制式点火系统（根据微机控制点火系统控制点火的方式不同，又可分为分配点火系统和直接点火系统）。

以下主要以 BJ2020 汽车为例介绍磁感应式电子点火系统。

（三）磁感应式电子点火系统

1. 磁感应式电子点火系统的组成

磁感应式电子点火系由磁感应式分电器、点火电子组件、点火线圈和火花塞等组成。BJ2020 吉普车配装的磁感应式点火系统如图 10 – 20 所示。

磁感应式分电器由磁感应式点火信号传感器、配电器、点火提前机构（离心提前机构与真空提前机构）等组成。磁感应式点火信号传感器安装在分电器内部，其功用是根据内燃机汽缸的点火时刻产生相应的点火脉冲信号，控制点火控制器接通与切断点火线圈初级电路的具体时刻。

点火电子组件又称为点火控制器和点火器,是由电子元件组成的电子开关电路,其主要作用是根据传感器发出的点火脉冲信号,接通和切断点火线圈初级电路。

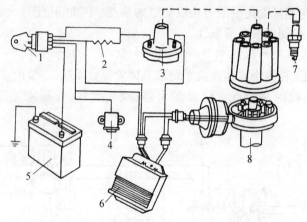

图 10-20 BJ2020 吉普车磁感应式点火系统的组成

1—点火开关;2—附加电阻;3—点火线圈;4—启动继电器;5—蓄电池;
6—点火控制器;7—火花塞;8—磁感应式分电器。

2. 磁感应式电子点火系统工作原理

磁感应式电子点火系统的工作原理如图 10-21 所示。蓄电池(或发电机)供给的 12V 低压电,由磁感应式点火信号传感器、点火控制器和点火线圈将其转变为高压电,然后再通过配电器分配到各缸火花塞产生电火花,点燃混合气。

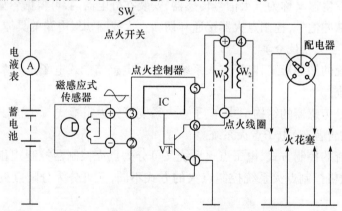

图 10-21 磁感应式电子点火系统工作原理

内燃机工作时,点火信号传感器转子在配气凸轮轴的驱动下旋转。信号转子旋转时,传感器就会产生点火信号并输入点火控制器,在点火控制器内部专用集成电路 IC 的控制下,控制器末级的达林顿三极管交替导通与截止。

在点火开关 SW 接通的情况下,当达林顿三极管导通时,初级绕组中就有电流流过,其电路为:蓄电池正极→电流表 A→点火开关 SW→点火线圈"+15"端子→点火线圈初级绕组 W1→点火线圈"-1"端子→三极管 VT→搭铁→蓄电池负极。初级电流在线圈的铁芯中形成磁场,经过一定时间后,当三极管截止时,初级电路被切断,初级电流消失,它所形成的磁场随之迅速变化,在两个绕组中都会感应产生电动势。由于次级绕组的匝数多,因此在次级绕组中将感应产生 15～20kV 的高压电动势,它足以击穿火花塞的电极间隙,并产生电火花点燃可燃混合气。

点火控制器末级达林顿三极管每截止一次,点火线圈就产生一个高压电。传感器轴每转一圈,配电器就按内燃机的点火顺序,轮流向各缸火花塞输送一次高压电。内燃机工作时,点火信号转子在内燃机凸轮轴的驱动下连续旋转,传感器中不断产生点火信号,达林顿三极管循环导通与截止,点火线圈不断产生高压电,配电器按点火顺序循环向各缸火花塞输送高压电,产生电火花点燃混合气,保证内燃机正常工作。如要内燃机停止工作,只需断开点火开关,切断低压电路即可。

（四）磁感应式电子点火系统结构及工作过程

1. 磁感应式点火系统的结构

1）磁感应式分电器

BJ2020 吉普车采用的磁感应式分电器的结构如图 10 - 22 所示,主要由磁感应式点火信号传感器、配电器、离心提前装置和真空提前装置等组成。

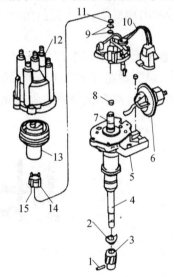

图 10 - 22　分电器的结构

1—横销;2—转向间隙调垫圈;3—驱动斜齿轮;4—分电器轴;5—分电器壳体;6—真空提前装置;7—信号转子轴;
8—油封;9—垫圈;10—传感器线束;11—卡环;12—分电器盖;13—分火头;14—信号转子;15—转子定位销。

分电器由信号发生器（脉冲传感器简称传感器）、配电器、点火提前角自动调节装置三大部分组成。信号发生器相当于传统分电器的断电器,因该分电器无触点,使用中无火花产生,因而无附加电容。

信号发生器由信号转子、电磁线圈及永久磁铁组成,其构造见图 10 - 22。转子转动过程中,轮齿改变了磁路的空气间隙,在线圈内有一个变化的磁通（图 10 - 23）,在轮齿与铁芯对正时,磁通最大。在轮齿离开铁芯时,即线圈电动势的负半周时（汽缸压缩行程终了）,点火控制器便切断初级电路,点火线圈产生高压电。

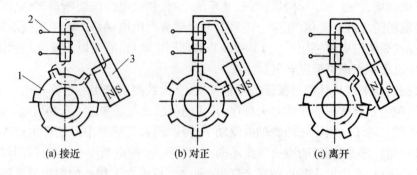

图 10 - 23 磁感应式传感器的工作原理
1—信号转子;2—传感器线圈;3—永久磁铁。

    配电器由分火头和分电器盖组成(图 10 - 22)。分火头为圆形,上嵌一只导电片,在旋转时将点火线圈来的高压电分配到各旁电极。分电器盖与分电器壳采用螺钉连接。点火提前自动调节装置由离心调节装置和真空调节装置两部分组成,离心调节器的结构见图 10 - 24。在内燃机转速升高时,离心块向外甩开,拨叉受到离心力作用而带动触发轮顺时针方向转过一个角度,负脉冲出现提前,点火提前角增大;与此相反,转速降低则提前角减小。

    真空调节机构由信号发生器底板、真空调节器气室等组成,结构见图 10 - 25。当内燃机负荷减小,节气门开度减小,调节器左气室气压降低,膜片左移,拉动信号发生器底板逆时针方向转过一个角度,使触发轮齿离开信号发生器提前,点火提前角增大。反之,负荷增大,点火提前角减小。

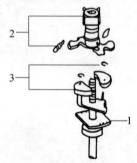

图 10 - 24 离心调节器
1—托板;2—离心块及卡圈;3—信号转子及弹簧。

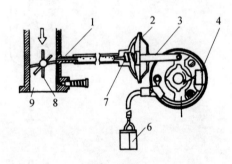

图 10 - 25 真空调节器
1—真空管;2—真空提前装置膜片;3—拉杆;
4—传感器定子;5—传感器底板;6—传感器线束插头;
7—弹簧;8—节气门传感器底板;9—化油器喉管。

2) 高能点火线圈

    BJ2020 汽车采用普通开磁路点火线圈,油浸式,有两个低压接线柱,其附加电阻位于线束中。点火线圈外壳支架上有一只电容器,可吸收点火线圈初级回路切断时的自感电动势,防止损坏电子器件。

    点火线圈的初、次级电阻可用万用表进行检查,检查结果应与标准确数据相符,否则表明点火线圈有故障,应予以更换。

3）点火控制器

点火控制器称为电子控制器(Electronic Control Unit,ECU),由分立元件组装而成。控制器上设有两个接线插座,一个为两端子插座,一个为四端子插座,控制器 ECU 内部大功率三极管的集电极与端子 C4 连接,发射极与端子 C1 连接,点火部件的连接电路如图 10-26所示。

2. 磁感应式点火系统工作过程

当点火开关接通时(如图 10-26),电子控制器电源电路接通。其电路为:蓄电池正极→启动继电器电源端子 BAT→点火开关电源端子 B→点火开关→开关端子 I(点火端子)→线束连接器→两端子连接器 F2、E2 端子→电子控制器 ECU→ECU 内部电路→搭铁→蓄电池负极。

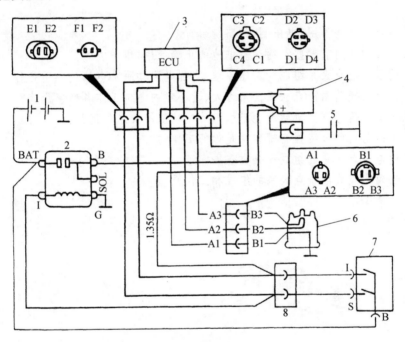

图 10-26   BJ2020 吉普车点火系统电路

1—蓄电池;2—启动继电器;3—点火控制器 ECU;4—点火线圈;
5—电容器;6—磁感应式分电器;7—点火开关;8—线束连接器。

当磁感应式传感器的点火信号电压尚未达到触发电压时,电子控制器内部大功率三极管导通,使点火线圈初级电流接通,其电路为:蓄电池正极→启动继电器电源端子 BAT→点火开关电源端子 B→点火开关→开关端子 I(点火端子)→线束连接器→1.35Ω附加电阻线→点火线圈正极"+"→点火线圈初级绕组→点火线圈负极"-"→四端子连接器 D4、C4 端子→ECU 内部大功率三极管→四端子连接器 C1、D1 端子→分电器线束连接器 A1、B1 端子→分电器内部搭铁→蓄电池负极。

当分电器内磁感应式传感器的点火信号电压达到触发电压时,ECU 内部电路工作,使大功率三极管截止,点火线圈初级电流切断,次级绕组中产生高压电,经配电器送到火花塞电极之间跳火点燃混合气。

当启动内燃机时,点火开关接通启动(START)挡,启动继电器线圈电流接通,产生电磁吸力将启动继电器触点吸闭,与此同时,电源端子 BAT 与附加电阻线短路开关端子 B 接通,附加电阻线被短路。此时点火线圈初级电流电路为:蓄电池正极→启动继电器电源端子 BAT→启动继电器触点→短路开关端子 B→点火线圈正极"＋"→初级绕组→点火线圈负极"－"→四端子连接器 D4、C4 端子→ECU 内部大功率三极管→四端子连接器 C1、D1 端子→分电器线束连接器 A1、B1 端子→分电器内部搭铁→蓄电池负极。附加电阻线被短路后,点火线圈初级电路电阻减小,电流增大,次级绕组能够产生足够的高压电,点燃混合气,保证内燃机顺利启动。

作 业 题

1. 简述点火系的作用、电压制、线路制。
2. 蓄电池的作用有哪些? 简述蓄电池的正确使用、维护方法。
3. 简述蓄电池点火系组成和工作原理,附加电阻和附加电容的作用是什么?
4. 何谓点火提前角? 点火提前角过大、过小对内燃机工作各有何影响?
5. 点火提前角与汽油机转速、负荷、汽油辛烷值的关系如何?
6. 点火提前角调节装置有哪些? 是如何工作的?
7. 简述电子点火系的组成和分类。
8. 简述磁感应式电子点火系的组成和工作原理。

第十一章　内燃机特性

车辆(包括工程机械)是在负荷、速度及道路情况经常变化的条件下运行的。作为车辆动力的内燃机必须适应车辆的需要,在负荷与转速经常变化时能正常工作。

当内燃机工况(如负荷和转速等)发生变化时,必然会引起其性能的变化。内燃机性能指标(如动力性和经济性指标)随工况变化而变化的规律称为内燃机特性。

由于内燃机工况与性能指标的多样性,内燃机特性也就有很多类型。其中与车辆使用关系密切的有速度特性、负荷特性和万有特性等。

研究内燃机特性的主要目的是:分析内燃机在不同工况下动力性和经济性指标的变化规律,以及不同工况下内燃机运行的稳定性和适应性,以确定内燃机最适宜的工作区域。内燃机特性通常以曲线形式表示,该曲线称为特性曲线,它是通过台架实验测得的性能数据经整理后绘制出来的。

第一节　内燃机的工况

内燃机的使用特性表明它在不同工况下的使用性能。内燃机工况就是指它实际运行中的工作状况。表征内燃机工况的参数有转速 n、扭矩 M_e、功率 N_e 等。由于 M_e 与内燃机的平均有效压力 P_e 成正比,所以也经常用 P_e 表示内燃机的负荷。用 P_e 表示的负荷与内燃机的尺寸无关,便于比较不同内燃机真正的负荷水平。这些工况参数之间有如下关系:

$$N_e \propto M_e n \propto P_e n \qquad (11-1)$$

可见 N_e、M_e(或 P_e)、n 三个参数中,只有两个是独立变量,即当任意两个参数确定后,第三个参数就可通过与式(11-1)类似的关系式求出。

以 N_e-n 坐标系绘出的内燃机可能运行的工况和工作范围,如图 11-1 所示。显然,内燃机可能的工作区域被限定在一定范围内。上边界线 3 为内燃机油量控制机构处于最大位置时不同转速下内燃机所能发出的最大功率(外特性功率线)。左侧边界线为内燃机最低稳定工作转速 n_{min},低于此转速时,由于飞轮等运动件储存能量较小,导致内燃机转速波动过大,不能稳定运转,或者工作过程恶化,不能高效运转。右侧边界线为内燃机最高工作转速 n_{max},它受到转速过高引起的惯性力增大、机械损失加大、充量系数下降、工作过程恶化等各种不利因素的限制。图 11-1 中 n_n 为标定转速。内燃机可能的工作范围就是上述三条边界线和横坐标轴所围成的区域。

不同用途的内燃机实际可能遇到的工况将是各种各样的,典型的工况分为以下三类:

1. 点工况

运行过程中转速和负荷均保持不变的内燃机称为点工况内燃机(图 11-1 中的 A

点）。例如带动排灌水泵用的内燃机，除了启动和过渡工况外，一般都按点工况运行。

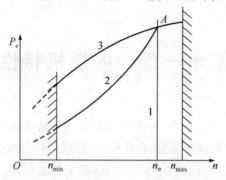

图 11 - 1　不同用途的内燃机工作区域

2. 线工况

当内燃机发出的功率与曲轴转速之间有一定的函数关系时，属于线工况内燃机。例如，当内燃机作为船用主机驱动螺旋桨时，内燃机所发出的功率必须与螺旋桨消耗的功率相等，后者在螺旋桨节距不变的条件下与 n^3 成正比，这类工况常被称为螺旋桨工况或推进工况（图 11 - 1 曲线 2）。发电用的内燃机，其负荷变化没有一定的规律，然而内燃机的转速必须保持稳定，以保证输出电压和频率的恒定，反映在工况图上就是一条垂直线（图 11 - 1 曲线 1）。

3. 面工况

当内燃机作为汽车及其他陆地运输和作业机械的动力时，它的转速取决于车辆的行驶速度，而它的功率则取决于车辆的行驶阻力。而行驶阻力不仅与车辆的行驶速度有关，更主要地取决于道路的情况或土壤的条件等，功率 N_e 和转速 n 都独立地在很大范围内变化。这时，内燃机的可能工作范围就是它的实际工作范围。这种内燃机称为面工况内燃机。

对于点工况内燃机来说，标定功率点的指标足以说明一切。而对于线工况特别是面工况内燃机来说，光是标定点的指标是不够的，还要研究不同工况下的工作情况。内燃机的动力性指标（如 N_e、M_e、P_e 等）、经济指标（燃油消耗率 g_e 等）、排放指标（法定污染物的排放量）等随其运行工况的变化规律，称为内燃机的使用特性，常用的有负荷特性、速度特性、万有特性等。

以下讨论的均是针对内燃机的稳态工况，即环境不变、内燃机的调整不变、输出不变的情况。实际内燃机经常在非稳态工况（或称过渡工况或瞬态工况）下工作，尤其是车用内燃机，非稳态工况要占很大的比例。车用内燃机的排放测试，大多也是在瞬态下进行的。

第二节　负荷特性

内燃机的负荷特性是指燃油消耗量 G_t 和燃油消耗率 g_e 随内燃机负荷变化而变化的关系。在测定负荷特性时必须保持内燃机转速不变。对于车用内燃机，由于使用的转速范围较广，因此，仅仅测定标定转速下的负荷特性是不够的，必须测出几个常用转速下的负荷特性才能较全面地评价内燃机的经济性能。

一、汽油机的负荷特性

如图 11-2 所示,汽油机的负荷特性在负荷为零(即怠速)时,随着负荷的增加,g_e 逐渐下降,当负荷增加到 60% ~ 70% 时,g_e 达到最低值,以后随着负荷的增加,g_e 也逐渐上升。

g_e 随负荷而变化的规律主要受到两个因素的影响,即过量空气系数和机械效率 η_m。当汽油机由怠速逐渐增加负荷时,因过量空气系数逐渐增大,使得燃烧条件也逐渐改善,因此,内燃机的燃烧热效率也逐步提高;另一方面,有效功率由零逐步增加,使得机械效率也由零逐步上升。两个因素的影响结果都对提高汽油机的燃油经济性有利。因此,汽油机的耗油率 g_e 随负荷的增加而下降。当负荷达到 60% ~ 70% 时,为最经济混合气,耗油率也降到最低值。此后随着负荷的进一步增加,由于化油器的加浓装置开始起作用,虽然汽油机的机械效率 η_m 随负荷的增加仍呈上升趋势,但由于过量空气系数值已逐渐减小,混合气变浓,燃烧条件变差,使得燃烧热效率降低,耗油率 g_e 又逐渐上升。

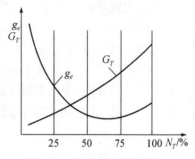

图 11-2　汽油机的负荷特性

二、柴油机负荷特性

柴油机负荷特性(图 11-3)与汽油机的负荷特性变化趋势基本相似,其主要区别有两点:①柴油机的最低耗油率不仅较低,而且所处的负荷变化区域也较大,这说明在常用的负荷范围内,柴油机的经济性优于汽油机;②柴油机在较大负荷下工作时(图 11-3 中 1 点),排气开始冒黑烟,若再增加负荷至全负荷(图 11-3 中 2 点),g_e 则迅速上升,直至达到冒烟极限。在全负荷时,若继续增加供油量,由于燃烧严重恶化,此时功率不仅不上升,反而还会下降(图 11-3 中 3 点)。

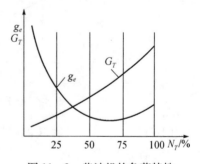

图 11-3　柴油机的负荷特性

由负荷特性可以看出,内燃机的经济工作区域在中等负荷范围,其中最经济区域大约在 60%~70% 的负荷区间,这也是车用内燃机最常用的负荷范围。因此,在为车辆选择动力时,功率储备不能过大,以保证内燃机能经常处在 60% ~70% 的常用负荷范围内工作。

第三节　速度特性

内燃机的有效扭矩 M_e、有效功率 N_e 及有效燃油消耗率 g_e 随转速而变化的关系称内燃机的速度特性。在测定速度特性时,应保持油门(汽油机为节气门、柴油机为供油齿杆)的位置不变。当油门固定在标定功率供油位置(节气门全开或供油齿杆在最大供油位置)时所测得的速度特性称为全负荷速度特性,简称外特性,它表示内燃机能正常工作的最大功率界限。当油门固定在标定功率以下的任意位置时所测得的速度特性称为部分速度特性。显见,对于每一台内燃机,外特性曲线只有一组,而部分速度特性曲线因油门位置的不同而可以有任意组。

一、外特性

内燃机外特性曲线如图 11 - 4 所示。在外特性曲线上有如下几个特殊点:

最低稳定转速 n_{min},它表示内燃机在全负荷工况下能连续稳定运转 10min 的最低转速。最大扭矩转速 n_{Me},它是内燃机最大扭矩所对应的转速。最低油耗转速 n_{ge},它是内燃机最低耗油率所对应的转速。标定功率转速 n_N,它是内燃机在标定功率时所对应的转速。最高空转转速 n_{rmax},它表示调速器所限制的最高转速。飞车转速 n_{max},它表示内燃机油门处在最大位置时,不使用调速器、不带负荷所能达到的最高转速,在实际使用中是不允许达到这一转速的。下面对内燃机的外特性曲线作简要分析。

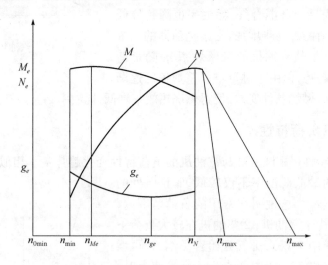

图 11 - 4　内燃机外特性

由图 11 - 4 可见,扭矩 M_e 曲线是一条凸曲线,在低转速范围内,扭矩 M_e 随着转速 n 的增加而逐渐增大,至 n_{Me} 时达到最大值。此后若继续增大转速,扭矩 M_e 又开始下降。下面对扭矩曲线所出现的上述变化规律做简要分析。

由于内燃机扭矩 M_e 与平均有效压力 P_e 成正比,因此要了解扭矩随转速的变化规律,只需分析 N_e 随转速 n 的变化关系即可。

当内燃机转速 n 变化时,其平均有效压力 N_e 的变化与充气系数 η_v、指示热效率 η_i 及机械效率 η_m 三个因素有关。

η_v 与内燃机转速 n 的关系是:低速时,η_v 随 n 的上升而上升,至某一中等转速后,又随转速上升而下降。指示热效率 η_i 是表示燃料燃烧热量转变为循环机械功的效率,它与燃烧过程密切相关。内燃机转速增加,汽缸中的气体涡流增强,这对于燃油与空气的均匀混合以及燃烧的改善有利,因此指示热效率 η_i 随转速的提高而上升。至某一中间转速后,由于 η_v 的下降及燃烧过程所占曲轴转角的增大(对于柴油机来说,每循环耗油量还会因转速的上升而

212

增加),使得内燃机的燃烧效率降低,因此,η_i又随转速的上升而下降。机械效率η_m是随内燃机的转速升高而下降,这是因为机械损失是随转速的上升而加大的缘故。

上述三个因素的综合影响结果,使平均有效压力随转速的变化规律(即扭矩随转速的变化规律)是先随转速的上升而逐渐上升,至某一中间转速时达到最大值,以后又随转速的上升而逐渐下降。

功率N_e随转速n的变化是根据式$N_e \propto M_e n$而确定的。

耗油率g_e随转速n的变化规律是一条凹曲线。随着转速的上升,g_e先是下降,至n_{ge}转速时,g_e达到最低点,此后随着转速的上升,g_e又逐步上升。g_e出现这一变化规律的原因是:g_e的大小,主要取决于内燃机指示热效率η_i和机械效率η_m大小。由上面分析可知,η_i随转速上升而成凸曲线变化,η_m随转速上升而下降,两者综合作用的结果就出现了g_e随n的变化是先降后升。

柴油机外特性曲线与汽油机外特性曲线大体上相似,它们的不同点在于:柴油机的扭矩曲线由最大扭矩转速n_{Me}向标定转速n_N的变化过程中,扭矩下降的趋势比汽油机平缓,这主要是由二者供油系统的不同而引起的。由于柴油机使用的柱塞式喷油泵的速度特性导致当供油齿杆固定时,每循环供油量随着转速的上升稍有增加,这就使得汽缸中的燃烧混合气是随转速的上升而变浓,从而使得柴油机的扭矩下降趋势比较平缓。另外,汽油机的标定功率一般是曲线上的最大功率点,而柴油机的标定功率一般低于最大功率。又由负荷特性可知,柴油机存在一个"冒烟界线",因此,为保证柴油机工作可靠,一般不允许它超过冒烟界线工作。

二、部分速度特性

部分速度特性对于汽油机而言就是节气门处于某一非全开位置,对于柴油机而言就是供油齿杆处于某一非最大供油位置时所测得的速度特性。

图11-5所示为内燃机部分速度特性中的扭矩曲线。其中图11-5(a)中的2曲线为汽油机的部分速度特性扭矩曲线,图11-5(b)中的曲线2为柴油机的部分速度特性扭矩曲线。

由图11-5可见,汽油机与柴油机的部分速度特性相对于它们的外特性来说区别更为明显。汽油机随着节气门开度的逐步减小,其扭矩M_e曲线随转速n升高而下降的趋势越来越快,在节气门开度很小时,甚至达不到较高的转速,汽油机就进入了怠速状态。柴油机在供油齿杆由最大供油位置逐步向减油方向移动时,其扭矩M_e随转速n的变化曲线呈平行下移趋势。出现上述差别的原因在于汽油机与柴油机的负荷调节方法不同。汽油机是利用节气门开度的变化来控制进入汽缸的混合气数量,以达到调节负荷的目的。随着节气门开度的不同,进入汽缸中的混合气数量有较大幅度的变化。尽管在数量变化的同时其浓度也有变化,但浓度变化的范围较小。柴油机是利用供油齿杆位置的变化来控制喷入汽缸的燃油量,以达到调节负荷的目的,而进气量的多少仅与柴油机的转速有关而与供油齿杆位置无关。因此,严格地说柴油机是通过调节混合气浓度来实现负荷调节的目的,这种负荷调节方法一般称为"质调节"。

由于柴油机的部分速度特性随供油齿杆位置向减油方向移动时仅改变了混合气的浓度,它随转速而变化的规律与外特性是相同的,因此柴油机的部分速度特性就成为一组与外特性相接近的平行曲线。

汽油机在部分速度特性时,因其充气系数 η_v 的大小不仅受到转速变化的影响,而且还与节气门开度的变化有关,即随着节气门开度的减小,进气阻力增加,进气量下降。由于转速及节气门开度的双重影响结果使得 η_v 在部分速度特性时急剧下降,节气门开度越小,下降的趋势越迅速。这就导致了如图 11 –5(a)所示的结果。

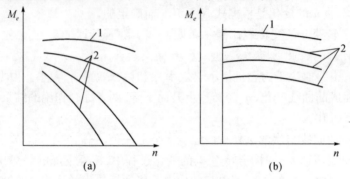

图 11 – 5　内燃机速度特性

1—外特性;2—部分速度特性。

汽油机与柴油机的部分速度特性中的功率曲线组分别如图 11 –6(a)及图 11 –6(b)中的曲线 2 所示,它们同样也是根据式 $N_e \propto M_e n$ 而得到的。

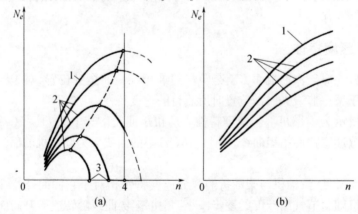

图 11 –6　部分速度特性中的功率曲线

1—外特性;2—部分速度特性。

三、内燃机工作的稳定性

车辆在阻力变化的路面上行驶时,内燃机的转速会随着负荷的变化而变化。当外界负荷变化时,若内燃机转速变化越小,车辆行驶就越平稳。因此,为了使车辆行驶平稳,内燃机的扭矩特性应当是在油门位置不变时,随着转速的降低而迅速增加扭矩。内燃机工作的稳定性由扭矩适应性系数 k_m 来评定:

$$k_m = \frac{M_{e\max}}{M_{Ne}} \tag{11 – 2}$$

式中：M_{emax}为最大扭矩；M_{Ne}为标定功率时的扭矩。

当外界负荷变化时，系数k_m值越大，则内燃机转速的变化越小，车辆行驶也就越平稳。如图11-7所示，当内燃机扭矩M_e在a点与外界阻力矩平衡时，内燃机将在该转速n_a下稳定工作。若外界阻力矩增加，则内燃机转速下降，扭矩M_e曲线上移（虚线）。对于按Ⅰ特性工作的内燃机，在n_1点，$M_{e1} = M_{c1}$，工作稳定，其转速变化为Δn_1；对于按特性Ⅱ工作的内燃机，在n_2点，$M_{e2} = M_{c2}$，其转速变化为Δn_2。这说明扭矩曲线陡的内燃机，转速变化小，工作稳定性好。

从工作稳定性的角度看，汽油机优于柴油机。因为汽油机的扭矩曲线陡，尤其在部分特性工作时更明显。为了改善柴油机的外特性扭矩特性，在喷油泵上可安装油量校正装置，以提高扭矩适应性系数k_m值。柴油机使用全程式调速器后，可显著改善部分负荷时的工作稳定性。一般汽油机$k_m = 1.25 \sim 1.45$；柴油机无校正装置时$k_m = 1.05 \sim 1.15$。废气涡轮增压柴油机采用特殊措施后k_m值可有很大的提高，部分高扭矩柴油机的扭矩适应性系数k_m可达$1.35 \sim 1.56$。

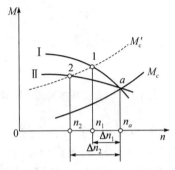

图11-7　内燃机工作的稳定性

提高内燃机的扭矩适应性系数k_m，可简化车辆的变速箱结构及减轻驾驶员的疲劳，并可提高车辆的爬坡能力。

由速度特性可知，内燃机稳定工作的转速范围显然应在转速n_{Me}与n_N之间。为表示内燃机稳定工作的转速范围，定义转速n_{Me}与n_N之比为内燃机的转速变化系数k_n：

$$k_n = \frac{n_N}{n_{Me}} \tag{11-3}$$

四、柴油机的调速特性

调速器的作用是当外界负荷变化时能自动调节供油量，以保持柴油机转速无大的变化。当柴油机采用调速器后，其速度特性将按调速器起作用时的调速特性变化。

柴油机的调速特性就是：在调速器起作用时，柴油机的性能指标（如N_e、M_e、g_e等）随转速的变化关系。图11-8所示为安装两极式调速器的柴油机调速特性。

在$n_1 \sim n_2$转速范围内，调速器的低速弹簧起作用。若柴油机在其之间的某一转速下运行，因外界负荷增加而引起转速下降时，由于调速器作用而增加了供油量，使得柴油机的扭矩迅速上升，从而克服了增大的负荷，不致使转速继续下降，并在稍低于原转速下与外界负荷达到新的平衡。这就是调速器的低速稳定性。

当转速超过n_2后，低速弹簧不再起作用，而高速弹簧还未参加工作。因此，在$n_1 \sim n_2$区间两级式调速器不起作用，柴油机仍沿着原有的速度特性运行。

当转速达到n_N后，若转速继续上升，则调速器高速弹簧起作用，使供油量减小，其结果是柴油机的扭矩迅速下降，不致使转速进一步上升，并在稍高于n_N的转速条件下运行。

当柴油机安装全程式调速器时，其调速特性的变化如图11-9所示。由图11-9可见，其速度特性发生了很大的变化，除外特性仍与原来相同外，其他部分速度特性则由原来接近横向变化变为近似纵向变化，且每一条纵向曲线表示一个油门位置。显然，柴油机安装调速器后,由于其性能按照调速特性变化,因此可稳定怠速、防止超速。

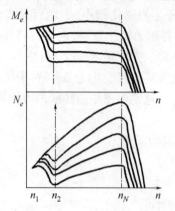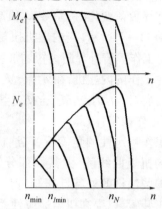

图 11 - 8　安装两级式调速器的调速特性　　　图 11 - 9　装有全程式调速器的调速特性

　　汽油机由于它的扭矩特性随转速的变化较陡,特别是在部分速度特性时更为显著。因此高速工作时,超速的可能性很小,即使短时间出现超速,所产生的危害性也远不如柴油机严重。而在工作转速范围内,由于其扭矩随转速下降而迅速上升,即能自动进行调节以保持转速基本稳定,因此,汽油机不需安装调速器。

第四节　万　有　特　性

　　车辆内燃机的工作特点是转速和负荷变化范围广,因此需要有一系列的速度特性和负荷特性才能全面了解其在各种工况下性能指标的变化规律,以便从中选择最有利的使用工况。万有特性是在一张特性曲线图上,全面反映内燃机性能参数的变化,因此万有特性也称综合特性或多参数特性。万有特性常以转速为横坐标,平均有效压力为纵坐标,在图上画出等油耗率曲线、等功率曲线,如图 11 - 10 所示。根据需要还可画出等过量空气系数曲线、冒烟极限等。

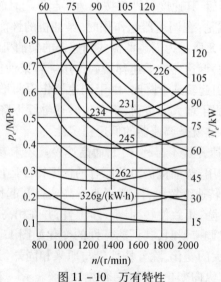

图 11 - 10　万有特性

绘制万有特性的方法如图 11 - 11 所示。

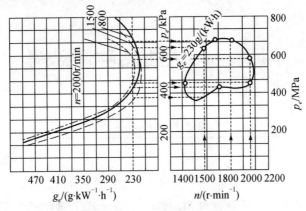

图 11 - 11　万有特性的绘制

（1）将不同转速下的负荷特性用同一比例尺画在同一张图上。

（2）在万有特性的横坐标上以一定比例标出转速值。而纵坐标 N_e 的比例与负荷特性相同。

（3）将负荷特性图横放在万有特性左侧,在其上引若干等油耗率线与 g_e 曲线相交,获得 1~2 个交点,再从交点引水平线至万有特性的等转速线上获得一组新的交点。每个交点标上相应的耗油率值。将不同转速上的等油耗点连接起来,即为等耗油率线。各条等耗油率曲线是不能相交的。等功率曲线可利用 $N_e \propto N_e \cdot n$ 公式作出。将外特性中的 N_e（或 M_e）曲线画在万有特性图上,即构成上边界线。

在万有特性图上很容易找到内燃机最经济的负荷与转速范围。最中心部位的等耗油率曲线所包围的区域是最经济区域,等耗油率曲线由内层向外,其经济性逐步下降。

由于车用内燃机的常用转速和常用负荷不是在最大转速与最大负荷处,因此希望最经济区域应在万有特性的中间偏上位置,使常用的转速与负荷位于最经济区域内。

作 业 题

1. 简述内燃机点工况、线工况、面工况的含义。

2. 分别解释汽油机和柴油机负荷特性的含义。

3. 比较柴油机和汽油机在负荷特性曲线和速度特性曲线走向的差异,并分析其原因。

4. 分析内燃机负荷特性和速度特性与缸内工作过程的关系。

5. 内燃机的机械效率随转速和负荷如何变化的? 分析它对内燃机使用特性的影响。

附录一 机油品种和牌号

汽油机机油的品种牌号

品种规格	牌号	组成与特性	简要用途
ESC	30、40 5W/20 10W/30 15W/40	采用深度精制的基础油,加入清净、分散、抗氧抗腐蚀等添加剂调制而成。能较好地抑制低温油泥生成,防锈性能良好	适用于润滑中等负荷条件下工作的汽油机车辆,如 CA10B、10C、EQ140、EQ240、NJ130、NJ221、SH130、丰田感斯 RY16L 等
ESD	30、40 5W/30 10W/30 15W/40	采用深度精制的基础油,加入适量的清净、分散、抗氧等多种添加剂调制而成。具有良好的抗氧性、抗磨性、清净性、防锈及低温分散性	适用于润滑安装 PVC 阀的汽油机车辆,如 CA141、SH760、五十铃 ELF、三菱小卡 L200 等
ESE	30、40 5W/30 10W/30 15W/40 20W/20	采用深度精制的基础油,加入清净、分散、抗氧、抗磨、防锈等多种添加剂调制而成。具有良好的高温抗氧化性、抑制低温油泥分散性、抗磨性和防锈性	适用于润滑较为苛刻条件下运行的汽油机及装有废气循环装置的汽油机,如桑塔纳、夏利、奥拓、拉达、五十铃、标致、红旗 CA770A 等
ESF	30、40 5W/30 10W/30 15W/40	采用深度精制的基础油,加入适量的清净、分散、抗氧、抗磨、防锈等多种添加剂调制而成。具有优良的高温抗氧化、抗磨性、清净性、防锈性。与 SE 级油相比,配方中的抗氧剂、清净剂增加	适用于润滑较为苛刻条件下运行的汽油机车辆及装有尾气催化转化装置的汽油机,如奥迪、雪佛莱、福特、尼桑、桑塔纳、标致、捷达等
ESG	10W/30 15W/40 30、40	采用深度精制的基础油,加入高效复合添加剂调制而成。具有优良的高温抗氧化、抗磨、清净、防锈及抑制低温油泥分散性。	适用于润滑当今先进的汽油机,如宝马、蓝鸟、卡迪莱克、克莱斯勒、马自达等
ESH	10W/30 15W/40 30、40	采用深度精制的基础油,加入适量的高效复合添加剂调制而成。具有优良的抗高温变稠、抑制油泥形成、抗磨、清净、防锈等性能,磷含量小于0.12%	适用于润滑各款新型汽油机车辆,如奔驰、林肯、宝马、卡迪莱克、别克、雅库拉等
ESJ	5W/30 10W/30 10W/40 15W/40	采用深度精制的高黏度基础油,加入清净、分散、抗氧、抗磨、抗泡沫等多种添加剂调制而成。具有更优异的减磨效果,高温时保持油压及全面润滑作用,磷含量小于0.1%	适用于润滑各款新型轿车,如豪华奔驰、林肯、宝马、福特、丰田及各类型赛车等

柴油机机油品种牌号

品种规格	牌号	组成与特性	简要用途
ECC	5W/30 5W/40 10W/30 10W/40 15W/40 30、40、50	采用深度精制的基础油,加入清净、分散、抗氧、抗腐等添加剂调制而成。具有良好的高温清净、抗氧抗腐等性能	适用于润滑 DM 级中等负荷条件工作的低增压至中增压柴油机,如黄河、太脱拉、却贝尔、三菱、克拉斯、卡马拉、东风等
ECD	5W/30 5W/40 10W/30 10W/40 15W/40 30、40	采用深度精制的基础油,加入适量的高效复合剂或适量的清净、分散、抗氧、抗腐等多种添加剂调制而成。具有优良的控制高温沉淀物形成的能力和抗氧抗腐、抗磨等性能	适用于润滑苛刻条件下工作的中增压至高增压柴油机,以及装有康明斯柴油机的载重汽车。如日野、南京、斯太尔、菲亚特、贝利、肯斯尼亚等
ECE	30、40 10W/30 15W/30 15W/40	具有优异的高温抗氧化性、清净分散性、润滑性和抗磨性	适用于要求使用 CE(包括 CD、CD-Ⅱ)级油的高增压、大功率、超重负荷的柴油机及大型集装箱运输车辆的润滑,如:推土机、挖掘机、采矿设备、发电机组等
ECF	10W 10W/30 15W/40 40	采用深度精制的基础油,加入复合添加剂及高性能黏度指标改进剂调制而成。具有更好的润滑性、抗氧腐蚀性、防锈性、抗氧化性、清净分散性和低温启动性	适用于润滑直喷式、配合进气涡轮增压的重载荷、高增压柴油机,以及要求使用 CF-4 或 CD 和 CE 油的柴油机,如各种卡车、工程车辆、柴油发电机组等

通用内燃机机油的牌号、组成特性和用途

品种规格	牌号	组成与特性	简要用途
SD/CC	5W/30 10W/30 15W/40 20W/20 30、40	采用精制矿物基础油,加入适量的清净、分散、抗氧、防锈等添加剂调制而成	适用于润滑中等条件下工作的轿车、货车的汽油机,或中等负荷条件下的轻中型载重卡车、客车用的低增压柴油机。如 CA141、EQ140、SH706、伏尔加 M21 等
SE/CC	10W/30 15W/30 10W/40 20W/20 30、40	采用深度精制石蜡基基础油,加入清净、分散、抗磨、抗氧、抗腐蚀、抗泡等添加剂调制而成	适用于润滑要求使用 SE 汽油机油或 CC 级柴油机油的国产或进口车辆。如夏利、桑塔纳、红旗、奥拓以及进口皇冠、蓝鸟等车,也能用于各种自然吸气、低增压柴油机
SF/CC	5W/30 10W/30 15W/40 20W/20 30、40	采用深度精制的基础油,加入适量复合剂调制而成。具有良好的高温抗氧性、清净分散性、防锈性和抗磨性	适用于润滑苛刻条件下工作的汽油机和中等负荷条件下的低增压柴油机,如奔驰、奥迪、桑塔纳、黄河、解放等
SF/CD	5W/30 10W/30 15W/40 30、40	采用深度精制的基础油,加入适量的清净、分散、抗氧、抗磨、防锈等添加剂调制而成	用于润滑苛刻条件下的轿车、载重汽车的汽油机,或苛刻条件下的载重卡车、大中型客车的中增压柴油机。如奔驰、雪铁龙、奥迪、桑塔纳、日野、菲亚特、南京五十铃等
SG/CD	5W/30 10W/30 15W/40 20W/20 30、40	采用深度精制基础油,加入适量的黏度指数改进剂及复合添加剂调制。低温启动性优良,氧化安定性和防锈能力强	适用于润滑国内多数小轿车汽油机,以及国外 1993 年以前生产的小轿车和 20 世纪 80 年代生产的各类增压柴油机。如林肯、奔驰、福特等
SH/CD	5W/30 10W/30 10W/40 15W/40	采用深度精制高黏度的基础油,加入清净、分散、抗氧、抗磨、抗腐蚀、抗泡等添加剂调制而成。清净分散性优异,抗磨性强,高温稳定性和抗氧化性良好	适用于润滑欧洲、日本、美国以及国产的先进轿车、公共汽车、卡车等所用汽、柴油机
SJ/CF	5W/30 10W/30 10W/40 15W/40	采用高黏度指数矿物基础油、合成油,加入清净、分散、抗氧、抗磨及抗泡等添加剂调制而成	适用于润滑各款新式轿车,如豪华奔驰、宝马、福特、丰田、佳美等车型、各类赛车,以及比功率大、多气阀、涡轮增压的柴油机

附录二 常用内燃机技术参数

汽车/工程机械型号		EQ1141G7D 越野车	ZZ1192M6010	D80、D85 推土机	GJW111 挖掘机	GJT112 型推土机	GSL130 综合扫雷车
内燃机型号		6BTA5.9	WD615.67/77	NTA855	6CTA8.3	MTA11	12V150
进气方式		增压中冷	增压中冷	增压中冷	增压中冷	增压中冷	自然吸气
缸径×冲程/mm		102×120	126×130	140×152	114×135	125×147	150×180(左排,右排为186.7)
总排量/L		5.88	9.726	14	8.27	10.8	38.88
功率/转速（kW/(r/min)）		118/2600	206/2400	269/2100	172/2000	168/2100	426/2000
最大扭矩/转速/N·m/(r/min)		638/1600	1070/1400~1700	1627/1400	900/1500	1031/1300	/1300~1400
燃油消耗率/(g/(kW·h))		212	204	215	230	204	237.9
压缩比		16.5	16	15.5	16.5	16.1	15±0.5
气门间隙(mm,冷)	进	0.25	0.30	0.35	0.30	0.36	2.34±0.1
	排	0.50	0.40	0.40	0.61	0.69	2.34±0.1
机油燃油消耗比/%		≤0.5	≤0.8	<0.5	—	≤0.24	≤3.4
怠速/(r/min)		675~725	600	675~750	—	675~750	800
供油提前角		-2.35mm	20^{0}_{-2}°	-1.85~1.90mm	—	-5.16mm	32~33°
进排气门排列		进排进排进排 排进排进排	进排进排进 排进排进排	排进排进排进 排排进排进排	进排进排进 排排进排	排进排进进 排排进排	—
配气相位	近期门早开角/(°)	10	34~39	2	—	26	50±3
	进气门迟关角/(°)	30	61~67	26	—	50	50±3
	排气门早开角/(°)	58	76~81	49	—	64	50±3
	排气门迟关角/(°)	10	26~34	5	—	26	50±3

附录三 内燃机常用缩略语

代号	含义(英)	含义(中)
AFC	Air Fuel Control	空燃比控制器:燃油泵内的一种装置,在进气歧管压力不充足不能保证充分燃烧之前,限制燃油的传输
API	American Petroleum Institute	美国石油协会
ASTM	American Society of Testing and Materials	美国材料试验学会
ATDC	After Top Dead Center	上止点后,指活塞或曲轴连杆轴颈的位置。活塞在作功冲程或进气冲程向下运动
BDC	Bottom Dead Center	下止点,指活塞或曲轴连杆轴颈的位置。活塞处于汽缸最下端的位置
RTDC	Before Top Dead Center	上止点前,指活塞或曲轴连杆轴颈的位置。活塞在作功冲程或进气冲程向上运动
CAC	Charge Air Cooler	空－空中冷器
CELEC™	A fuel control system that electronically controls the fuel injection to improve fuel economy and to reduce the exhaust emissions	一种电子控制燃油喷射的燃油控制系统,用以提高燃油的经济性能,减少排放污染。该系统通过控制扭矩和功率曲线、AFC(排烟)功能、内燃机的高转速、内燃机低怠速速度以及车辆的行驶速度来完成上述工作
C. I. D.	Cubic Inch Displacement	排量(立方英寸)
CPL	Control Parts List	控制零件目录,列出了必须安装在内燃机上的特定零件,以符合机构认证的要求
cSt	Centistokes	厘泡
ECM	Electronic Control Module	电子控制模块
E. C. S.	Emission Control System	排放控制系统
EFC	Electrical Fuel Control	电控燃油系统
EPA	Environmental Protection Agency	环境保护机构
EPS	Engine Position Senter	内燃机位置传感器
E. S. N.	Engine Serial Number	内燃机生产序号
ESS	Engine Speed Senter	内燃机速度传感器
Hg	Mercury	汞柱
Hp	Horsepower	功率(马力)
H_2O	Water	水柱
ID	Inside Diameter	内径

代号	含义(英)	含义(中)
OEM	Original Equipment	原始设备生产厂
SAE	Society of Automotive Engineers	汽车工程师协会
SCA	Supplemental Coolant Additive	补充冷却液添加剂
TDC	Top Dead Center	上止点,指活塞或曲轴连杆轴颈的位置。此时,活塞处于汽缸的最高点,连杆轴颈朝上指向活塞
VS	Variable Speed	全程调速器
VSS	Vehicle Speed Sensor	车辆速度传感器

参考文献

[1] 周龙保. 内燃机学. 北京:机械工业出版社,2005.

[2] 高秀华,等. 内燃机. 北京:化学工业出版社,2006.

[3] 杜道群,等. 内燃机构造与维修. 北京:军事科学出版社,2003.

[4] 杜仕武,等. 现代柴油机喷油泵喷油器维修与调试. 北京:人民交通出版社,2004.

[5] 姚国忱. 康明斯柴油机构造与维修. 沈阳:辽宁科学技术出版社,1999.

[6] 陆涛. 斯太尔重型载货汽车维修手册. 北京:金盾出版社,2005.

[7] 吕学昌,等. 汽车维修技术. 北京装备指挥技术学院,2004.

[8] 顾尚忠. 新型解放、东风六吨平头柴油汽车结构与维修. 北京:机械工业出版社,2005.

[9] 孙业保. 车用内燃机. 北京:北京理工大学出版社,1997.

[10] 贺梅庆,等. 汽车电气与电子控制系统修理. 北京装备指挥技术学院,2005.

[11] 李春亮. 新编解放系列载货汽车使用与检修. 北京:金盾出版社,2002.

[12] 尤晓玲,等. 东风柴油汽车结构与使用维修. 北京:金盾出版社,2003.

[13] 陆明. 工程装备内燃机. 北京:解放军出版社,2000.

[14] 洪永福. 东风五/八平柴汽车维修手册. 沈阳:辽宁科学技术出版社,2000.

[15] 秦有方,等. 车辆内燃机原理. 北京:北京理工大学出版社,1997.

[16] 杭州汽车内燃机厂编. 斯太尔 WD615 柴油机使用说明书,2004.

[17] 中国第一汽车集团公司编. 解放 CA1121J 型平头柴油载货汽车使用手册,2002,4.

[18] 康明斯内燃机公司编. C 系列内燃机故障判断和维修手册. 1998.9 中文版公告号:3666329.

[19] 康明斯内燃机公司编. NTA855 系列内燃机故障判断和维修手册. 2000.1 中文版公告号:3667009.

[20] 康明斯内燃机公司编. MTA11 系列内燃机(STC、CELECT、CELECT Plus 型)故障判断和维修手册(上、下册).
    1999.3 中文版公告号:3666376.